創見文化，智慧的銳眼
www.book4u.com.tw　　www.silkbook.com

王道：創富3.0

W³ealth

創造你的財富A.K.B. 48招

解開財富密碼的聖經

欲把「金」針度與人

　　再聞老友出書，心中不免一驚。驚的是王博士的閱讀、創作能量之鉅。其著作等身，華文界非文學類創作量最多的作家之稱，真當之無愧。在閱讀過此書稿後，對於老友的肚量更是驚訝與讚賞。這本《王道：創富3.0》的內容，不僅僅是一本教讀者累積財富的書，更是一本幫助讀者積極、主動創造財富，進而達到財務自主的寶典。除了創富的新觀念與新知識外，更多的是「實際操作層面」的傳授。我可以說這絕對是王博士累積三十餘年來的經驗與見識的傳承。古人有云：「鴛鴦繡罷從君看，莫把金針度與人。」對此我不免擔憂問他說：「難道你不怕你的敵人、對手也學會了？」他卻只淡淡地回：「慈悲沒有敵人，智慧也無所謂對手！」

　　這個世界上可分為兩種人：追著錢跑的人與被錢追的人，王博士就是屬於後者。金錢，在目前的社會中所能發揮的作用非常大，不論你是否把賺錢放在你的人生課題首位，不可否認的是，只要身處於這個以人際關係為網絡的社會，就不可能置外於財富的追求。舉報章雜誌為例，頭版大多都是關於經濟方面的報導，也就是和金錢相關的話題，例如：經濟不景氣、產業蕭條、國民年金、貿易出入超等等，凡是圍繞在金錢上的話題，總是以第一順位之姿擺在頭條。許多人為了賺更多錢而創業，但創業就像是攀爬一座高山，過

程總會遇到千千萬萬的阻礙與困難。更遑論商場如戰場，一不慎，燒光了手中的銀彈，更有可能落得適得其反，傾家蕩產。而這本書，絕對是避免你陷入上述泥沼的最佳指南。

依稀還記得高中與王擎天同窗時，課堂上老師問了個問題：我有兩個女性朋友，小玲人乖巧漂亮、知書達禮，但其家族背景特殊，地痞流氓為者甚眾，一旦娶了她，保證一輩子別想翻身。芯宜則是家道殷實、產官學界關係皆良好，娶了她，直接少奮鬥二十年！但是她卻是「三心牌」，看了噁心、想了傷心、留在家裡放心。請問我應該娶哪一個？同學們立刻展開熱烈的討論，但顯然沒有哪一方占上風。這時只有王擎天一人回應：「難道沒有第三種可能？」那時王擎天所展現不受現實因素所拘束的性格，隱約就能看到他不可限量的未來。果真，在三十餘年後的今日，他以成功創立兩岸近二十家公司的實業家之姿，來分享他的創富方法，甚至將其面對各種難題的壓箱寶「和盤托出」，這是極為難能可貴的。

清末學者王國維曾在其書《人間詞話》中以詞境喻人生：「古今之成大事業者，必經過三種之境界：『昨夜西風凋碧樹。獨上高樓，望盡天涯路。』此第一境也。『衣帶漸寬終不悔，為伊消得人憔悴』此第二境也。『眾裡尋他千百度，驀然回首，那人卻在，燈火闌珊處。』此第三境也。」王國維學富五車，說話精彩玄妙，把中華文化的境界發揮得淋漓盡致。但畢竟只是個書生，其言不免曲高和寡，也沒有點出如何在三個不同境界轉換的方式，這就如同一個球賽的轉播員，即使評論得如何精彩，畢生卻未參加過任何一場

賽事，其言不免有隔靴搔癢之憾。而就我看來，人生若要分為三境界：可以簡單以六個字道出：看遠、看透、看淡。看遠，才能覽物於胸；看透，才能洞若觀火；看淡，才能超然物外。我所認識的王擎天博士，便是個經過「真槍實彈」歷練的好教練。他除了看得遠、看得透之外，最重要的是他看得淡，將其畢生功力化作此書，並創辦王道增智會協助任何一位追求財務自由的人，在困境中看到那盞引領你走向正確方向的「那道光」。

在本書中，王博士也把創富的歷程分為三個階段，一開始先介紹初階的理財心法。我們說現在的社會新鮮人所面臨的人生課題，除了就業環境的改變之外，最重要的還是生活習慣的轉變。真要說起來，現在的物質條件遠較於我們那個世代要豐裕許多，但外在的消費誘因也多，因此若無一套屬於自己的理財規劃，並貫徹執行，很難有獲得財務自由的機會。第二階段則告訴讀者一個重要的觀念：「想創富，先創業！」王博士曾語重心長地與我說：「這個世代的台灣人，似乎企圖心已不如同過往。」是啊！在過去，台灣之所以能創造舉世稱羨的經濟奇蹟，在於人人都想創業，藉此來實現自我，一展抱負。但現下的年輕人，似乎多沉溺於「小確幸」之中。「創業需要資金、創業風險很高……」等說法成了許多人的口頭禪，本篇則傳授了一一破解這些問題的鎖鑰，讓讀者「零成本」也能創業。第三階段則是創富的最高竿手法，你想知道為什麼大企業的產品都不怕賣不掉嗎？你想知道3D列印將如何影響我們的生活嗎？你想知道現在最「夯」的比特幣是什麼嗎？這些都可以在此找到答案。

在西元前333年的古倫帝那王國有這麼一則傳說，王國的首都格爾迪奧恩的街道中心有一座供奉天空之神宙斯的神殿，在神殿中

擺放一輛古老的戰車。戰車上有當時十分著名的「格爾迪奧斯繩結」，根據傳聞解開繩結的人就是天下的統治者。那時的亞歷山大占領了此地，也造訪了這座神殿。亞歷山大盯著繩結看了半天，隨即從腰間解下佩劍，一劍就將繩子砍為兩段。後話無需贅言，他創立了史上最大的帝國，成為史上最成功的統帥之一。在你的創富過程中，一定會遇到許多難題，若不知如何選擇時，通常是因為資訊不夠，或者根本就應該再找其他方案，千萬不要受限於目前看到的選項。而這本書，絕對會是提供你最佳方案的寶典，協助你創富成功的那把無往不利的寶劍。

永遠的建雛　沈冰

打造財務自由，你需要知道這些

　　近期台灣社會紛紛擾擾，從2013年的洪仲丘事件、苗栗大埔事件、到2014年三月與中國大陸的《服務貿易協定》，一直以來都在發燒的核四議題……，學運、遊行、空難、氣爆好似將我們的日常生活團團包圍，台灣民間社會的能量也不斷在不安定的氛圍中逐漸消耗。姑且先不論政治立場與意識形態之爭，近期的社會運動，多數由年輕的一輩所發起，甚至絕大多數還是在學的莘莘學子，從經濟的角度看來，示威遊行等活動會如此頻仍，台灣的經濟現狀絕對是關鍵因素。過去認真讀書、努力打拚就能致富成了天空中的樓閣；新聞無時不刻在報導著：大學畢業生領著22K的薪資、油電雙漲、國際競爭力直落、原四大產業成了四大慘業、生育率全球最低……，在在讓年輕的一輩看不到未來的希望。借用日本經濟學家大前研一的話，現今的社會是一個「M型社會」，不僅貧富差距的拉大讓消費行為M型化，年輕人連找工作也走向M型化發展，因此，「打破體制」就成了他們唯一的曙光。

　　台灣現在這樣的現象讓筆者想到宮崎駿的封山之作——《風起》這部動畫，描寫著二戰時期一個少年對「飛機」充滿著夢想。因此讀書比別人認真、工作比別人努力、在極度惡劣的環境中奮鬥著，在那個物質條件低劣、技術落伍的時期，憑藉著毅力，設計出

了「零式戰鬥機」，雖然終於成功飛上了青天，但卻在大戰中，一架都沒有回來……。這鮮明地反映出人類的意志有極限，但技術的進步沒有極限。而現今的台灣經濟，不也正面臨相同的困境，台灣在國際的競爭下，技術層面已逐漸被迎頭趕上；更甭論挾帶世界最大市場與或許仍廉價的薪資進展中的中國大陸。M型化下的社會，嚴重降低了社會階級流動的可能性，也開始降低社會大眾，尤其是年輕人對致富可能性的想像；這個時代，已非刻苦勵志而能成大事的時代，若沒有與眾不同的創新之處，那麼貧富的差距只會被愈拉愈開，貧者永遠無法望富者之項背。

面對這個景況，我會對年輕的一輩說：「創業吧！」年輕的一輩要走出這樣的困境，創造自己的財富人生，創業絕對是一條捷徑。舉目所見全數擁有億萬財富的富豪，比爾‧蓋茲、馬雲、馬克‧祖克伯……無一不是創業有成的企業主，唯有創業才能將你心中的夢想化為真實。

此外，想要致富，就要學有錢人的想法，也要學有錢人對財富的價值觀，以及學習有錢人是如何創造財富。有錢人為什麼會有錢？除了少數是含著金湯匙出生，繼承龐大祖產，這類「撿現成」的富豪姑且不論外；絕大多數的有錢人是白手起家、創業致富，或是深諳投資理財致富之道，才逐漸累積出可觀的財富。無論是白手起家、勤儉致富、創業發財或藉由投資理財累積財富，成功者，都有一套各自的「致富祕笈」，這些「致富祕笈」只要不走偏鋒，當然都是可取的，也是值得效法的對象。但要從各個「門派」中汲取

各自的「祕笈」，不免曠日廢時又耗神；事實上，在這些各自的祕笈當中，卻是有著共通的心法，這也是本書所要傳授給各位的。

而說到創業致富，大家總會覺得太難。腦海中想到的都是：沒資本、沒產品、沒經驗、沒人脈……，創了業之後還得擔心產品、服務賣不掉。但事實上，創業這回事不需要以上所擔心的那些，真正需要的，是你懂不懂得「借力」。只要你懂得借力，沒有錢也能「零成本」創業；只要你懂得借力，任何人都能為你所用；只要你懂得借力，自動會有人幫你賣產品、做銷售……。說實在話，筆者認為這些對於創業存在著許多問號的人，若有機會來我的公司一趟，保證能夠一掃所有的疑惑。你擔心生產的產品賣不掉嗎？以出版業來說，當一本新書還在構想概念的階段，其實出版社早就已經和誠品、博客來、新絲路、金石堂、墊腳石等聊過，確認「通路」同意那是一本有市場的書，所以書籍上市後，他們也願意配合推廣。在還沒有投入成本去校對、製版、印刷、發行前，就已經先從各種角度去確認這項產品的市場性，同時也定下了行銷推廣策略。凡事豫則立、不豫則廢，絕對不是等到已經燒了錢，產品完成要上市了，才在想要怎麼做行銷。那麼這項產品還能不大賣嗎？另外，當我們身處於這個網路化、資訊化、雲端化的年代，若想要賺錢賺得輕鬆一些，勢必要善加「借用」這些「科技力」。

總結以上，筆者撰寫「人生課題」系列叢書第五本：《王道：創富3.0》，意欲帶給讀者一本創造個人財務自由的讀物。想要創造財富，必先要有錢。因此在創富1.0的基礎篇，先談扎根的正確財務觀念；創富2.0的進階篇，談的則是如何創造「無本創業」的奇蹟，為財務自由鋪上一條康莊大道；創富3.0的高階篇，則介紹了如何以最先進的科技與最新的商業模式，來打造專屬於個人的自動賺錢

機器！希望每位本書的讀者都能藉由閱讀此書而開啟創造財富的大門，不管是在觀念的層面，亦或是行動的層面。

　　當我們觀看同樣的景色，搭飛機從雲端俯瞰，和徒步從山谷眺望，看到的風景是極為不同的。而財富，就是帶領我們飛上雲端的那台飛機，你還在等什麼呢？趕快翻開下一頁，創造專屬於你的財務自由人生吧！

王聲凡

于台北上林苑

目　錄

part 1 創富1.0：
建立正確財富觀念的入門磚

Contents

^{part}
2

創富2.0：
掌握零風險的創業祕訣

part

3 創富3.0：
隨心駕馭財富的魔法棒

跟上巨人給你創富的力量

「金錢不是萬能，但沒有錢萬萬不能。」錢固然不是萬能，但錢能帶來溫飽、滿足和尊嚴。全世界的每一個人都希望獲得財務自由，每天也都在為此目標而努力著。但為什麼就只有少數的人，能夠擺脫每日辛勤工作卻只得到微利之報酬的循環？想想看，你是否有為了你的創富目標而做出任何一點實質的改變呢？還是想到要改變現狀就退縮了呢？

事實上，只要你掌握了系統性的知識，創造財務自由不像你想像地那麼難，不過你確實必須建立一套堅實且設計完善的計畫。本書按部就班地引導你開創並建立你自己的事業。並以最新的商業模式與科技來支持你的事業。利用最新的資訊，甚至是你想都沒想過的方法幫助你掌控自己財務的未來，Just do it! 只要照著步驟來，以具體且經驗證有用的行動，用積極的態度經營事業、管理財富，就能讓你得到運用財富的自由。誰說擁有創富必須要有富爸爸呢？就讓王擎天博士成為你的創富導師，發掘你夢想中的目標和價值，達到實現財務自由，也創造幸福生活，你自己就是富爸爸！

Wealth

創富 1.0
建立正確財富觀念的入門磚

財富來自於正確的觀念與態度，創富是自我實現的過程，你究竟
是投資理財？還是在進行一場豪賭？開啟你的財富之門，幫你守
住荷包不漏財，別讓財富與你擦肩而過！

Wang's Golden Rules:
Wealth 3.0

打造專屬於你的創富思維

在進入主題之前，我想問本書的讀者一個問題，在你們心目中什麼才是財富？我相信大多數人會說家庭幸福、健康快樂、自由自在等等。對，這些都是值得用一輩子去追求的財富，筆者也非常認同！但是，我們同時也不得不面對現實，這些財富都離不開一個字——錢。

對，就是金錢。錢雖然買不到快樂，但是它可以買來我們自由自在生活的權利。一個大學畢業生從踏出校門後的第一件事，便是想方設法來讓自己「經濟獨立」。怎麼賺錢，從此成了環繞我們一生的課題。

但創造自我的財富人生，絕不僅是埋頭苦幹、拚命賺錢這麼的簡單。有一個關於世界首富比爾·蓋茨的故事是這麼說的，他如果在大街上錢包掉下來，裡邊即便是有一萬美元的話他都不應該去撿。為什麼呢？因為他整個撿錢的動作要浪費十秒鐘的時間，而他的微軟帝國卻可以在十秒鐘之內為他創造一百萬美元的財富，所以他去撿這一萬美元是非常不值得的。從這則故事當中我們應該開始了解金錢的背後的含意。金錢不僅指你有多少現金，它更是指你有多少可以持續創造現金的資產。比如說擁有一家公司，或在網路上開店，它們可以在你無需勞心勞力的情況下即能為你帶來財富，這才是我們更應該追求的。

　　而在此之前，我們應該擁有能夠創造財富的能力，無論是面對金錢正確的態度（Attitude）、能夠為你賺進大把鈔票的技術與知識（Knowledge）、擁有一個屬於自己的事業（Business），我們才有可能創造為自己帶來無限財富的機會，讓自己跳脫「生存以上，生活以下」的情景，帶給自己與家人帶來更美好的明天！

心有多大，財富就有多少

　　相信翻開本書的你，比起其他人，更具有想要成為億萬富翁的欲望。偉大的戰神拿破崙曾經說過：「不想當將軍的士兵，無法從軍。」同樣，心中沒有想要賺大錢的人是絕對無法致富的。有雄心不是一件壞事，它能告訴你自己想要的是什麼，你想達到的目標是什麼。只有具有雄心的人，才有動力追求最大的財富，不論從事的是哪一行，將自己的事業愈做愈大。一味安於「小確幸」的人，不會有太大的成就。很多成功人士在很小的時候就立志將來一定要成為有錢人，有些人在小時候就想成為某一行業的領軍人物。在這種野心的刺激下，他們會為了自己的夢想不斷奮鬥，最終成就輝煌的人生。

　　有雄心是一件好事，有宏偉志向的人會有堅強的意志去實現自己的目標，雄心會在潛意識中激發人的鬥志。想要創造自己的財富人生就要有雄心，如此目標不再遙不可及。任何困難在有雄心的人眼中都不是困難，佐以本書成為你創造財富路上的墊腳石，相信能幫助你更容易取得成功。

$ 明確你的目標，激發動力去奮鬥

　　創富，有了雄心之後就要有一個明確的方向，一個人有了目標，就會執著地向著目標前進，這樣才容易取得成功。一個經常變換目標甚至是沒有目標的人，做起生意來只會趕風潮、追流行，朝三暮四，無法累積經驗與財富。世界上最偉大的勵志叢書《羊皮卷》中有這樣一句話：「未來取決於目標以及為實現目標所付出的努力。」望眼世界，幾乎所有的富豪在談到自己成功的原因時，都會談到一個共同的話題，那就是「為自己設定目標」。目標是成功路上的一座燈塔，是快要放棄時的希望。如果沒有目標，就像在一片茫茫無際的大海上航船，沒有行駛的方向，沒有指引的航標，只能漫無目的地航行，不知道往何處走才能通向自己的目的地。

　　如果想創富成功，目標要訂得高一些。這麼一來，在未達到目標前，就會嚴於律己，時刻警惕自己不要懶散。以相撲來說，訓練的過程是很辛苦的，如果稍有成就，就想：「這樣就有機會得獎了，反正不可能成為橫綱。」如此，連原本可望獲得的獎項都有可能不翼而飛了！

　　發展事業也一樣，當事業開始走上軌道時，如果滿足於這種小成就，一定不可能再有突破性的發展。相對地，不滿足於這種小成就的人，會認為還不算成功，應向更遠大的目標前進。有了這種想法，他就會努力拓展事業，長久下去一定能在企業界占得一席之地。其實人和錢都有一個共同的毛病，如果沒有一股力量在後面驅策的話，那麼「一動不如一靜」，是不可能自動增長的。一般的上班族都喜歡把錢

囤著不動，他們總覺得存款的數目多能給人帶來一種安全感。事實上，這種做法平白失去了許多賺錢的良機。有錢人的背後都有一個大祕密，大家都認為某個人很有錢，其實他只不過是勤於週轉而已。他總是讓錢在銀行、投資與事業之間活動，來賺取營利與利息，所以資本就在這個週轉不息的境況下，逐漸增加。

　　而你一旦有了目標就無需懼怕任何挫折和困難，也不必害怕自己設定的目標功利性太強，事實上，幾乎所有人的目標背後都有一個功利性的目的。當這些目標實現後，大量的利潤就會源源不斷地湧來。以全世界最富有的民族猶太人為例，「致富」是他們千百年來經受苦難之後唯一的救命稻草，金錢是他們唯一可以把握的上帝，只有金錢可以在他們四處流浪的時候，給他們一點兒溫暖。

　　如果你是受薪階層，迫切想實現財務自由，那麼一定要有戰略眼光，你要規劃出每個階段具體的執行方案，比如在財富方面，每年收入提高百分之多少；在人脈方面，隔多久至少認識幾個新朋友；幾年之內提升在公司中的職位；為自己和家人實現哪些購物或旅遊等計畫。這些不同領域的詳細規劃，能幫你繪製出一幅清晰的進步地圖。如果你的意志力不夠堅定，那麼不妨讓親朋好友來督促你，或者聯合親朋好友各自制訂規劃，相互鼓勵，及時分享。

　　有了具體的目標，生活才會有希望，工作才會有動力，這樣的人生才會有意義。你想讓自己的人生大放異彩、像比爾‧蓋茲一樣富有嗎？就從為自己設立一個堅定的人生目標開始吧！

Have Your Thought !

✏️ 你希望自己退休後有多少資產？

....
....
....
....

✏️ 以你手中的資源與技能來看，有什麼是你能夠發揮所長，
定為創富的目標？

....
....
....
....

✏️ 你願意為你的目標犧牲哪些休閒活動呢？

....
....
....
....

2015

世界華人八大明師大會　台北場

打造自動賺錢機器，建構自動創富系統

您是否
- ✓ 動過創業念頭？
- ✓ 希望財務自由？
- ✓ 想掌握行銷祕訣？
- ✓ 想擁有廣大人脈？
- ✓ 想進入貴人圈？
- ✓ 期望得知成功的捷徑？
- ✓ 想讓事業快速發展茁壯？
- ✓ 想打造自己成為創錢機器？
- ✓ 想進軍（或轉職）中國大陸？
- ✓ 想學會超越 EMBA 的經營絕學？

想突破現狀嗎？現在，開啟財富大門的鑰匙就在你手上！

世界華人八大明師大會彙集經營、行銷、創造財富、建構 Business Model 等領域專家，包括亞洲創富第一導師杜云生老師、中國最頂尖行銷培訓大師王紫杰老師、連續九年業績總冠軍的行銷女神張秀滿老師，以及史上五術學費繳得最多的總贏老師等八大明師，將在為期五天的課程中幫您匯集人脈、以絕妙方法找出利基，讓財富自動流進來！

欲知更多詳情請上新絲路網路書店 www.silkbook.com
或撥打客服專線：02-82459896 分機 101 查詢

一場盛會，就能改變你的命運！

　　「亞洲八大名師」大會至今已邁入第 18 屆，每年與會學員規模逾萬人，影響了超過百萬人的命運！但「亞洲八大名師」多年來皆在 ASEAN 會員國舉辦，始終未來到台灣。

　　2014 年，世華盟攜手采舍國際將八大名師演講會擴展為「世界華人八大明師＆創業家論壇」，並在台灣台北舉行，提供想創業、創富的朋友一個邁向成功的階梯！

　　大會中八位明師傾囊相授，獲得極大迴響！學員在此找到一個新觀念、新的創業想法，更找到眾多人脈與資源，而學員熱烈回饋每年都應該要有這樣創意、創業、創新、創富的學習盛會，有鑑於此，2015 年「世界華人八大明師」大會台北場將更盛大舉辦！

　　2015 年的大會講師包含 2014 年「世界華人八大明師」表現最優、學員評選最高分、讓現場氣氛 HIGH 翻天的王擎天博士，還有網路行銷魔術師 Terry Fu、轟動兩岸行銷界的小 Max 老師與超越巔峰扭轉人生的超級演說家林裕峯老師等，演說主題包含 Business Model、微行銷、建構極速行銷系統……絕對精彩、肯定超值，聽完這些演講，保證讓您——

天下所有的生意都可以做、所有的錢都可以賺！

大會相關訊息請查詢

8 Traits from the Heart of Success
6 Skills Presenting
Wealth Enhancement Methods

8 Traits
The **Heart** Of **Success**

Technical Skills
Creative Skills
Analytical Skills
Management Skills
People Skills
Computer Skills

Passion
Persist
Work
8 TO BE **GREAT**
Serve
Focus
Improve
Push
Ideas

Add Skills For Specific
Career & **Field**

你擁有幾項？又願意學習幾項？
知識並非教會，而是學會的！現在有一個大好的學習機會在你面前，

成功機會不等人，立即報名～

2015 世界華人八大明師台北場

日期：2015/6/6、6/7、6/13、6/14、6/27（每週六日）

時間：9：00 ～ 18：00

地點：台北矽谷（捷運大坪林站 新北市新店區北新路三段 223 號）

票價：原價 29800 元，推廣特價 9,800 元
（加入王道增智會會員可享極大優惠）

更多大會與王道增智會詳情及優惠專案請上

新絲路網路書店　新·絲·路·網·路·書·店 *silkbook* ● .com 培訓課程 | 王道增智會

Tips to Wealth!

創富必須要有的態度

　　所有世界上最擅長於創造財富的人，對於人生、工作皆抱持著一套超出凡人的態度，這種獨具慧眼的指標，就是他們成功的祕訣：只要身體力行，就必能達到預期的財富目的。

$ 任何事情善盡自己的本分。天下無難事，只怕有心人，堅持到底絕不認輸，毅力可以戰勝一切。

$ 對於未來富於研究精神，產品必須革新、革新再革新，不屈不撓的革命家精神才能夠帶領公司立足未來。

$ 要有點石成金的力量，讓創意成為商機，化腐朽為神奇，在茫茫市場中開闢出一條嶄新的道路。

$ 在為自己著想之前，先考慮別人的需要，並以消除別人的不方便為己任，賺錢不急在一時，客戶滿意最重要。

$ 執行計畫講求效率，做事要有明確的目標與方向，創業絕不可抱持著散漫無方針的做事態度。

儲蓄，讓你脫離「薪光幫」的第一步

股神華倫‧巴菲特（Warren Buffett）的名言：「開始存錢並及早投資，是最值得養成的好習慣。」這句話就明白的告訴我們，儲蓄是創造財富不可或缺的關鍵因素。幾乎所有成功人士談起自己的發跡史，往往第一個話題就是自己的第一桶金，其重要性可見一斑。對於他們來說，第一桶金往往是來源於初次成功創業所得，但對於普通人，第一桶金就是儲蓄了。只有定期儲蓄才能有自己的本金，不然日後拿什麼來理財、創業。如果你是初出社會的 22K「薪酸一族」，可能會大力地反駁我：「怎麼可能還有辦法存錢？」

其實很多年輕上班族都有類似經驗，月初剛領薪水，吃喝玩樂樣樣來，到了接近月底時，身上已無分文，只好慌慌張張地四處調頭寸；一旦到了隔月領薪日，又變回一尾活龍，完全忘了建置未來「財庫」的必要性。看看你桌上的那杯咖啡，行程表上已經排滿到下個月底的出遊與約會。這些難道都是「生活之必須」嗎？其實我們的財庫就像一條潮溼的手帕，光是拉著它，水滴是不會滴下來的，但是稍微用手一擰，還是能夠把水滴擠出來。所以存錢這回事「知易行難」，光是用看的其實是不能發覺出什麼來，可是如果以養成勤儉的好習慣，不出一個月，你就能察覺，原來我還是能存下一筆錢！而且如果你小心翼翼地將錢財儲蓄起來，就會慢慢的致富了。

儲蓄讓你臨危不亂

儲蓄的最大的好處就是遇到天災或是遇到疾病時，有一些金錢可以應急，而且可以處理原本解決不了不幸的災難，現在再想想一個假設的情況：你最心愛的人生了一場重病，醫生說只能再活 12 個月，唯一能夠解救的方法就是購買國際上最新研發的藥物，但這種最新的藥品健保沒有給付，要價不便宜，必需花費 50 萬元。在聽到這個結論後，你會不會在接下來的 12 個月裡，想盡辦法存到這 50 萬元？我想多數人答案是：「一定會！」你會想辦法兼職，打第二份、第三份……工作，甚至用盡各種方法去借錢，你都會拼命地要存到這 50 萬元，因為你有個重要的人等著你救活。但如果這筆錢你平常就已經存了下來，那麼你就無需為了這種突發性的危機，來改變生活的步調與降低生活品質。一旦你養成這種習性，好處可不僅於此，但多數人總是「不撞南牆不回頭」，遇到了才知道平日儲蓄的重要性，這時與其說是得到了經驗，不如說是教訓所累積的警誡。

現在就行動！製定你的創富計畫！

For What?	When?	How much?	How?
例：買房子	五年後	170 萬頭期款	每月薪水扣存 2 萬＋獎金扣存 10 萬

💲 了解自己心底的聲音

如果你不懂得任何投資的渠道，把錢存在銀行是最保險的方式。有很多人薪資很高，但存款卻常不足，尤其在面對提款機時才發現。這是為什麼？然而卻有些不起眼的小職員，能日積月累的將存款存得像金字塔一樣呢？

就心理學來說，為了要達成某個目標時，必需先設定中程目標，這樣會比較容易達成，然後逐步完成目標，中程目標可以再分成好幾個「次目標」，這樣心理上的壓力也會隨之遞減，較快達成令人滿意的成績。

不要老是想自己永遠不可能達成，存款並非憑空得來，而是由一筆筆小額存款累積而成；聚沙成塔，並非空穴來風，值得我們學習，若是給自己太大、太宏偉的目標，是會因為很難達成而沮喪，終至放棄，豈不太可惜了！

對於存款方式我們可分為兩種類型，一種是善於存款的「聚財」型，另一種則不善於存款的「散財」型。通常「聚財」型自我約束力很強，這類型的人非常重視金錢，也許他的薪水不多，但卻往往有著驚人的存款。他們藉著存款數位的增加，心中的安全感也就加強了，一旦失去金錢，他們就好像失去翅膀的鳥，對自己再也沒有信心。

另一種「散財」型的則屬於只要是我喜歡，有什麼不可以。此種類型的人，生活較羅曼蒂克，在心裡學上「散財」型的人因為沒有明確的目標，所以時常容易惶惶不安，需要藉著消費購物來掩飾他們內心的不安定，一旦身上的錢花光了才會稱心如意。如果你想要讓「散

財」型的人掏腰包，只要讓他覺得凡事非他不可就行了。並不是說這一型的人不會存錢，只是存起錢來會在很短暫的時間把它用掉。

不管你是哪一類型的人都沒有關係，只要能從小目標開始著手，固定存一本存款簿，絕不可提出來用，慢慢的達成目標，你也有機會成為一位富翁。

$ 「四個帳戶法」讓你輕鬆存多金

創富的第一步是理財，而理財的第一步就是清楚了解自身的狀況，按照需求去設定目的，針對不同目的我們可以使用不同帳戶來方便理財。在我所創辦的「王道增智會」裡，我強力推薦所有學員這種「四個帳戶法」來管理金錢，這樣一來，無需強迫自己養成鉅細靡遺的記帳潔癖，就能讓儲蓄理財變得輕鬆又簡單。首先，我們先弄懂四個帳戶所代表的意義：

一、日常生活支出

這個帳戶用來管理每一天生活費的開銷。建議將每個月薪水入帳的戶頭設為此帳戶。一旦薪水匯進來以後馬上把決定好的金額轉到其他三個戶頭裡。每月領到薪水，直接從這本存摺扣繳水電費、手機費等固定支出。這樣一來，存摺也可以當成生活帳本來管理。

二、儲蓄與不定期的特別支出

這是為了將來而存的錢，以及應付一些特別的費用。舉凡過去同

窗好友的紅色炸彈、房屋汽車的更新耗材費用……，雖然不是每個月會花到，但是每年總有幾次需要用到。金額會隨著生活方式而有所不同，至少要將每個月三分之一薪水的存至此戶頭。

三、緊急備用金

「月有陰晴圓缺，人有旦夕禍福」人生總是充滿著意外，這是為了可以在遭遇到生病、受傷、失業之類的緊急狀況發生時，可以支付生活所需的緊急費用。這個帳戶就是為了因應任何緊急狀況而準備的一筆存款，至少要預留 3 個月到半年的生活費，平常時絕對不要去動用到。若有任何支出，事後不要忘記，要把用掉的部分再存回來！

四、投資理財

「人不理財，財不理你」，每個月的存款在上述帳戶的使用後若有餘，則將餘款轉入此戶作為投資用途，而你應將所有金融商品如股票、基金的自動轉帳帳戶集中在一起。

這樣一來，無須強迫自己養成鉅細靡遺的記帳習慣，你只需要月底補刷存摺或上網路銀行，就能清楚掌握收支與結餘，快速辨識該加強的理財面向。除了將帳戶分門別類之外，你還必須釐清自己達成的財務目標是什麼，如果存錢變成了一個機械式的動作，會很容易因為外在的因素影響而中斷。你需要自己坐下來好好想清楚「自己要的是什麼」，釐清自己所追求的目標，才能讓這個良好的習慣持之以恆。

Have Your Thought !

 你現在有幾個帳戶？各作為什麼用途？

 統計一下，你一個月的生活支出有多少？

 你有什麼夢想呢？（開一間自己的店、出國留學……），
完成這個夢想需要多少錢？

$ 善加運用「心理除法」

　　除此之外，還有什麼方法可以讓儲蓄更容易呢？其實這除了用意志力去做到之外，還牽涉著許多心理上「撇步」！曾有一位年輕的上班族告訴我，他在一夜之間可能因聚餐或去夜店就花掉了三、五千元，當時並不覺得痛苦，但事後想想：「每個月花在這部分上的金錢高達上萬元，一年下來，都可以拿去出國遊歷好幾回了。」因此便感到十分難過。

　　這是因為在人的意識上因三、五千元是筆不大的開銷，震撼並不強烈，而且用在玩樂上，能讓自己當下獲得歡樂，所以不覺得可惜。反之，若累積起來便十分可觀，後悔便油然而生了。其實每個人在運用金錢時，都可能會沒有意識到所花費金錢的價值，這時如果你能夠運用「心理除法」，將之轉換為其他你所追求的欲望，那麼你就能夠清楚了解到你正在從事的消費，所需付出的「機會成本」！這種情形，尤以家庭主婦居多。譬如應邀參加宴會聚餐時，聽說一桌一萬元，她們立刻會想到：「一萬元可以去牛排館吃上好幾次，或是給孩子買多少的文具、玩具等等。」尤其是面對與平常使用金額相距不大的款項時，若不做這種「心理除法」的換算，就無法了解金額真正的昂貴。

　　但從另一方面來看，大筆金額也常令一般人無法直接想像它的價位。在我們周圍，經常可看到利用單位魔術而引人產生錯覺的例子，使得原本很沉重的金錢壓力，因技巧上的轉變而減輕了負債者的心理負擔。譬如許多借款廣告利用「借一萬元一天只需還二十五元利息」，引導顧客產生錯覺。若仔細算算，這種利率卻高達年息 90% 以上，實

在非常高。說穿了，這就是適當運用「心理除法」所產生的障眼法，每天二十五元的利息，給人很容易還完的感覺，於是毫不在乎地借錢花用，結果產生了無法想像的後果。

現在有許多的「卡債族」也是因為這種「心理除法」而受害。原本不捨得購買價值百萬元以上的車子，卻因為廣告說每月只需付不到三萬元而已，於是就決定買下來，這種對金錢的偏差錯覺，常是最可怕的陷阱。若不想上當，不妨將實際的金額換成生活常用的數額加以比較，就會有所警惕。

$ 消費之前，尋求他人的評語

通常一般人在購買房子、汽車或鑽戒等任何昂貴的物品之前，大多會非常慎重地詢問他人的意見及忠告，那時較容易接納他人的建議；如果朋友對該產品有任何意見或覺得有瑕疵時，甚至會鉅細靡遺的探詢下去，而且還會毫不猶豫地換另外一樣產品。但在付出鉅款之後，人們不安和猶豫的情形會明顯地增強，這是害怕遭受損失或被騙上當的心裡因素所影響。然而，一旦決定之後，再好的評語與建議，雖然能使人感到安心和值回票價，但也只能算是「馬後炮」。

在買完昂貴品之後，接下來的不是讚美就是批評；如果遭到批評，而且錯在自己，人們通常都會替自己找些理由或藉口，使之正當有理化，反之硬把責任擔下，精神上就會很不安，因此，在潛意識中便會找出某些理由來搪塞，讓自己心境上能得到一些平衡。若是找不出其他的理由來，則同樣的批評他人也有相同的過錯，以達補償心裡，同

時藉此安慰自己。所以請在大額消費之前，徵詢他人的忠告。這比較容易讓你接受，並做出適當的判斷。

讓你無法脫離「薪光幫」的七大誤區

$ 錯誤 1：儲蓄目的是什麼傻傻分不清！

很多人只會說他們想存很多很多錢，但他們沒有為自己設一個目標數量，他們沒有規劃應急基金的數目，他們也沒有思考過退休儲蓄應該有多少，嘴巴上說存錢，但他們根本不知道自己到底該存多少錢。這個錯誤，是一個代價相當高昂的錯誤，它會讓你毫無控制的一點一滴將錢花掉而不自知。為了存更多的錢，你必須為自己擬定一個儲蓄計畫，而且要有具體的目標，有了一個具體的存錢目標才能讓你更加精確地記錄你的存錢過程。避開這個誤區的關鍵就是詳實記錄自己的收支。如果你不知道自己賺多少錢，以及錢花在哪兒了，就會一步步慢慢的踏進誤區而無法自拔。準備一個帳本，規劃好儲蓄目標，並將每一筆收入以及每一條花費都實實在在的記錄下來，有了這樣的帳本，你就知道自己最終有多少錢可以用於儲蓄，從而能設立更為實際的金融目標。

$ 錯誤 2：沒有改變消費習慣，存錢就只是嘴上說說！

僅僅只有知道自己花了多少錢是不夠的。你還需要將每個月的支出作總檢討，減掉那些不重要的開銷，審慎思考這些花費是

否真的是必要的，有哪些可以省下來，把錢存起來？為了存更多的錢，你需要改變自己的消費習慣，好好分配這些日常開銷，才不會到頭來記帳只是記心酸的！

$ 錯誤 3：加薪加獎金再來存錢！

如果能把存錢變成習慣，就算是零錢，存久了也會變成大錢。很多社會新鮮人總是想等薪水增加時再來存錢，但他們不知道，消費模式一旦成為了習慣，就算薪水增加，消費也會跟著增加，這樣一來根本存不到錢。美國理財大師大衛‧巴哈（David Bach）就指出，大部分收入大幅增加的人，會穿得愈來愈體面，開的車愈來愈名貴，用餐地點愈來愈高級，旅遊方式愈來愈奢侈，但這些人卻不是愈來愈有錢。

$ 錯誤 4：花剩的錢再來存！

很多人用心的精算每個月的花費，想著如何從支出的部分多省一些錢存下來，結果，卻還是存不了錢，為什麼？因為存錢的公式用錯了，「收入－支出＝儲蓄」這樣的的存錢公式，是不可行的。你應該換個公式，「收入－儲蓄＝支出」先把每個月要存的錢扣下來，剩下的錢才能花費。這個公式看起來很簡單，卻能產生最大的效力！簡單來說，就是在薪水入帳後，你應該先將該存的部分存下來，留給未來花費，以及給要退休的自己，其他的才拿去使用。

$ 錯誤 5：減價商品買愈多省愈多！

大家時常會把減價和買划算的商品當做是「存錢」，但真的存到錢了嗎？事實上錢還是花出去了。如果你為了圖便宜，或是

為了將來可能需要，就去購買的話，你不會真正存到錢的，甚至會花掉更多。想省錢就必須只買那些計畫內的特價品，不要只是因為價格便宜就買東西。使用優惠券也是一樣，不要因為有優惠券就貪圖便宜而買東西。

$ 錯誤6：無法克制衝動消費！

衝動消費的成本是很高的，假設某個人每月會因為衝動消費花掉兩千元，那麼一年下來得花兩萬四千元，都足夠去趟日本的機票錢了！當然，偶爾慰勞一下自己是無所謂，但也要有節制並且在預算的範圍內。如果陪你購物的同伴總是鼓勵你去買超過預算的東西，那麼，選擇自己一個人去購物則是明智之舉。

$ 錯誤7：用循環信用來購物！

隨著社會的發展，愈來愈多的人開始使用信用卡，但我們要儘量避免利用循環信用購物。大部分信用卡的循環利息介於15%～20%之間，換算過後是很昂貴的。例如一台四萬元的液晶電視，如果採用利率為15%的貸款，3年下來會值四萬九千元，總價會超過用現金買的約25%。如果一定要用信用卡，最好盡快將消費的餘額還請。另外在消費中，小額分期付款也需慎重選擇。除非能夠確保每月按時還款不拖延，否則一旦延遲繳款，不但要支付不等的違約金，有時還要扣除10%以上的循環信用利率，絕對讓人吃不消。

懂得數字整理術，讓你小資變多金

我們現在活在一個資本主義的時代，儲蓄理財的觀念是現代人經營致富的祕訣，從前人只會把辛苦錢攢在家中米缸或錢罐子裡，現在的人已經懂得把錢存在銀行來賺取利息。儲蓄的優點是說不盡的，諸如為生活中不可預知的將來提供保障，替自己準備創業基金、子女教育費用，及購屋、投資等。而日常生活中金錢之支付、債權債務的增加與減少、及財產價值的增減均會影響儲蓄效益，因此對各項收入與消費加以記錄及歸納計算，就成了維持收支穩定儲蓄的首要步驟。透過預算的制訂，不僅能備忘與防止過度消費，更可藉此來了解某一期間之財務狀況，做為財務規劃的依據。

$ 開銷整理大原則

俗話說：「人兩腳，錢四腳。」很多年輕人在剛成家立業的時候，希望擁有一個自己的家，無奈初入社會，在有限的收入下，非但連養活自己都有問題，更別談在飆漲房價的年代有一處自己的窩。但別灰心，其實此時若能做好妥善的財務規劃，這也不是一個遙不可及的夢想！

許多家庭都會做金錢管理的計畫，通常會仔細地留下財務記錄，

也有許多人會根據收入做出預算，計算基本的開銷，例如住屋、食物、衣服、交通和醫療費用等。我年輕時在美國留學攻讀學位，發現美國人在訂定預算時，一定會為休閒娛樂存錢。這提醒了我，制定預算時，不能過度好高鶩遠，一定要合乎人性、依照個人的特性去編定。

而編制每天的預算時，應以「詳實」為原則，並且要記得保留開支的彈性空間。首先，列出日常固定開銷與額外生活支出類別，而後仔細確實的將花費金額記錄下來，並且從中檢討糾正不必要的消費支出，當然每個人的財務狀況都有所不同，因此你可以依照自己的需求隨時調整記錄方式，但切記唯有經過細心訂定出來的預算才能發揮最大的作用。

消費支出預算概略表

_____月份			
專案	預估金額	預購日期	附注
固定日常開銷			
置裝費			
飲食費			
房租			
水電費			
瓦斯費			
電話費			
裝修費			
汽機車油料費			
汽機車修護費			

醫療費用			
自我進修學費			
音樂消費			
藝術欣賞			
應酬交際費			
出國旅遊費用			
其他			
合計			

現金支出表

_____月份			
		單位：元	
日期	專案摘要	實際支出金額	備　注
／	水、電、瓦斯費		
／	通訊與交通費		
／	房屋貸款或房租		
／	子女教養費		
／	食物		
／	待繳稅款		
／	娛樂及其他		

$ 日常帳戶整理術

生活在充斥著金錢交易的世界裡，現代人必須懂得安排自己的一生，除了追求物質欲望的滿足，更應具備靈活運用金錢的基本常識，因為只有確保財務穩固成長，我們才能創造經營生命的樂趣，才能勇敢接受現實中殘酷的各項挑戰，才能保持積極主動的態度去追求更高的生活品質。

追求幸福快樂的人生，是每個人的願望，也許你對「幸福快樂」定義不同，也許你認為一枝草、一點露一樣能恬淡自適過一生，但是如果只要花費漫長生命中微不足道的幾小時，做好日常規劃，即可像富豪一樣享受生活上的優勢、財務上的尊嚴，你又何樂而不為呢？

擁有個人財務規劃並非要你汲汲營營周旋在數字遊戲之中，而是為了讓生活裡沉重的經濟壓力不致成為阻礙你創造財富的絆腳石。如何做這項規劃便是一門學問了，很多人會覺得很簡單，但是多數人真的做了之後，要不是三天打魚兩天曬網，不然就是半途而廢，無功而返。很多人無法養成記帳習慣，原因很多，除了動力不夠外，太瑣碎也是原因之一，好像不值得為了記錄金錢支出下這麼多工夫。其實，記帳是有技巧的，這些技巧可以幫助保持記帳習慣。列出了以下三種記帳技巧和大家分享：

一、抓出支出的重點

日常生活點點滴滴的花費相當瑣碎，能夠詳實地逐項記錄當然最好，不過如果純粹因為這個因素而放棄記帳的人，可以使用僅記錄大

略支出的方式代替。選擇你每天的支出項目中數額起伏較小的項目，例如：每日的飲食支出加起來約 200 元，那麼，一個月的伙食費即可記錄為 6000 元（200×30=6000）。其他項目也可比照這種做法辦理，例如房租、水電費、電話費等。但遇到數字差距過大時，則必須另外加註，重新計算。簡化記帳方式、抓重點來記錄，就容易維持良好的記帳習慣。

二、分門別類，一目了然

流水帳般的逐項記載後，最重要的就是分類。你可以按月份、星期、單日區分，設計符合你個人需求的記帳模式。區別收入與支出識別顏色，以便自己更清楚、更方便地檢視帳目。 這項不用天天做，每個月用一天處理即可以在月初或月底，也可以在發薪日，把上個月的收入與開支做總整理，同時也可估算下一個週期的開支預算。做分類時可使用輔助的電腦軟體或手機 App，節省花費的時間。

三、定時做收支檢討

僅僅是流水帳的記錄每日消費還不夠，更重要的是要從你所記錄的數字中，不斷改進自己的消費結構，分析出省錢的方式。除了檢視每筆花費是否必要與合理外，也可藉此機會思考有沒有其他開源的可能性。當你在做收支檢討的同時，其實也是在回顧你這一段週期內的活動，藉這個機會來調整生活模式，讓你的生活更加如魚得水。

$ 你的身價值多少？

　　想要擁有一個健康的身體，你必須定期做好全身檢查，然而為了能夠享受健康所賦予的時光，成功的財務管理是必要的，並且更能讓忙碌的現代人不致在充滿誘惑的金融時代自亂陣腳。

　　你知道自己一星期花費在食衣住行上的開銷有多少？你知道擺在銀行的定期存款還有多久會到期？你知道前一陣子衝動投資的股票現在是賺是賠？生活中只要牽涉到金錢的經濟行為，都會影響個人財務狀況，就算你沒有創造財富的本事，你也應該學會掌控自己財產的方式。透過資產負債表的編制，我們可以鑒定家庭財富價值，評估自己的現金週轉能力，並做為擬定投資策略的依據。

資產負債表

資產		負債	
流動資產		未付賒欠帳款	_____
現金		私人貸款	_____
銀行存款（活期、定期）	_____	汽車貸款	_____
應收帳款	_____	保險金	_____
年金、退休收入	_____	租金	_____
人壽保險現值	_____	各項稅款	_____
股票、債券市價	_____	投資損失	_____
固定資產		負債各額	_____
房屋、汽車市價	_____		
黃金、首飾	_____	**淨值**	
其他	_____		
資產總額	_____	（資產－負債）	_____

　　一般而言，資產是指利用交易所獲得經濟資源、能以貨幣衡量、並可預期未來能提供經濟效益者，有實際形體的資產包括土地、房屋，不具實質形體的資產包括應收帳款、專利權等，應予以詳細分類，以便於個人了解財務狀況。另外負債是指過去之交易所產生之經濟義務，同樣能以貨幣衡量，並可以提供勞務或支付經濟資源之方式償還者。

　　在個人單身時期，資產與負債的專案都很簡單，但進入家庭初期、成熟期後，日常的開銷就會隨之增大，從結婚的費用、生活的支出、撫養小寶貝的奶粉尿布錢，到將來購屋、保險的花費，都是你在編列製表時所要考慮進去的。

Tips to Wealth!

利用免費小工具，讓你繳費不 lag

　　現在的智慧型手機都有行事曆的功能，即使沒有使用智慧型手機的朋友，應該都有使用線上的免費信箱，裡面也這樣功能，並細分為：天、週、月、年。甚至一天又細分為 24 小時 。我們可以利用這樣小工具來紀錄我們每天現金的支出與收入。如預繳的信用卡日期、水電費，及其他的帳單等。由於這樣免費的小工具有提醒的功能，因此我們可以事先設定信用卡最後一天的繳款日在前一天做提醒，就不會忘記了。

Have Your Thought !

 你有幾個帳戶？你怎麼安排它們的用途？

....

....

....

 你有定期記帳的習慣嗎？每個月收入多少？開銷又是多少？

....

....

....

 統計後每個月是盈餘還是虧損呢？是否有可以避免的支出？

....

....

....

人脈就是你的錢脈

在今天的社會，人脈是非常重要的。人脈是一種潛在的資產，潛在的財富，雖然它不會像其他東西一樣有立竿見影的效果，但是人脈在商場上的作用也的確不容小覷。擁有了豐富的人脈資源，也就等於擁有了巨大的財富。

所以，千萬不要小看人脈的作用。有時候，自己費盡心力也做不到的事，可能某個關鍵人物一句話就能解決。要想讓自己的人脈更加寬廣，就要提高自己本身的含金量。你應該能夠發現，富人的朋友比窮人的多，這是為什麼呢？就是因為富人有很高的利用價值。正如一句老話所說：「窮居鬧市無人問，富在深山有遠親。」

要想使自己的人脈網變得更加豐富，就要提高自己的利用價值，不僅在事業上如此，在朋友之間也要如此，因為朋友之間就是一種彼此互助的關係。

現在這個世代的社會非常重視人脈關係，要想讓自己的人脈變得更加寬廣，就要在建立人脈方面加大投資。一些人經常抱怨自己沒有背景，自身的能力也一般，那麼所謂的有朝一日能夠得到貴人的提攜、一夜之間飛黃騰達只能在夢裡實現了。其實只要仔細觀察就會發現，生活中從來都不缺少貴人，他們可能就是你身邊的朋友、老闆與同事或者只是一些和你萍水相逢的人。只要善於拓展自己的人脈資

源，你的貴人就會在你需要的時候，及時地向你伸出援助之手。

$ 人緣是無形的資產

在美國，曾有人針對兩千多位雇主做過這樣的問卷調查：「請查閱貴公司最近解僱的三名員工的資料，並回答解僱的理由是什麼。」結果顯示，各個行業的雇主有三分之二的答覆都是：「因為他們與別人相處不來而遭到解僱。」

許多成功的商界人士都意識到人際關係對於成功的重要性。曾任美國某大鐵路公司總裁的史密斯（A.H. Smith）說：「鐵路的百分之九十五是人，百分之五是鐵。」美國鋼鐵大王及成功學大師卡內基經過長期研究得出結論：「專業知識在一個人的成功當中，其作用只占百分之十五，而其餘的百分之八十五則取決於此人外部的人際關係。」

所以，無論你從事何種職業或專業，學會處理人際關係，你等於在成功路上多走了百分之八十五的路程。無怪乎美國石油大王約翰‧洛克菲勒說：「我願意付出比天底下得到其他本領更大的代價，去獲得與人相處的本領。」凡特立伯在擔任紐約市銀行總裁時，當他想僱用任何一名高級主管時，第一步就是探聽他是否有良好的人際關係。吉福特原本是一個沒沒無名的店員，後來快速晉升為美國電話電報公司的總經理，他常對人說，良好的人際關係在一切事業中占有舉足輕重的地位，正是他和上司、同事相處時的絕佳親和力，使他遇到拔擢他的生命貴人。

朋友是最好的人脈，關係到了財就來

　　有好人緣就有財源這點是無庸置疑的。大企業的老闆們都非常清楚人際關係在事業上的重要性，幾乎人人都是處理人際關係的高手。

　　我們中華文化裡的一句話說得非常中肯，那就是「在家靠父母，出門靠朋友。」我們想要擁有源源不絕的財富，就必須創造一番屬於自己的事業。但是，通常創立一份事業，無法靠自己的單打獨鬥進行，這時就必須要有合作夥伴。合夥人的選擇，是影響事業與投資成果的關鍵。集合大家的經驗和智慧，再加上彼此間明確的協定，將使投資過程更加順利。

　　「好的人際關係可以創造許多投資機會」，許多手上擁有資金的人，都是被動地等機會上門，這無異是守株待兔，究竟如何才能找到合夥的機會？要獲得合夥投資機會，必須主動對外尋找投資機會，可以向與你的事業相關的各領域業者尋求合作。不論是土地代書、房地產業者、股票、期貨經紀人或商界人士，主動表達投資的意願，自然可擴大合作來源，雖然不是每個機會皆能有其獲利性，但至少可以從其中選擇自己認為較有把握的投資方案。

　　從事房地產投資頗有心得的人都知道，財富的累積靠的就是廣結善緣。筆者長期關注、投資房地產，因此結識了不少業內的朋友。其中有一人，自己本身不只是賣房，也買房。他對於這個領域的消息極為靈通，原因不只是身為從業人員，更是因為他的人緣極佳、人脈甚廣。只要朋友聽說有人要賣房地產，都會和他聯繫，長期下來培養了獨到的研判眼光，很多朋友都願意和他合夥投資房地產。他曾經同時

有五棟房子,可是他本人所占的資金比例還不到五分之三。他常跟我說:「當你獲得一個可行的投資機會時,如果手上資金不足,或為了分散風險,你應該主動找人合夥,而不是眼睜睜地看著機會流走。」他就是屬行這個原則,因此他的資金不需全部積壓在房地產上,保持了較大的運用彈性。

互惠平等的基礎建立好人脈

所有的人在交往的過程中都重視甚至偏愛「公平交換」。對一般人來說,不公平的交換,等同於「搶」,沒有人喜歡「被搶」。某種意義上,儘管絕大多數人不願意承認,他們的所謂「友誼」實際上只不過是「交換關係」。可是,如果自己擁有的資源不夠多不夠好,那麼就更可能變成「索取方」,做不到「公平交換」,最終成為對方的負擔。這樣的時候,友誼就會慢慢無疾而終。 所以可以想像,資源多的人更喜歡、也更可能,與另外一個資源數量同樣多或者資源品質對等的人進行交換。因為,在這種情況下,「公平交易」比較容易產生。事實上,生活裡隨處可見這樣的例子,哪怕在校園裡,同樣性質的行為並不鮮見。比方說某系公認的才子,與另外一個系裡公認的另外一個才子會「機緣巧合」地邂逅而後成為「死黨」。俗話常說「英雄所見略同」通常也是這樣的狀況之下所產生,所以當你想要維持良好長久的人脈,一定要在互惠平等的基礎上建立。

Have Your Thought！

 請花點時間思考，你的身邊有哪些人與你的事業或所從
事的產業有關，能夠成為你的助力？

....

....

....

....

 如果沒有，你想從什麼管道獲得這樣的人脈？

....

....

....

....

 你要如何與你的貴人持續互動，永續經營與他們的良好
關係？

....

....

....

....

$ 五招迅速擴充你的人脈

　　貴人就在身邊，關鍵是要用心去找。在美國，有一句流行語：「一個人能否成功，不在於你知道什麼（what you know），而是在於你認識誰（whom you know）。」尤其在現在這個十倍速知識經濟時代，人脈已成為支撐你邁向成功最重要的力量。以電腦術語做個譬喻，對一個人來說，「專業是應用程式，人脈則是外掛程式」。如果光有專業，沒有人脈，你的財富累積就只能是「一分耕耘，一分收穫」，但若加上人脈，你的競爭力將呈現「一分耕耘，百倍收穫」。因此，開發和經營人脈資源，已經是你事業發展的必備條件。以下介紹幾種可以充實人脈的方法：

一、透過熟人介紹，擴展你的人際關係鏈

　　根據美國人力資源管理協會與《華爾街日報》共同針對人力資源主管與求職者所進行的一項調查顯示，九成五以上的人力資源主管或求職者透過人脈關係找到了適合的人才或工作，而且也有超過六成的人力資源主管及求職者認為，這是最有效的方式。在中國大陸也曾經做過一項「最有效的求職途徑」民意調查，其中「熟人介紹」被列為第二大有效方法。所以，根據自己的人脈發展規劃，可以列出需要開發的人脈物件所在的領域，然後，就可以從你身邊的熟人幫助尋找或介紹你所希望認識的人脈目標，創造機會。

二、溝通和讚美為你搭上人際關係的橋

　　想要創富成功，一定要善於學會把握機會，抓住一切機會去培育人脈資源與關係。舉例來說，參加婚宴，你可以提早到現場，那是認識更多陌生人的機會；參加演講、課程等活動，要抓住機會多與他人交換名片，利用休息時間與人多聊聊（在筆者的所舉辦的課程中，皆極力鼓勵學員們多多交換名片與互動）。而這過程中，態度與言語的拿捏十分重要。

　　美國鋼鐵大王卡內基，在 1921 年以 100 萬美元的超高年薪聘請夏布（Schwab）出任 CEO。許多記者問卡內基為什麼是他？卡內基說：「他最會讚美別人，這是他最值錢的本事。」卡內基為自己寫的墓誌銘是這樣的：「這裡躺著一個人，他懂得如何讓比他聰明的人更開心。」可見，讚美在人脈經營中至關重要。

　　如果你是上班族，在公司內部，要珍惜與上司、老闆、同事單獨相處的機會，比如陪同上司開會、出差等，這是上天賜予的強化人脈的絕佳良機，千萬不能錯過，做好充分的準備，適當表現。

三、停止閉門造車，加入專業社團

　　想要擴展公司、單位以外的人脈，擴大交友範圍，通過社團活動的開拓來經營人際關係是很重要的。在平常，若太過主動接近陌生人，因為對方無從得知你的企圖，容易引起對方的反感，而遭到拒絕。但是通過參與社團活動，人與人的交往將更加順利，能在自然狀態下與他人建立互動關係，擴展自己的人脈網路。而且人與人的交往，在自然的情況下發生，往往有助於建立彼此間的情感和信任。

如果參加某個社團組織，最好能謀到一個組織者的角色，如：理事長、會長、祕書長……，這麼做並非是要謀求權力，而是如此就得到了一個服務他人的機會，在為他人服務的過程中，自然就增加了與他人聯繫、交流與了解的時間，人脈網路也就在自然而然中拓展開來。

四、利用網路來牽線

我有一位在業界做銷售部經理的朋友，他閒暇時喜歡上網，還建立了自己的部落格，一有時間就將自己在商場打拼的體會、經驗、教訓、甘苦貼在網上。有一次，在瀏覽部落格網頁時，他發現一篇很精彩的文章，讀完之後，他發表了自己的讀後感以及對文章的肯定和讚美。這樣一來一回，他便與那篇文章的作者建立了很好的關係。半年後，他們相約見面，交談甚歡，對方邀請我朋友到他的企業去工作。原來，這位網友竟然是朋友所從事的行業中第二大企業的老闆。現在，他已是這家企業行銷部副總。由於他們在網上不設防的交流，從對方的價值觀、興趣、處事能力等已經有了比較透徹的了解，所以，他在進入公司前已經與老闆相處得非常融洽。

五、個人形象塑造非常重要

沒有人知道你的實際價值，人們只能透過你的外在形象來認識你。你是不是經常抱怨人們不知道你的真實能力，因此不願意給你機會呢？是的，在別人眼裡的價值，是你的形象價值，永遠不要期望他們知道你的真實價值。一個人的能力要麼被低估，要麼被高估，大多數人的能力都被低估了。想被更多的人認可，那就提高自己的形象價

值。你的形象價值高了，更容易讓伯樂和你接觸，人脈自然來了。因此你要有意無意地引導別人記住並傳播你的核心價值。記住，你是一個品牌，品牌要有自己的核心價值，才能被對方所認可。而你也需要不斷地打造並傳播自己的核心形象。當他們有某個方面的需求的時候，第一時間想到你，有價值，你就有人脈。

六、屢試不爽的大數法則

　　在統計學上，「大數法則」的核心是：觀察的數量愈大，預期損失率結果愈穩定。這也是保險精算中確定費率的主要原則。把大數法則用在人脈關係上，就是結識的人數愈多，預期成為朋友的人數占所結識總人數的比例愈穩定。所以，在這個前提之下，你要做的工作就是結識更多的人，廣泛蒐集人脈資訊，有效運用「大數法則」來推斷分析，評估人脈關係的進展，從而制訂相應的對策與人際相處模式，不斷改進待人接物的方法，廣結人緣。

　　法國億而富（Total Fina Elf）機油前總裁，每年都訂下目標，要與一千個人交換名片，並跟其中的兩百個人保持聯絡，跟其中的五十個人成為朋友，這個策略就是大數法則的應用。

　　你可能不知道，其實貴人就在身邊，關鍵是要有人脈資源經營的意識，用心尋找，用心經營。人緣的功效不是立竿見影的，而是一種厚積薄發、左右逢源的人際管道。所以，要想在商業上取得成功，一定要先擁有好人緣。

吸引貴人的十大祕訣

$ 想增進人際關係微笑是最好的潤滑劑，在任何場合，都要保持微笑，體貼地招呼朋友。

$ 初次見面適當的寒暄往往容易成功，若能在賓客眾多的場合，主動介紹自己的朋友給對方會更顯魅力。

$ 記住對方的姓名有助於進一步的交往，在下一次見面時若能叫出對方名字會讓對方倍感尊重。

$ 言談舉止得宜有助於給人留下好印象，若有機會受到別人對自己的讚揚時，一定要表達出你的感謝。

$ 真誠以待贏得良好的信譽。

$ 交往時寬嚴得體，進退自如，即使不是大人物，也要經常用請教的態度與他們說話，實用的良師益友往往來自不起眼的生活與工作中。

$ 養成「守時」的良好品德。若不能出席約會應提前通知，遲到的話要在適當的時間點上通知對方，帶未經邀請的朋友要事前通知。

$ 學會借助第三者表達自己的情感。冒然打擾想認識的朋友，會破壞別人對你的第一印象。

$ 虛懷若谷，勇於承擔責任並接受別人犯的錯誤；也不要以情緒批評別人，批評時要能提出解決方案，並不忘肯定別人的長處。

$ 嚴以律己，寬以待人並善用「內方外圓」的處世哲學。

神奇的複利讓你的人生變富麗

Idea 5

　　很多人以為獲取財富的先決條件是要先有不菲的資金支援和超出常人數倍的能力，事實並非如此。即使你的起點很低，只要你有清晰的人生計畫和長期堅持的耐心，複利會使你走向真正的成功。愛因斯坦被譽為歷史上最偉大的科學家，曾經有人問他：「世界上最強大的力量是什麼？」他的回答既非氫彈也不是核子爆炸的威力，而是「複利」。歐洲著名商業巨擘梅爾曾經稱「複利」是世界上的第八大奇跡！

　　印度有一個古老的故事充分顯示了複利的力量。那時在該地有一個小國，國王與象棋國手下棋輸了，國王答應滿足這位象棋國手一個要求。這位國手要求說：「我不要您的重賞，陛下，只要你在我的棋盤上賞一些麥子就行了。在棋盤的第 1 個格子裡放 1 粒，在第 2 個格子裡放 2 粒，在第 3 個格子裡放 4 粒，在第 4 個格子裡放 8 粒，依此類推，以後每一個格子裡放的麥粒數都是前一個格子裡放的麥粒數的 2 倍，直到放滿整個棋盤八八六十四個格子就行了。」

　　國王原以為頂多用一袋麥子就可以打發這個棋手，而結果卻發現，即使將國庫所有的糧食都給他，也不夠百分之一。只有神奇的複利才能帶來如此戲劇性的結果。國王是怎樣解決信用問題這點已經不可考，但這則故事充分告訴了我們複利的效果。儘管從表面上看，他的起點十分低，從一粒麥子開始，但是經過多次乘方，形成了龐大的

數字。

　　複利的力量無處不在。大到社會，小到個人投資，莫不如是。筆者大學主修經濟，曾閱讀過經濟學家凱因斯在一篇題為《我們後代在經濟上的可能前景》的文章，文中便點出了複利的作用與重要性。當時的西方正值 30 年代經濟大恐慌所造成的大蕭條時期，許多人認為，未來世界繁榮將不會再現，但凱因斯卻指出，蕭條不過是兩次繁榮週期中間的間歇期，支撐西方經濟發展的「複利的力量」並沒有消失。近代社會的崛起更是從 16 世紀的資本積累開始，而至今人類已進入了「複利時代」。

複利是怎麼一回事？

　　在投資時，除了報酬率之外，還有一項很重要的決勝因素，就是——時間。許多人理財得法，並不是他們選擇了獲利多高投資工具，而只是利用一些穩健的投資管道，按部就班地來，他們與一般人的差距，只是在於他們比別人早了幾步開始而已。

　　從投資的角度來看，以複利計算的投資報酬效果是相當驚人的，許多人都知道複利計算的公式：

本利和＝本金 × （1 ＋利率）^{期數}

　　而對於這個神奇的公式，以一般所說的「利滾利」來說明最容易明白。也就是說把運用錢財所獲取的利息或賺到的利潤加入本金，繼續賺取報酬。

　　因此採用複利的方式來投資，最後的報酬將是每期報酬率加上本

金後，不斷相乘的結果，期數愈多（即愈早開始），當然獲利就愈大。不同於一般的「單利」，僅指獲利不滾入本金，每次都以原有的本金來計利。

舉例來說，假定某個人投資每年有10％獲利的標的，若以「單利」計算，投資 100 萬元，每年可賺 10 萬元，十年可以賺 100 萬元，多出了一倍。但如果以複利計算，雖然年獲利率也是 10％，但每年實際賺取的「金額」卻會不斷增加，以前述的 100 萬元投資來說，第一年賺 10 萬元，但第二年賺的卻是 110 萬元的 10％，即是 11 萬元，第三年則是 12.1 萬元，等到第十年總投資獲得是將近 160 萬元，是單利的 1.6 倍。這就是一般所說「複利的魔力」。

$ 迅速好用的「72 法則」

金融學上有所謂的「72 法則」，用「72 除以增長率」估出投資倍增所需的時間，這條法則反映出的是複利的結果。舉例來說，假設最初投資金額為 100 萬元，年利率9％，要想計算本金翻倍的時間，使金額滾存至 200 萬元，就利用「72 法則」，將 72 除以 9（增長率），得 8，即需約 8 年時間。雖然利用「72 法則」不像查表計算那麼精確，但也已經十分接近了。

而利用這項法則，我們就可以輕鬆算出利用同一個利率所做的投資，自我的價值何時可以翻倍。舉例來說，A 先生和 B 先生同時大學畢業，A 先生在回到了老家找份工作，而 B 先生則「西進」到中國尋求發展。兩人一開始找到的工作薪水一樣高，都是年收入 3 萬元。但

A 先生將收入投入年利率為 1％，較為保守的定存，他的投資要翻倍需要 72（即 72 ／ 1）年的時間，而 B 先生更為進取，將其投入 3％利率的投資組合，因此，收入翻倍只需要 24（即 72 ／ 3）年左右。開始時的一點點投資，經過利滾利的發展後，差異如此之大，這不能不令人感到複利的微妙。仔細再想想，這樣的投資不就是我們人生的一個經典的縮影嗎？

針對複利的投資要訣

一、一定要主動進行投資

前面的 72 法則已經說明了收益率太低，會大大影響複利的效應，所以，保持比較高的收益率是關鍵。這要怎麼做呢？首先要改變自己的心態，不要只是把錢存在銀行裡，要進行投資。惟有進行投資，才有可能獲得比較高的收益率。

二、愈早投資愈好

複利的作用需要在時間的隧道中發揮作用，時間愈長，複利的威力就愈大。如果行動過晚，時間很短，那麼複利的作用不會太明顯。所以凡事最好有了計畫，就盡早進行投資，而且愈早愈好。正確的做法是，有了收入後，就應該立馬訂好投資理財的計畫。

三、要保持持續穩定的收益率

複利的原理告訴我們，不需要貪多與求快。保持穩定的常年收益

率，假以時日，就能夠投資致富。比如說巴菲特，他被稱之為美國股市的股神，一個白手起家，資產逾六百億美元的投資人，每年的投資複合收益維持在百分之三十。索羅斯被稱之為金融領域的投資大師，每一年的複合平均收益率，在過去的二十多年中也只有大約 35％複合收益。因此我們可以得知成功是成年累月積累而成的，而不是一朝一夕的暴利所致。那麼對於一個上班族來說，多少收益率合適呢？通常來說，至少要把目標設定為 10％以上比較理想。再依據市場行情，來做相應的調整。以筆者個人投資的經歷看來，這個目標應該是每個願意學習的讀者都能夠實現的。

四、要防止嚴重的虧損

複利的收益只有連續計算才有神奇的效應。這期間，如果有一兩年收益平平還不要緊，就怕有嚴重虧損。如果出現嚴重虧損，不但前功盡棄，而且複利的效應戛然而止，一切都得從頭開始。要想利用複利的原理致富，就要謹記，千萬不要因為貪快而做冒險的投資，如果因此帶來嚴重虧損造成的影響是得不償失的。

其實說穿了，複利的威力就是利用「時間」造成的魔力。這點也可以應用在日常生活當中，每天一點一滴的努力與堅持，維持良好的生活習慣，比如早睡半小時，少抽一根煙……。一直堅持下去，運用複利「長期維持的趨勢性」，壽命自然會多上數十年。這個特性用在讀書學習上、工作上更是能讓你的生活不只「富麗」。多年寒窗苦讀的回報不僅僅是考進一所好的大學，連帶給你更好的工作、待遇，認識更厲害的人、接觸更具有挑戰性的工作。而這些又會給你更體面的生活和寬廣的見識，可以說是讓你真正邁向「人生勝利組」的捷徑。

Have Your Thought !

✏️ 你現在的薪水是多少？

....

....

....

....

✏️ 如果拿你現有薪水的一半投資，利率約有 10 ％，你認為
三十年後能得到多少？

....

....

....

....

✏️ 你手上已經投資了什麼物件，利率有多少？

....

....

....

Tips to Wealth!

複利足以買下曼哈頓島！

　　複利有如財務上的滾雪球效應，當我們在儲蓄帳戶中存錢，不把利息提領出來，這一年的本金與利息相加，合併成為下一年度的本金，則下一年就會產生更多利息。如果古代人能善加運用這種「小種子的大魔力」，說不定能改變歷史呢！

　　1626 年，荷屬美洲新尼德蘭省總督 Peter Minuit 以 24 美金的價格從印第安人手中買下曼哈頓島。教科書上常常以此作為對殖民主義者血腥掠奪的控訴。然而很少人會想，當年這筆錢如果按複利增長到現在，會是什麼情況？我們按 7% 的年均複利計算一下，這筆錢到今天已逾六兆美元！已足可以將今天的曼哈頓島重新再買回。僅僅以經濟觀點說來，當年的那筆買賣到底是哪一方占了便宜還真難以定論呢！

　　由此可看出複利的魔力無遠弗屆，只要你有財產，不管 10 元還是 10 萬元，願意存下來，複利就會施展魔力幫助你累積財富。

Idea 6 節流，讓你真正抓住到手的財富

　　想要立大業，必先從手中擁有的點滴做起。在明朝，開國皇帝朱元璋的故鄉鳳陽，流傳著這麼一首歌謠：「皇帝請客，四菜一湯，蘿蔔韭菜，著實甜香；小蔥豆腐，意義深長，一清二白，貪官心慌。」朱元璋給皇后過生日時，只用紅蘿蔔、韭菜，青菜兩碗，小蔥豆腐湯，宴請眾官員。而且約法三章：今後不論誰擺宴席，只許四菜一湯，誰若違反，嚴懲不貸。由於朱元璋這樣的性格，使明初貪官絕而大治。

　　現代人在民主的社會中，當然沒機會做皇帝，但每個人都還是有成家立業的負擔。由此，家庭理財愈來愈引起人們的重視，而做好家庭理財，維持自己家庭的經濟穩定是重要關鍵。現代人的財富比起筆者年少的時代多了許多，但另一方面生活費用也逐步提升，除了維持一個家庭的日常開支外，教育子女、購車、置房、出國旅遊，都必須要靠金錢來滿足，也都需要靠理財來達成。而理財其實就是一方面有效花費錢財，讓錢財發揮最大效用，能夠滿足日常生活所需。這包含開源和節流兩個部分，所謂開源就是指通過各種方法提高自己的收入，進而提高自己的生活品質；節流則是指儘量壓縮不必要的支出，從而達到收支平衡的目的。這兩者相比較，節流的「可控制性」要遠大於開源，相對於難以控制的資金地流入來說，做好控制支出的工作對於每個人、每家企業都著實重要。

$ 家庭節流十大妙招大公開

「賺一塊錢不是你的錢，存一塊錢才是你的錢！」從金錢的觀點來看，生活就是一本流水帳，你不管理它，它絕不會回報你。其實一直以來，勤儉節約即為我們華人引以為傲的傳統美德，而在全球資源日漸匱乏的時代，強調節儉更具有重要的現實意義。若我們平時就要懂得節儉，就能為將來的生活貯備生活資金。以下筆者將生活中的節流妙招公開與讀者分享，願大家皆能藉由身體力行，獲得真正的財富。

一、撥打網路電話或免費視訊通話

電腦與網路的普及，相信大家一般都有自己的電腦可以上網。藉由安裝 SKYPE 等通訊軟體，在網上花點小錢買個優惠套餐，就可以用很優惠的價格撥打網路電話。通過這種即時通訊軟體，甚至可以和對方視訊通話（還可以多方通話喔！），除了原本就在付的網路費與電費外，什麼都不用花！

二、選擇適合的手機套餐

現代人幾乎人手都擁有一支智慧型手機，但你曾經詳細去了解你的手機費率嗎？你真的需要「吃到飽」嗎？翻開各家通訊的費率Menu 吧！將各種手機套餐放到一塊研究，仔細分析自己打電話、發簡訊、手機上網等方面的消費需求，再選擇一款適合自己的。如果你的手機消費習慣發生了改變，或通訊業又推出新的手機套餐，不妨留

意一下，及時更新你的費率。

三、網購讓比價更簡單

通常同一樣東西，網路平台上有賣的，會比實體店面便宜，因為網店的經營成本更低（無須實體店租），商品價格更容易被比較（有搜尋引擎供顧客比價），顧客轉移購買目標更輕易（滑鼠點一下就行了！），因此價格競爭更激烈。想想，如果你們家衣食住行各項消費，方便在網上購買的就通過網購滿足，一年下來，可省多少錢啊！當然，網路上的賣家魚龍混雜，購買前還是得小心辨別，尤其網路購物無法真的「摸到」商品，有質感之分的商品還是以親眼親手至實體店面購買為妙。

四、去批發市場批貨

每個鄉鎮應該都有批發市場，而且雖說是批發，但不代表老闆不賣零售。如果你弄清楚了附近批發市場的分布和特色，一些不著急購買的商品，累積到一個程度，再抽空跑一趟批發市場，一定可以讓你花少少的錢就能滿載而歸。

五、大賣場省錢攻略

很多大賣場如大潤發、家樂福等的熟食、蔬菜、冷盤等，都會在晚上9點開始打折，價格可能是標籤上的一半不到。晚飯後出去散步，順便去超市逛一下，挑一些品質良好（變質的東西當然不能要）的「便宜貨」回家。另外，很多超市的入駐廠商，逢節假日、週末、店慶、商家的各種慶典，會有許多促銷活動，促銷商品價格比平時低不少，

還常常有贈品相送。尤其賣場裡「夏有空調、冬有暖氣」省錢又舒適，何樂而不為呢？

六、省電省水有一套

冷氣是最耗電的電器，如果氣溫沒有超過 28 度不要開啟它。平時電視機不看了要注意拔掉電源，不要用遙控來關電視機，因為這樣關電視的話，其實讓它處於休眠狀態。其他家用電器也是類似的情況，不用的情況下，儘量拔掉電源。你也可以在馬桶的貯水槽裡放置一個大的可口可樂的瓶子，就可以減少每次沖馬桶的水量，做到節約用水；另外，洗完菜的水可以用來澆花，洗澡的水能留下來清潔打掃。節能減碳、積少成多，能為你省下可觀的水電費。

七、買衣省錢有訣竅

許多賣衣服的商家常常會有一些零碼服裝，便以非常便宜的價格來出售，但卻有可能恰恰好適合你的大小，值得留意一下。另外，換季前是衣服特價促銷的時候，買幾件百搭、永不過時的經典款式服裝，可以大大降低購衣的成本。如果發現了很想買的衣服，最好再到其他的地方轉一圈，多處比價後再決定是否購買。

八、省油大作戰

近年來油價節節高升，因此以汽機車代步的朋友一定要從這裡節省金錢。當你發動汽車以後要盡快上路，不要讓它在原地長時間預熱，需知道發動機在行駛過程中，要比待在原地熱得更快；而保持汽車在一定的速度行駛可以使燃油得到充分利用，頻繁改變車速會導致

燃油浪費，要儘量避免突然加速和緊急剎車。有研究顯示，機油能最充分燃燒的速度是每小時 40 到 60 公里；所以不要養成猛然起步、猛踩剎車等駕駛習慣，這不僅費油，而且對車子本身的壽命也是很大的損害。

九、理財消費要記帳

人是怕麻煩的動物，要把自己的財務收支、日常消費記成一本帳，長期堅持，確實不容易。但如果你真的做到（哪怕只是大致做到），不僅提高自己的財務管理能力，更重要地，還能定期審視自己不合理的消費，優化改進，從而逐漸養成良好的理財消費習慣。如此持之以恆，堅持個一年半載後，你的財務狀況必定明顯得到改善。

十、千萬別浪費！

這純粹是一個習慣問題，你到餐廳吃飯點了一推餐點，買單時食物還剩一半，有的菜甚至都沒動到，買單了還「豪氣」地不打包；去超市買一堆東西，喜歡用的、急用的先用了，剩下的就「束之高閣」不聞不問，不僅占地方，久而久之還發黴了！買衣服、買鞋子、買促銷品時，耳根子軟，在促銷員「循循善誘」之下，就放進購物籃裡……。這些「衝動型消費」的例子可以舉的實在是太多太多了，人的慾望無窮但口袋的深度有限，唯一的祕訣就是千‧萬‧別‧浪‧費！

Have Your Thought！

 除了以上的「撇步」外，你還有哪些省錢妙招呢？

_____

_____

_____

記錄你近 6 個月手機資費與實際支出，確認這是你最省
錢的方案嗎？

_____

_____

_____

你最常購物的網站有哪些？它們都是比價後對你最划算
的購物天堂？

_____

_____

_____

$ 公司企業更該厲行節約

日本的經營之神松下幸之助曾經說過：「節約就是賺錢。即使只是浪費一張紙，也會使商品價格上漲。」企業經營條件愈好，營利愈豐，但不會理財，到處都是洞，恐怕營利再高，也抵不住財力的損耗。所以經營者除了要開源之外，更要會節流。

以松下幸之助為例，他在創業之初，派他的妻弟井植歲男（後創建三洋電機公司）前往東京常駐，負責聯絡業務。由於沒有太多的錢來組建辦事處，井植只好在早稻田附近的學生宿舍落腳。此後每天大清早就往東京市內跑，有訂單馬上向大阪彙報。

井植借住的學生宿舍，夏天一到，蚊子就多了起來，於是他買了一床 3 日元多的麻製蚊帳。向大阪彙報後，不料馬上接到的便是松下幸之助嚴厲的批評信：「想想現在的松下電器公司和你的身分，我不管是什麼理由，用 3 日元買一個麻蚊帳是不行的，1 日元左右的棉蚊帳就夠用了！」

連年末大掃除的時候，松下幸之助看到地上扔著幾根短的鉛筆頭，於是他把財務長叫來，並讓他把鉛筆頭撿起來。松下幸之助的這種行動，使得公司裡的員工對勤儉節約有了新的認識，員工們心裡會想：「連經理都這麼節約，自己今後一定要注意。」

除了松下幸之助的例子之外，日本的豐田汽車公司（Toyota）也是節約出了名。豐田汽車創建於 1933 年，它的前身是豐田自動紡織機械公司。開拓人豐田佐吉的兒子豐田喜一郎在 1938 年建立起豐田汽車廠，但他不善理財，致使產品生產成本過高，再加上其他問題，

造成公司在二次大戰後債台高築。到 1950 年，這家只有 21 億日元資本的公司，負債額高達 10 億日元。於是豐田喜一郎引咎辭職，豐田佐吉委派當時的副總經理石田退三接任。

石田退三一上任就倡導節約風尚，能省則省，能儉則儉，如廁所用水要節約；筆記用紙寫完了，反面做便條紙；手套也是破一隻才能換一隻，如此等等。石田退三的這些舉措被一些員工與同業譏為「小氣」。但是在「小氣」名聲之下，豐田汽車公司的生產成本卻降低了，銷量也擴大了。經過七十餘年的艱苦努力，儼然成為日本企業界首屈一指的大企業。而媒體普遍認為，豐田公司獲得高額利潤的訣竅之一，就是始終把杜絕浪費當作經營管理的重要目標。

從這些實例來看，企業在經營管理中，應力求儉約，爭取使消耗達到最低限度，讓每一種費用都發揮出應有的最大作用。在目前嚴峻的經濟環境下，除了通過不斷開闢新的利潤來源外，如何充分利用手頭一切資源來節省成本，減少不明智器材添置費用和一大部分設施閒置造成的浪費，這也是企業保持競爭力，持續順暢營運的關鍵。因此如何有效運用現有資源，同時又不影響公司的運作，是每個企業必須解決的問題。企業落實勤儉節約的精神，雖然容易給人「吝嗇」的印象，但這卻是企業走向成功所不可缺少的關鍵因素。這種企業文化的養成須從小處做起，各個部門從點滴開始，從節約一張紙開始，從不浪費一支筆開始。平時細心一點，及時把燈關上，把電腦關上，把空調關上，把水龍頭關上，少浪費一份資源，就是為企業多創造一份財富。事實上，世界上不少著名的大企業家就是靠著「節流」起家發展起來，達到今天稱霸市場的地位。

Idea 7 找對位置賺錢事半功倍

　　台大醫院創傷醫學部主任柯文哲曾說過這麼一個故事：動物王國要選大王，動物們覺得奔跑、游泳和飛行是動物最重要的三項技能（就好比台大醫院要升等，比的是教學、研究、服務，總分高的就可升等），於是就辦了個比賽，比賽前呼聲最高的是獅子、鯨魚和老鷹，但結果你們知道最終是誰選上了動物王國的大王嗎？是鴨子。

　　原來這個競賽是這樣的，每樣技能的成績滿分為一百分，以加總成績來決定輸贏。鴨子每項四十分，總分一百二。獅子、鯨魚和老鷹，都是單項一百，兩項零分。所以，其實台大醫院裡有很多的鴨子教授啊！

　　上述這個故事顯示出即使是被視為最優秀的一群精英分子，其實還是有許多人是在不適合自己的位置上。你工作一段時間了嗎？你現在的工作效率好嗎？薪水如何呢？你為什麼會從事現在這個工作？是因為學生時代所學的就是這個領域，還是因為想滿足父母對你的期待？當年被公司錄用了，一做就到現在，已經非常習慣了？還是換工作風險太大，勝算太小，不想放棄安穩，去追求不實際的夢想？

　　大多數人都必須將人生的大部分時間拿來工作，如果你能夠找到真心喜歡的工作，覺得自己正走在該走的路上，那麼你會覺得生活充實、自在，得到自我展現的機會。如此，才有可能提升工作的效率，

進而提升職等,擁有更高的收入。但,在找到真正合適自己的工作之前,你必須確實了解自己。

 ## 檢視自我的價值觀

我們先試著檢視一下,影響個人生命行進方向的核心與價值觀,就是你心中認為對、錯、好、壞,以及自認為最重要的事物,例如:安全、自由、快樂、獨立、成就、家庭、名聲、健康、權力……

這些在你從小到大,經由父母、老師、朋友與社會,自然而然滲透你的內心深處的信念,仍然無時無刻,借著你所獲得的有形或無形的獎勵和處分,繼續在你的內在扎根與茁壯。每個人內心深處對這些價值觀都存有自己的一套優先順序,它決定你對人、事、物的反應、感覺與評斷。

每一個人所處的工作環境,都有一套團體的價值信念,也就是所謂的「企業文化」,以有形或無形的方式,要求員工的行為符合其信念。如果它與你內在的價值體系相抵觸,或甚至不利於你價值體系的存在,你很可能會感受到強烈的衝突,而長期處於相當難過的焦慮狀態。對自己的正負價值信念愈有正確的認知,愈能幫助你找到一個與自己相契合的公司與工作,也才能擁有自在、充實的生活。

Have Your Thought !

✏ 在我的生命中，對我最重要的事是：

....

....

....

✏ 在我的生命中，我做什麼事的時候感到最充實？

....

....

....

✏ 在我的生命中，我陷入最低潮是在我……的時候？

....

....

....

$ 我不了解我自己？

　　除了價值觀之外，深深影響著我們是否適合這項工作或擔任特定職務的還有個人的性格與在工作上的行事風格。學者 David W. Merril & Roger H. Reid 提出了「個人風格與卓越表現」（Personal Styles & Effective Performance）的理論指出：有些人強調克服反對，勇於改變環境，以期得到立即的成果。因此他們總是很快的做決定與採取行動，以求解決問題。他們將此類型的人稱之為駕馭型（Dominance）。有些人則喜愛與人接觸，強調結合團隊的力量，一起努力共同獲致成果。他們善於以熱情和清晰的言詞，創造激勵他人的環境。這類則為表達型（Influencing）。有些人強調忠誠的與人配合，以達成任務。他們很有耐心，擅於傾聽，可以持續且專注的完成工作。稱之為穩定型（Steadiness）的風格。有些人強調根據事實和既有經驗，精確且謹慎的完成任務。他們對事情的細節很專注而有較周全的準備，而且自律性很高。稱之為分析型（Compliance）的風格。

　　以一個組合 DIY（Do It Yourself）傢俱的任務為例：分析型的人會先把所附的組合零件，有條不紊的排列在地上，然後很仔細的讀完安裝說明，再依安裝順序，將傢俱組合起來。駕馭型的人會馬上把零件通通倒出來，然後憑他的直覺動手組合；如果碰到問題，他也許會拿說明書來隨便翻一下，非不得已，他不願詳讀說明書。穩定型的人，則在讀完說明書後，找人來一起幫忙組合。表達型的人則根本不看說明書，直接去找分析型的好友，說服他替自己動手。

　　行事風格沒有什麼誰優誰劣之分，就像拼圖中的每一小片形狀都

不相同，但把這些不同形狀的小片，放在對的位置上，與周遭其他小片密切的結合，便形成完整的美麗景象，每一小片都是不可或缺的。因此，每個人都應該找到適合他的團隊，並且在那個團隊裡正確的位置上，才能發揮自己最大的功用，為團隊與個人帶來最大的利益。

$ 了解工作的意涵

一份工作，包含三方面訊息：行業、公司和職位。明確了這三點，才能確定一份工作的性質、職責、所需能力以及技術的要求，才能明白這份工作是否適合你。

一、隔行如隔山

不同行業都有其自身特點，從事服務業的人所需的特質與技能就不同於從事 IT 產業的人。缺乏對行業的了解肯定會成為求職路上最大的障礙。在確認想要走入的行業之前，務必多方了解這項產業所需的特質與技能。

二、公司文化大不同

不同行業的公司當然是不同，同一行業之內，不同公司也是各有各的特色。不僅僅是企業文化、經營模式、運作方式也都有很大區別。比如寶潔和雀巢，同屬於傳統產業，但還是有很大差異。寶潔看重領導能力，因此有領導力的菁英可能容易獲得錄取。而雀巢就比較看重溝通技巧和能力。因此，在面試時如何充分發揮個人的溝通能力，就

變得至關重要。只有對一個公司的情況十分了解，才能在應聘過程中表現出你的各大優勢。

三、職位是你工作內容的決定性因素

同一個公司內部，不同職位所要求的素質也是差異很大。比如做技術類的可能會要求職員具有創新意識，做財務可能更看重誠實謹慎，而從事銷售的人員可能會要求開朗大方，善於與人交際。這是因為不同職位所承擔的職責是不同的。試想，如果你對你要應聘的職位都一無所悉，那麼公司的人資主管怎麼會把這個職位給你呢？

勇於嘗試，創造財富

電影《阿甘正傳》中有這麼一句經典對白，阿甘問躺在病床上的媽媽：「什麼是人生？我的人生未來會如何？」媽媽回答阿甘：「人生就像一盒巧克力，你永遠不會知道下一片是什麼口味，直到你把它吃掉。」在學校或踏出校園進入社會的階段，你可以還不清楚自己的人生方向，那就朝著各種不同的工作領域牛刀小試一下吧！但隨著年齡增長，經歷了許多淬鍊，是否已從過去做過的行業、待過的工作環境等經驗中，漸漸浮現出一條清晰的人生道路？從過去的經驗中，讓自己愈來愈清楚「自己要什麼」，才能夠累積自我歷練，創造致富最大的可能性！

Idea 8 創富，與其想「我要贏」，不如想「絕不能輸」

2014 年春天最「夯」的國片非描述台灣日治時期嘉義農林棒球隊的《KANO》莫屬了。筆者也不免俗的驅車前去信義威秀電影院，觀賞這部難得的好國片。電影劇情描述了在 1931 年的日本殖民地台灣，一支由原住民、日本人、漢人組成的「嘉義農林棒球隊」，原本實力貧弱一勝難求，但在新教練近藤兵太郎的指導之下，拿下全島冠軍並遠征第 17 屆夏季甲子園大會的故事。整部電影毫無冷場，看得筆者熱血沸騰；但筆者也注意到了戲外這部電影的製作人其成功歷程，也同樣讓人激賞……

魏德聖：輸了，這輩子就沒了

眾所皆知，《KANO》的幕後最大功臣是家喻戶曉的魏德聖導演。他在《KANO》片中，給了我們穿越 83 年的感動，找回台灣失落已久的光榮感。讓這部片，台、日兩地首映大成功，九天就破億元的票房。但在電影《海角七號》一炮而紅之前，有任何觀眾聽說過魏德聖這號人物嗎？

早期，魏德聖為了一圓自己的電影夢，當洗碗工、賣靈骨塔、三餐牛奶果腹，咬牙苦撐。退伍時，因工作上沒有背景與經驗，久久無

法獲得電影電視界的錄取。在一次機緣下，他翻閱到一篇刊登演員訓練班的廣告，因此前往報名，魏德聖就此才獲得機會進入這個領域，開始接演一些跑龍套的臨演角色。

但這過程讓他吃足了苦頭，沒有收入讓他阮囊羞澀，生活困頓。有一回，窮途末路的他向朋友借了一千元坐車回台南，當時他已經欠了很久的房租，準備坦誠向母親借生活費。回到家，魏媽媽對他說：「你錢夠不夠用？怎麼錢包都空了？」那時的他臉放不下，無法對母親坦誠，只回：「夠啦！我要錢去提款機領就有了！」但他說出口的當下，就恨不得打死自己。就在他沮喪搭車返回台北的路上，卻發現母親在他外套的內裡用透明膠帶黏了八千元，讓他當場眼淚決堤。在訓練班基層的環境，他練就的做盡雜事、凡是親力而為的功夫，並且開始自學寫劇本。1994 年，以《賣冰的兒子》得到了人生第一座優良劇本獎。

他在 2003 年，台灣電影業景氣最差的時候，籌資兩百萬元，拍了一支五分鐘的《賽德克·巴萊》試拍片，希望能藉此籌到兩億元的資金拍攝。但在當時誰敢資助他？當然最後什麼也沒談成。這反而刺激他下了更大的賭注──拍攝《海角七號》。

現在的他回想起那時做這項決策的心理，還是忍不住滿腔的慷慨激昂：「那時候真的有一種心理是不能輸，輸了，這一輩子就沒了，愈是有這樣的信念，借錢的時候，頭會愈低，該跪的要跪、該求的要求，怎麼樣都一定要弄到。對我來說，目的很明確，要把它做完，要把它拍好。目標如果確定了，你一定忍得住，我保證你一定忍得住，除非你目標是鬆動的，否則你一定忍得住！」

心理學家榮格（Carl Gustar Jung）說：「性格決定命運。」魏德聖導演就是因為他有這種「不能輸」的性格，才換得《海角七號》以及後續的《賽德克‧巴萊》甚至現在《KANO》的成功。

$ 一個信念，創造「億」級富翁

從一名負債兩百萬元的小木材商，變身億萬富翁的股神蘇松泙，嘴邊最常說的是：「今天要比昨天多。」光是這句話、這個信念創造出他的「億」級身價。

這位年成交六億元，即使金融海嘯造成股災當年他還是照賺兩百萬元，他是怎麼做到的？早年蘇松泙投資股市是為了替父還債，當時本錢很少，賺的錢也有限，他每天告訴自己：「讓債務今天要比昨天少！」少多少都沒關係，只要比昨天少就好。也因為嘴上經常說著這句口頭禪，每天股市收盤，他努力研讀公司財報、股市資料到半夜，因為「明天要比今天（負債）少」。

後來債務清償，轉虧為盈，他的口頭禪轉為積極：「今天（賺錢）要比昨天多！」只要比昨天多，他就算達到目標。他認為：「一般人都會說『我要賺多少錢』，其實這給自己設限，而且心情會隨股市起伏。財富靠累積，累積是沒有限制的，只要比昨天多，就算達到目標，不是很容易開心嗎？這也是容易持續下去的動力。」

王雪紅：不服輸成就我

眾所知曉的台灣女首富王雪紅也與上述兩人有同樣的思維，他描述自己的個性時是這麼說的：「我從小就養成了不想被控制，不想跟人走的個性。」身為台灣「經營之神」王永慶的女兒，王雪紅性格執著、率真。她繼承了父親謙虛務實的精神，卻沒有依賴父輩的光環，而是憑藉堅韌與執著，在男性主導的 IT 產業裡開創了屬於自己的企業帝國，走出了完全不同於父親的精彩人生。

王雪紅離開父親王永慶的台塑集團創業時，正是處於台灣代工業的血海戰場，高科技代工業多如牛毛，門檻低、資金回流快的代工模式吸引了很多創業者。但是王雪紅絕不甘心處在產業鏈下游，她清醒地認識到，做高科技必須要掌握核心科技。所以她選擇了科技含量很高的晶片領域，而且選擇了最困難的事情——研發 X86 微處理器。憑著一股「我們不能輸給外國人！外國人能做的事情，台灣人也一定能做到！」正是對這種理念的堅持，王雪紅帶領著威盛電子成為全球唯一一家橫跨中央處理器、圖形處理器和移動通訊晶片三大領域的晶片廠商，也成了唯一一家擁有 X86 微處理器自主智慧財產權的華人高科技企業。

Have Your Thought !

 在你的人生中、事業裡，有什麼事是你絕對不願意認輸的呢？

在追求事業的發展方面，誰是你的師法對象？

目前為止你遭遇最大的人生挫折是什麼？挑戰過來了嗎？

人不理財，財不理你！

　　如果你有一筆閒置的錢財，不論多寡，一定要用來投資。雖然初次的投資，通常無法馬上獲得甜美的果實，但如果能正確地控制財務，而且能控制自己的情緒，不害怕、不貪心，必定能夠從中獲取經驗，累積大量的財富。有句俗語叫：「人兩腳，錢四腳」，意思是懂得用錢來為自己賺錢，比耗費勞力來賺錢快多了。一個人的收入大致上分為「工作收入」與「投資收入」兩種。「工作收入」是被動（有做才有）與階段性（退休之後就沒有）的收入；「投資收入」則是主動（錢會自己滾錢）與永續性（例如只要房子不賣掉，可一直靠它來收房租）的收入。這就像希臘人阿基米德所發現的槓桿原理一樣。他說：「給我一根槓桿和一個立足點，我就可以移動地球。」透過成熟的運用槓桿原理，可以將一個人的力量增加好幾倍，超過其自身的能力。以財務而言，意味著使用小額的資金去控制大的投資，自能將你的錢財增加好幾倍的力量。

　　在 2003 年之前，那時的和信集團與中信集團尚未分家，是台灣排名前五位的大集團，由辜振甫和辜濂松叔侄領軍。外界總想知道這叔侄倆究竟誰比較有錢，是否有錢與怎麼運用手中的錢有很大關係。辜振甫的長子辜啟允非常了解他們，他說：「錢放進辜振甫的口袋就出不來了，但是放在辜濂松的口袋就會不見了。」因為辜振甫賺的錢

都存到銀行，而辜濂松賺到的錢都拿出來投資。而結果是：雖然兩個年齡相差 17 歲，但是侄子辜濂松的資產卻遙遙領先於他的叔叔辜振甫。因此一生能積累多少錢，不是取決於你賺了多少錢，而是你如何理財。

$ 成功投資蹲馬步

資訊科技的創新、國際局勢的變動、物價的飛騰上漲讓每一個身處於這個時代的人都意識到了「投資」的重要。「錢」的使用規則是不分男女的，你可以選擇不參加金錢遊戲，不用投機的態度去賺取財富；但是你一定得具備替自己的財產尋找避風港的能力，「人生得意須盡歡，莫使金樽空對月」、「今朝有酒今朝醉」的及時行樂觀念，只有在擁有家財萬貫的前提之下，才有能力奉行。對於大部分的人來說，培養投資理財的知識是相當重要的，在平時能做好完善的財務規劃，在未來才能累積更多的優勢及條件，去達成自己人生的目標與希望。我想投資的標的「三種特性」——安全性、流動性、獲利性是任何人在投資前都必須了解的觀念。

一、安全性

把握住財產的安全，是投資理財的第一要務，而在時下各種金融投資工具充斥市場的情況下，你的投資至少必須掌握住這條鐵律：「不要把全部的雞蛋放在同一個籃子裡」。因此在投資之前，投資人最好能先廣泛的蒐集訊息，不盲從附和他人。

在經濟學中有個很有名的理論，由亞克勒夫所提出的「中古車市場」，強調「資訊不對稱」的現象。在舊車的市場裡，車主想要出售使用過的二手車輛，但對車子的性能及零件是否故障等問題，不會明白的告訴買方，因此買方無法分辨車子的好壞，而好車與壞車又以同樣的價格出售時，買方只會願意付出市面上出售舊車的平均品質價格，如此一來，車況比一般水準高的車主，在得不到應得的價錢下，會慢慢地將好車退出舊車市場，而買方買到的舊車，永遠都是車況較差的中古車。

這個理論告訴我們，在交易行為發生後，投資者應當注意「資訊不對稱」的問題，作為一個投資者，一定不能把自己的操作建立在盲從上，讓別人的大腦來指揮自己的手，應該努力提高自身的修養及學識。要深入了解你購買的股票，是否真的物有所值。

尤其是股票市場，內幕、謠言滿天飛，除了蒐集相關訊息，還可請專業資金管理者代為投資；同時涉獵與理財有關的法律書籍，了解合約的簽訂及違約情事發生時，應如何處理，才能確保自己財產的安全。

二、流動性

每個人因自己財務狀況、個性、環境的不同，會有不同的理財投資計畫，但對於大部分的投資者來說，「避險」應該是主要的目標之一。「天有不測風雲，人有旦夕禍福」，所以使自己的一部分財產，隨時能以流動性極高的方式持有，不但能應付日常生活中一些短期負債，也可在突發狀況發生時，保留應變的實力。如果資產轉換為貨幣

的時效短，而且本金也無損失的顧慮，這種資產就是具有流動性。一般來說，流動性高的金融工具，具有容易變現、轉換成本低，以及市場價格穩定的特性。

儲存在金融機構的資產，通常以活儲、定存等等方式持有，是流動性最高的一種投資方式，但也因此獲利率較低。房地產、股票、證券、黃金等投資，是屬於流動性較差的，雖然此類資產有很高的儲存價值，但一旦投資人想要脫手出售時，除了要負擔一部分的手續費之外，還可能面臨根本找不到買主的情況。因此一個理性的投資者，千萬不要把所有的財富都投資在某一項投資工具上，而是應該先考量自己的家庭狀況、日常開銷費用的多寡，將一定比例的財富以變現性高的方式持有，以應付不時之需。

三、獲利性

指的是投資的報酬率高低。通常報酬率的測度有很多不同的方法，例如：名目收益率、現值收益率、到期收益率等。不懂這些專有名詞沒關係，簡而言之，投資所獲得的報酬大，獲利性就高；投資所賺的錢少，獲利性就低。

對於大部分講求安全投資的投資者來說，投資工具應以安全性、流動性為首要考慮，獲利性為次要考量。因為在投資過程中有一條鐵律：「報酬愈高，風險愈大」。這條鐵律並不是要投資人為了提高獲利性而冒更大的風險，而是我們應該放亮眼睛，懂得利用政府政策及大投資環境去創造利潤。舉例來說，假如今天的晚間新聞報導，央行將在一星期後調降「存款準備率」，你該有什麼反應動作？

　　央行調降準備率，表示釋放出大量貨幣到金融市場，此時資金的供給增加，利率一定會降低，腦筋靈活的投資人應該趁著現在利率還高的時候，將帳戶中的流動現金轉為定存，賺取中間的利息價差，這就是利用政府政策創造財富來提高自己資產的獲利性。

投資工具之性質比較

性質 專案	風險性	變現性	還本期限	賦稅情形	獲利性
房地產	風險小，但須注意產權問題	受景氣影響，變現性中等	依景氣情況而定	土地增值稅 地價稅 房屋稅	房價狂飆時獲利性佳
銀行存款	風險小	資金靈活變現性高	定期存款期限較長	利息所得稅	獲利性低
債券	政府公債信用較好	自由買賣，變現性高	公債期限長，一般債券為三年	分離課稅20％	收益穩定，獲利不高
共同基金	投資標的多元化，風險中等	開放型隨時買賣，封閉型市場交易	視基金規定	基金收益繳交所得稅	分散風險，有長期投資效益
股票	變動性大，風險稍高	股價下跌時，容易遭套牢	依市場情況而定	千分之三證券交易稅	賺取價差獲利性佳
期貨	投機為主，風險相當高	保證金交易，變現性高	視合約長短而定	無賦稅	以小博大，獲利驚人

Tips to Wealth!

想知道你的理財盲點在哪裡嗎？趕快測試看看！

　　這一天，你來到了法國一個觀光景點旁邊的跳蚤市場，你覺得你正準備購買什麼呢？

A. 老式相機

B. 古銀首飾

C. 古董繪畫

D. 手織地毯

測試結果：

A. 老式相機：你只知道開源而不認為應該節流，你對錢財的運用沒有什麼限制，認為花錢就是要讓自己開心，你所購買的每一件商品你都會覺得很值得，不會願意為了省錢而委屈自己。你的品味很不錯，可以試著去投資，獨到的眼光能夠為你選到可以增值的物品，這樣一來你的收藏癖好就不再只是讓你花大錢，還能有一點回收價值，哪一天不喜歡了還可以賣出大賺一筆。

B. 古銀首飾：你對每一塊錢都十分重視，認為財富就是需要靠這樣一點一滴積累起來。雖然你可以從各方面都省下一些為數可觀的錢，但這樣存錢的速度還是太慢了，而且太過於保守的想法，讓你在財務的管理上很沒有效率。試著去做一些投資，多方嘗試，結果會出乎你的預想，保證讓你滿意。

C. 古董繪畫：你做什麼事都是為了完成夢想，缺乏對現實的考慮，有一點不切實際。對於理財，你感到十分頭疼，一來不知該從何做起，二來也不願將錢投入股票，每天為了起起落落的數字戰戰兢兢。所以你一直處於被動的狀態，雖然知道要留意相關消息，但還是遲遲無法行動，你希望找一個可信賴的人，幫你打點一切，讓財源自動滾滾而來。

D. 手織地毯：你耳根子軟，對人絲毫沒有防備之心。情感豐富的你對推銷員的話總會聽得一愣一愣，所以每次出門家人都會為你提心吊膽，深怕你刷爆一張一張又一張信用卡。你是屬於感性消費，每次花費的數目有高有低，想要控制自己的花費，最好是先編列預算，才能有效挽回一去不回頭的白花花大錢。

Idea 10 凝聚雄心與膽識，財富近在咫尺

對於許多人來說創業一直是個夢想，尤其是領死薪水的上班族。這些人常在心中認為老闆的眼睛不夠雪亮，總是無法看到自己辛苦的付出，而自己所領到的薪水總是與付出不成正比。他們期望有一天老闆突然良心發現，幫每天做牛做馬的自己加薪。或期望累積足夠實力與資金後，能脫離老闆的掌控。

但這些想到創業的上班族絕大多數還是選擇安於現狀，其中許多有能力的人，雖然在工作之中老是對為人作嫁的情況下發出咆哮之聲，但要真正提起勇氣開創自己的創業之路，還是會顧慮相當多的因素。尤其是要放棄雖不滿意但至少穩定的收入，以及要面對生活上的擔憂與對家人的責任。

但在創富的路上，如果你有一身好功夫、好創意但不付諸行動，那麼永遠只是紙上談兵，只有勇敢付諸行動的人才能離創富愈來愈近。羅馬人說：「Fortune Favors The Brave.」（愈勇敢的人愈受財富之神青睞）。在經商過程中，商家要想成功賺大錢，就必須有膽量敢於冒險，而且冒的險愈大，成功的機率就愈大。許多大企業家在經商過程中，只要他們覺得做某件事有利可圖，就算是有再大的風險，他們也會積極去做。

沒有膽識，哪來巨大的財富？

阿里巴巴集團的主席馬雲曾這麼說：「在創辦阿里巴巴時，我請了 24 個朋友來我家商量，我整整講了兩個小時，他們聽得稀里糊塗，我也講得糊里糊塗。最後說到底怎麼樣？其中 23 個人說算了吧，只有一個在銀行上班的朋友說你可以試試看，不行趕緊逃回來。」

「結果我想了一個晚上，第二天早上決定還是要幹，哪怕 24 個人全反對我也要幹。」

對於事業要成功馬雲認為：「其實最大的決心並不是我對網路市場有很大的信心，而是我覺得做一件事，無論失敗與成功，經歷就是一種成功，你去闖一闖，不行你還可以掉頭；但是你如果不做，就像晚上想了千條路，早上起來走原路，一樣的道理。」

這就是創富所需的膽識，有些人畏首畏尾，看好某件事，可是自己實在是沒有膽去嘗試，於是成功的機會就這樣與他擦肩而過了。商人要想成功，就必須具有膽識，有了膽識你才會讓自己去冒險，有了膽量你才會讓自己放心大膽地去做某事。有了膽識，你就成功了一半，另一半就是要對投入的事業具備充足的知識。

$ 膽識打開致富的大門

有著「華爾街多頭女司令」之稱的著名股票經紀人約瑟芬斯（Abby Joseph Cohen）在她 25 歲時，意氣昂揚，抱著一心成為大富

豪的想法，辭去了穩定的工作專心投入到股票交易中，還不到十年的時間，她就擁有了上百億元的資產。但在她辭去工作開始投資的時候，她手中僅有 500 美元！就用這做資金，開始創立自己的事業。

早期的約瑟芬斯一開始憑藉自己的膽量小賺了一筆，但轉眼之間，這些財富就如曇花一現，消失在茫茫的股海中。但是約瑟芬斯並沒有就此消沉下去，她總結自己失敗的教訓，知道是因為自己的知識不夠用，所以她一心學習專業的股票知識。在她學有所成之後，她又重新投入股市，除了膽識之外，還加上了懂得運用知識的大腦，審時度勢，這樣一步步地積累起自己的財富。商人在商場上，最需要的就是膽量。如果你只有智慧沒有膽量，那麼再多的財富也和過眼雲煙一樣，在你的眼前飄過，就是不進入你的口袋。

$ 不能單靠愚勇，不了解的領域不輕易涉足

猶太人的聖經《塔木德》中有這樣一句話：「沒有哪種行業比另一種更好。」條條大路通羅馬，想要賺取更多的錢，不在於你做什麼，而是取決於你怎麼做。一位成功的商人必定具有過人的膽識，但他絕不會恃此涉足自己根本不熟悉的領域。

我們的至聖先師孔子也說：「暴虎馮河，死而不悔者，吾不與也。必也臨事而懼，好謀而成者也。」沒有足夠的勇氣，就不會有創業的動力。然而，創業如果只有匹夫之勇，只看到一陣風就想要一飛衝天，缺少謀略與計畫也是不行的。

加拿大第二大城市蒙特利爾市是建在聖羅倫斯河的一個島上。蒙

特利爾市有一條很著名的街道叫聖勞倫斯街，在這條街上有一家著名的燻肉店，這家燻肉店已經有幾十年的歷史，迄今為止依然非常受歡迎。這家燻肉店自開店以來一直保持著原來的風格，並沒有因為時代變遷，而使風格跟著變化。這裡可供選擇的食品很少，除了麵包夾燻肉的三明治外，就是牛肉和牛肝，這些東西的價格很便宜，相當於一個漢堡包的價格。由於配料是祖傳祕方，所以不僅本地人經常來吃，外地人也常慕名而來。這家小店已經傳了三代，但是一直沒有開分店，店面也只有五十幾平方公尺。但是，它卻早已聲名遠播，每天人們都排著隊來買三明治、燻肉等。

現在的餐飲業競爭如此激烈，而蒙特利爾的燻肉店卻在激烈的競爭中依然能站穩腳跟，這與他們幾十年如一日的堅持有關。現在很多餐館都是跟風走，今天流行這個，明天又換成那樣，結果不僅自己的事業沒有站穩根基，無數餐館就在這樣的狀況下被迫關門了。蒙特利爾的燻肉店，幾十年如一日地保持著自己的風格，獨樹一幟地立在餐飲之林中，生意愈做愈精，回頭客愈來愈多，名聲也愈來愈大。這種經營方式其實也是一種難能可貴的商業理念，它的競爭力不是其他跟風模仿的餐館所能比擬。

膽識與無知之間只隔著一條線，當創業者抓住了這條線，他便掌握住事業賴以成功的機會。要如何找出這條界線呢？筆者認為創業者必須先清楚自己的狀況：我的風險容忍度在哪裡？而這個產業的門檻又在哪裡？唯有用心去分析這兩者之間的界線，才能避免無故喪失機會與因孤注一擲而造成的意外損失。

Have Your Thought !

✏ 你想開創哪一方面的事業？

....

....

....

....

✏ 你的事業遭遇到什麼挫折？

....

....

....

....

✏ 為了開創未來的財富，熬出撥雲見日的一天，你要如何
凝聚勇氣來突破？

....

....

....

懂得自我推銷，創造自己的財富星光大道

有一天，我與公司裡一位優秀的業務人員去拜訪一位大顧客，沒想到他們彼此就中信兄弟象與義大犀牛隊展開了一場激烈討論，我在旁邊看著傻眼了，我不知道這位共事很久的職員對棒球那麼在行，真出乎我意料之外。事後我對他說：「沒想到你還對棒球那麼在行！」

他微笑著說：「不！我是一個推銷員，就該像一隻變色龍一樣，隨著對象的不同而改變自己的興趣愛好，成為顧客所希望的某種人，這樣推銷的成功率才會大大提高。」

我再問：「難道你跟他談論那麼久的棒球，只是為了迎合對方，自己一點興趣都沒有？」

他答道：「一開始，我確實沒什麼興趣，可是那位大主顧卻是個棒球迷。所以為了以後的合作，我事前做了大量的功課，翻閱了一些報紙的運動欄，了解各隊的實況和打擊率，以便談他感興趣的議題，達到與他更加親近的目的。其實，我跟他的交情，就是由棒球而起。我那些競爭對手們之所以失敗，就是由於沒有想到這一點。」

朋友，你曾想到這一點嗎？這可是創富的最基本原則──讓別人發現自己。我們要想獲得成功，先要讓對方對自己留下深刻印象。

 最會賺錢的人，一定是最會推銷自己的人

「酒香不怕巷子深」，這是一個著名的俗語，可是在當今社會，這句話似乎已不太適用。好酒雖然有好品質，仍然還是需要包裝和宣傳的。這並不是巷子的深淺問題，而是巷子在哪兒的問題。在資訊時代，有了好酒，我們絕不能只是消極地等待一個偶然的過客的發現。好酒有酒香，就需要發現酒香的鼻子，我們要做的就是把好酒推到鼻子的有效嗅程之內。

為什麼很多人會有「懷才不遇」之嘆呢？胸懷才學但生不逢時，難以施展。說白了就是有才能卻遇不上賞識他的伯樂，從而沒有機會去施展自己的才華，實現自己的理想與抱負。你是否曾發現「懷才不遇」並不是偶然現象，無論你是否成功，都可能有類似的經歷。所付出的努力不被承認，該怎麼辦才好呢？其實這些人之所以不受認可、不受重用，就是因為他們不懂得推銷自己。

一說到人才，人們必然就會想到伯樂，古往今來，真正能識「千里馬」的人有多少呢？「酒香不怕巷子深」，這句話不能說它是錯的，但它已經與時代落伍了！那樣的觀念，只能在強調商品的品質至上的傳統社會裡才被人奉為金科玉律。用現代眼光來看的話，這句話已經是缺乏效率觀念和競爭意識。要在現今的社會致富，最大的發展障礙在於產品「同質性過高」，你賣酒、他也賣酒，一整條街都賣酒，那麼誰會聞得到你的酒香呢？同樣的道理，在這樣一個競爭如此激烈的社會，難道是真的有了才能，就能得到別人的承認嗎？恐怕未必。否則的話，我們有了專業本領，就不用提高什麼交際能力，也不必把

握機會了。試想，如果一個人不去爭取機會即使他的專業水準再高，也不會有人看到。更何況，每個人從小到大都受著差不多的教育（這點亞洲學生更是如此！）你有的才華，一定別人也有，那麼憑什麼你希望能夠得到更好的發展與待遇呢？所以，即使你是「陳年老酒」，如果位於深巷，也容易被埋沒、被遺忘的。這時唯有以最快的速度讓最多的人知道，以便能讓好酒打開銷路，讓你的價值得到進一步的提升。

在 15 年的銷售生涯中總共銷售了破萬輛車，「全球最偉大的銷售員」喬·吉拉德每次賣車子的時候，他都站在產品前面，讓顧客先看到他，而非他的產品，就是因為他了解把自己推銷出去才是首要目標。

$ 如何將自己推銷出去？

推銷大師卡內基說：「我們大多數的時候是重複在做同一件事，就是推銷自己讓別人或社會接受。」從這個意義上來說，人生就是一場推銷。世界上的頭號產品是什麼呢？其實就是你自己。從某種意義上來說，人生就是一場演出。不管你是在與人交往，還是在推銷產品，或是去某一個公司應聘，你的首要任務就是在推銷自己。學會推銷自己，找到你的顧客，讓他們接受你，不要羞於提及推銷自己的話題，這絕對是重點，絲毫不需要猶疑，你所應該想的只是如何將自己「賣」個好價而已。那麼，推銷自我有哪些要領呢？

Have Your Thought !

🖊 你想要怎麼做，才能讓上司、顧客看到你？

....

....

....

🖊 寫下 5 項你引以為傲的長處。

....

....

....

....

🖊 你多久沒讀書充實自己了？寫下 3 本計畫閱讀的書籍，
然後展開行動吧！

....

....

....

一、抓緊機會

　　唐朝時，著名詩人王勃去探望父親，路經南昌時，正趕上都督閻伯嶼新修滕王閣，要在重陽日於滕王閣大宴賓客。王勃前往拜見，閻都督對他早有所聞，便請他也參加宴會。閻都督此次宴客，主要目的是為了向大家誇耀女婿孟學士的才學，因此他讓女婿事先準備好一篇序文，在席間即興作書寫給大家看。宴會上，閻都督讓人拿出紙筆，假意請諸人為這次盟會作序。大家明白他的用意，所以都推辭不寫，而王勃這個僅二十幾歲的青年晚輩，竟不推辭，接過紙筆，當眾揮筆而書。閻都督十分不高興，拂衣而起，轉入帳後，支人去看王勃寫些什麼。聽說王勃開首寫道：「豫章故都，洪都新府。」都督便說：「不過是老生常談而已。」又聞「星分翼軫，地接衡廬。」他便沉吟不語了。等聽到「落霞與孤鶩齊飛，秋水共長天一色。」都督不得不歎服道：「此真天才，當垂不朽！」

　　不論是從我公司裡的行銷員、喬·吉拉德，或是唐朝的著名詩人王勃，我們都能夠看到，要把自己推銷出去，首重「把握機會」。人們常說「世有伯樂，然後有千里馬」。如果你認為自己是匹千里馬，你就得展示自己奔跑潛力的本領，是人才，你就得展露自己與眾不同的才華，才會引起伯樂的注意，如果一匹千里馬默默無聞，縱使能力再強，也只能是「辱于奴隸人之手，駢死於槽櫪之間」！

二、把自己當成商品

　　想要讓自己所散發的光芒被發現，就要把自己當成一件商品。任何容易推銷的好商品都是真材實料，你的「料」在哪裡呢？這點完全

要靠自己平日多加充實。平時就需多方位全方面鍛煉自己充實自己，使自己成為社會所需的全能人才、一件好的「商品」。當然，在這之前你要做好充分的準備，要全面了解自己找尋自己的「賣點」，有哪些賣點是他人所不及的？有哪些優點是自己從未發現的？找尋賣點時可以參閱過去主管所打的成績表，或詢問自己的知心好友，在他們眼中你所具備的長處。如此追索出賣點，針對賣點特徵思考「包裝手法」，是自我推銷的初步準備。

三、知己也應知彼

在了解自己的同時也應該了解對方，正所謂知己知彼百戰不殆，真正的了解對方所需要，你才能對症下藥，將自己推銷出去。對方需要哪方面的人才，需要哪方面的專長，這些自己都有沒有？還有，應該對他們的評論考核有一定了解，並針對這些重點來做準備。你可以採用各種方法探測對方的喜好？他喜歡什麼？需要些什麼？同時，了解一下有什麼樣的偏見也很重要。對不同的人要採取不同的方法與之親近。見面前準備愈充分，給對方留下深刻印象的機會也愈大，成功率也就愈高。其實需要這種工夫的人不只是推銷員，其他擁有高度專業的行業如醫生、律師等更是需要自我推銷。因為這些自由職業的專家們，他們的顧客大多需要靠人介紹，所以如果未能給顧客留下好印象，一傳十、十傳百，從而失去顧客對你的口碑。

過猶不及，自我行銷要注意

　　自我行銷雖然是一個將自己商品化的過程，但絕不可將自己定位成「廉價商品」來低價求售，如果自認是高品質的產品，就不必犧牲待遇降格以求。談不攏大不了不賣，也不要自貶身價讓人看低。不管是便宜還是貴的商品，買家總希望它能靠得住。因此在推銷自己時，一定要讓對方有信任感。合宜的穿著，適當的談吐都是增強買主信心的方法。

　　其次，推銷不是強制的向客戶推銷，而是要站在客戶的角度，對客戶進行引導。客戶有的時候重視你的精神更甚於重視能力。在現實中，推銷通常無法一次完成，往往需要和客戶進行多次溝通，有的雖然暫時不成功，但只要搞好關係，從長遠看仍有成功的希望，也不能放棄。

　　美國鋼鐵大王卡內基說：「了解推銷的技巧和方法，你就能夠獲得成功，並且名利雙收。」在推銷自己時，要比別人多努力一些。其實，人的潛能就像是一塊兒埋藏很深的金子，在它尚未被發掘之前，確實也不改它金子的本色，可如果一味不給其發光的機會，那也就失去了它很多自身的價值。所以，任何人都不可完全被動地等待機會。只要善於發現和把握機會，適時推銷自己，就能為自己的事業創造無限的可能。

推銷自己的六個小「撇步」

$ 從各個管道去疏通：當你想見某公司經理時，不要直接打電話給他，而是先與他的祕書取得聯繫，介紹你的情況以及見經理的目的，並請他替你選定一個時間見面，這種方法成功率有百分之八十，因為所有的公司主管都是大忙人，會客的安排都由祕書擬定，先打通祕書這個關卡很重要。

$ 記住對方的名字：在交際過程中，先聽清對方的名字，多念幾遍，運用聯想的方法牢牢記住。

$ 透過談話了解對方：在交談過程中用柔和的態度與他接觸，盡量去除對方的恐懼心理。盡可能使對方相信你的善意。

$ 不要冒然發表意見：當你不太了解對方時，要避免表示有傷對方感情的意見，最好保持中立。

$ 不要有炫耀的口氣：不要故意在非專業人員面前玩弄技術上的術語，以顯示自己的博學多才。如果非用不可，最好附帶說明一下，措詞盡量平易簡潔。

$ 多對人表示關切之情：當你被引進會客時，不要傻呼呼地等待，你可以跟接待小姐閒聊。她有可能決定你的命運，你給她留下一個好印象，她可能安排你早點與經理見面，否則，只怕經理「總是在開會」。

你的創富之路有保險了嗎？

$ 為什麼創富需要保險？

　　有些人會這麼想：「一筆錢有去無回，保費繳了，人又沒意外，保險給付一毛都領不到，不是很浪費錢嗎？」的確，水往低處流，錢往獲利性高的金融商品上聚集，是大部分投資人的理財觀念，然而隨著文明的進步、社會結構的改變，不但使得人與人之間的距離愈來愈遠，也讓個人富裕的生活中隱藏著許多看不到的危機。「天有不測風雲，人有旦夕禍福」保險最基本的功能，就是預防意外，在自己存款還不夠卻有急用的時候，還可以有一大筆錢可以運用。在漫長的人生旅途中，許多預測不到的災害損失都是突如其來的，財務上的意外風險也許只會讓收益減少，但是當交通事故、火災、天災等不幸發生時，卻可能造成家庭生活的困頓及遺憾。身為現代人，利用保險建立起生命及財產上的保護傘，是個人規劃理財時所應該重視的，因為只有未雨綢繆，才能讓我們更有效率地經營生命中的每一天。

　　許多人對保險不感興趣，認為保險的收益太低，他們寧可把資金投在相對風險較高的股票、債券等項目上。其實，真正懂投資的人都知道「不要把雞蛋放在同一個籃子裡」。他們常把資金分散投資在股

票、債券、房地產和保險等各項。當風險高的項目獲得高收益時,保險正好幫助他們節稅;當前面三項遭遇失敗時,保險卻能及時保障他們的生活經濟來源,或提供他們東山再起的資金。

保險如何理財

保險不但具有節稅、保障的功能,更能提供投保人理財之道,利用保戶所繳納的保險費,保險公司將部分列為理賠金,部分轉做其他投資,像是購買公債、公司債、股票或投資不動產等,因此保險公司經營獲利產生的盈餘就會以紅利的方式回饋保戶,此外依現行《保險法》規定,保險公司經營不論盈虧均有分紅的責任,無形中又對投保人提供了投資理財的安全保障。保單紅利利率主要依靠當年度銀行存款最高利率訂定,並且若銀行利率下降時,分紅利率仍會維持一定水準,因而利率風險所造成的損失完全由保險公司來承擔,使保戶的投資權益達到最高程度的保障。

選擇適合的保險商品

由於保險市場的競爭日趨激烈,保險業者推出的保險商品也愈來愈多樣化,一套適合自己需求的保險商品,能夠讓投保人對未知的明天多一份滿足與踏實感;可是若只為貪圖優惠紅利而選擇流行的保險商品,那麼不但會造成過重的金錢負擔,也無法真正享受到保險實際

的效益。因此聰明的創富一族在決定保險專案時，應該做好事前的評估。

一、了解自己的需要

各類險種依照不同條件的投保人會有不同的收費標準，保戶應該根據自己的財務能力、家庭狀況以及實際需要來選擇適合的保險，例如出國旅遊應選旅行平安保險；退休之後的銀髮族可保養老險；欲保障家中每一份子可利用終身險；而剛踏入社會的新鮮人適合低保費的定期險。另外重複投保也是保戶最容易忽略的狀況，要知道一旦發生意外事故，相同保障範圍的保險類並不會給付多餘的賠償。

二、選擇信用良好的保險公司

保險是一種長期投資，購買前多做比較並了解相關細節是絕對必要的，透過保險公司的投資組合報表及不動產投資比率，可知道公司資金操作狀況；另外向資深專業的保險從業員及經紀人購買保險，較能夠獲得快速的服務與信用的保證。

 買保險前不能不懂這些

在國人保險觀念開放，保險市場制度漸趨完備的情況下，保險業者服務的範圍不斷推陳出新，未來保險結合金融做多元化的行銷之後，勢必會讓國人有更多選擇空間。

一般消費者的保險商品，主要分為人身保險及財產保險兩大類。

人身保險涵蓋了個人生、老、病、死、殘廢、失業等方面，因此保單期限多為長期，並於期滿時需還本及發放紅利；財產保險則針對個人財物損失，提供損害賠償，保單多為短期性質且無持續性，到期時也不必償付本息。一般保險如以下幾類：

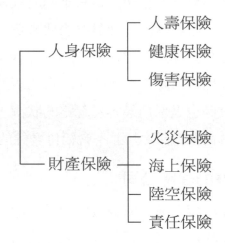

人身保險 ┬ 人壽保險
├ 健康保險
└ 傷害保險

財產保險 ┬ 火災保險
├ 海上保險
├ 陸空保險
└ 責任保險

人壽保險以人的生死為保險事故，由保險人依照契約負給付保險金額之責的保險。人壽保險可分生存保險、死亡保險、生死合險。其中死亡保險是目前市場上用的最多的保險商品，依照受保期間的長短又有定期保險及終身保險之別。

定期保險以期間為一年、五年、十年到三十年不等的中短期壽險居多，也有依投保人需要，以年滿五十五歲、六十歲、六十五歲為到期日。當投保期間愈短，保費也就愈便宜，直到約定期間屆滿，如果受保人仍然生存，則契約自動終止，保險公司從此無理賠義務，保戶亦不能要求退還曾繳納的保費。

終身保險顧名思義即保障及於終生直至死亡為止，並且投保人自

契約訂立之日起，如果不幸發生事故身亡，則可將保險金額遺留給指定的受益人，故保費較高，且投保年齡愈大保費更高。

至於其他的人身保險尚有傷害保險（又稱為意外險）、健康保險（又稱為醫療險），指投保人在保險期間遭受外來突發的意外狀況，致使身體受傷、殘廢或死亡時，由保險公司依契約上之約定給付保險金額，保費的計算是以不同的職業做分類標準；旅行平安保險屬低保費高保障，能讓喜歡出國旅遊的朋友玩得更安心；防癌保險是為因應全球生態環境受到破壞，人體細胞容易病變產生癌症致死而推出的保險商品，投保防癌健康保險後，一旦保戶罹患癌症，就不需擔心龐大的醫療手術費沒有著落。

財產保險不同於人身保險，主要是以個人財物為保險標的，分為有形財產保險及無形財產保險。

在台灣，保險公司與投保人之間因利益衝突，存在著嚴重的「資訊不對稱」，導致「逆選擇」及「道德危險」的發生。逆選擇指的是投保前，保險公司無法區分保戶的真正風險型態，於是其收取的保費是依據平均發生理賠機率所計算出的平均保費，但是對高風險保戶來說，平均保費低估了此類高危險群；對低風險保戶來說，平均保費似乎又嫌太高，結果造成來投保的都是高風險者，於是產生逆選擇。因此保險公司為減少營運風險的發生，通常會要求投保人做健康檢查，並依據年齡、身體狀況、職業的不同，收取不同額度的保費。

道德危險則指投保後，保險公司無法監督受保人行為，而受保人也因為多了一份保障不注意維護受保物，導致保險公司損失，因此在訂立保險契約時，保險公司會要求投保人繳交相關安全檢定文件或利

用自負損失、共保等方式來防範篩選。

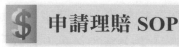

申請理賠 SOP

保險是當危險發生時能迅速獲得理賠的保障，相信沒有人會希望天災人禍的發生，更沒有人會把保險當成斂財工具，但是一旦要面對突如其來的意外事故時，投保人又應該採取哪些步驟使災害損失減到最小？

一、保留事故現場

投保人為便利保險公司鑒定損失發生之原因及評估受害程度，應保留事故現場之原狀，並有義務盡力防止受保物損失繼續擴大。

二、提出理賠要求

保險人員查驗過事故現象後，投保人還需提出相關文件、包括事故原因證明、損失清單等，向保險公司索賠並確定理賠範圍及金額。

三、配合保險公司之損失調查

除了消極要求索賠之外，投保人更應積極地協助保險公司進行勘驗，當事故乃由第三人過失造成時，還需保留對肇事者的求償權。

給孩子買壽險的七大理由

$ 保費便宜：年齡愈小，所繳保費就愈低，所買的壽險就愈划算。

$ 承保機會大：小孩身體狀況較成年人佳。因此，為小孩買壽險不會因身體健康狀況不佳而被拒保或加費承保。

$ 建立良好的風險規劃教育：讓孩子及早了解有關保險的優點，灌輸良好的風險管理觀念。

$ 節稅規劃：壽險有節稅的權利。

$ 減輕子女將來的負擔：當子女成年時，壽險的繳費期已滿，子女也不須再繳納保險費，即可擁有終身保障。

$ 轉移財產給子女：以幫子女買壽險的方式，將資產轉移到子女名下，可避開贈與稅。

$ 風險轉移：保障家庭生活安定，如果能在子女出生不久，就為其投保一份終生壽險，待他成年時，這張保單就是最佳的禮物。

有土斯有財！

　　房地產「投資自用兩相宜」的特性，讓它成了最佳的致富工具，也是各種投資方式中最容易入門的。但一說到房地產，太多人只有一個概念「買下、持有、出租」從此之後當個包租公或包租婆。但其實這對經驗豐富的投資老手而言，只能說是投資房地產眾多策略的其中一種。為什麼要投資房地產？以下是房地產的三大優點：

一、能夠節稅

　　許多花費如貸款利息和折舊等，都可以抵稅。

二、增加個人的資產淨值

　　絕大多數的房地產會隨著時間以及周遭建設的興起而增值。國內油電與民生用品價格不斷上漲，通貨膨脹環境讓買房成為可預期並有收益的投資。

三、能帶來租金收入

　　手中沒有足夠現金的人也能投資，可以用租金來付清貸款，甚至還可能有剩餘收入。

$ 全方位購屋守則

　　買房除了自住，當然也可以是投資的一種手段。因此購買房子絕對不能抱著「只要我喜歡，有什麼不可以」的心態，在買房前必須小心，才能買到「物超所值」的標的。以下與讀者分享筆者多年投資房地產所得的必須注意事項：

一、選擇良好的地點

　　「Location, Location, Location」購屋三要件中的唯一概念——地點，這個耳熟能詳的購屋黃金法則。通常座落在商業區、文教區附近的房子，都具有優越的地理條件，不但購物、就學便利，交通更是四通八達，大大提高了房屋本身的「保值性」，並且地段好的房子擁有較高的「變現性」。不過要注意的是，當仲介以極低的價格推銷好地點的房子時，消費者可就要仔細考慮、再三查看，以免買到有問題的瑕疵屋。

二、便利的交通動線

　　不論是要自住或拿來出租，便利的交通動線絕對是不可或缺的要件。如果你購買的房子在交通不便的地段，那麼套牢機會大很多。交通不便是購屋的最大地雷。房子最重要的就是地段，交通方便更是好地段的重要指標；尤其對老房子來說，因為屋況屋齡可能都已扣分，交通方便更應列為必要元素。近年來台北市的交通更是每況愈下，十分鐘的路程花上個把鐘頭已不是件稀奇的事。如果你是要自住，選擇

擁有便利交通網的住家，可節省不少塞車時間。一般評估交通動線時應考慮目前交通流暢情形、未來區域交通發展狀況，但是有時頻繁的交通路線也可能帶來噪音、空氣汙染，而降低了居住品質。

三、檢視區域環境

　　明確的社區定位能促進住宅發揮各項居住功能；然而劃分不清、規劃混雜的區域環境就會造成住戶的不便。文教區是一個非常值得投資的環境，如果你要自住，由於學校環伺，人文氣息濃厚，對學齡兒童可形成正面的影響；如果是在大學的學區，學生眾多，更是有利出租賺取租金。

　　商業區內的住宅雖然增值性高，但容易引進餐館、特種行業等入侵生活環境。工業區中的品質是最差的，每天進出的砂石貨運車常搞得漫天塵土飛揚，除非你有意以此作為未來創業的廠房，不然自住、出租都不宜。

四、房價是否合理

　　以區域環境及時間距離來考量房價是比較客觀的，新成屋不一定比中古屋住的舒服，但一定比較貴；地段好的房子比較貴；位於捷運站旁、交通樞紐邊的房子也貴；當有重大建設開始施工時，鄰近區域的房價就更是貴的離譜，因此消費者在選購之前，應打聽清楚附近同性質房屋的價格及漲跌情形，以便評估出售價格是否合理。不論是你首次買屋還是換屋，都是人生的一大喜事，但在時下仲介公司素質良莠不齊的情況下，只有多看、多聽、多比較，才能讓這筆投資得到最大的效益。

該如何找到理想的房地產標的？

$ 開車到中意的地段繞繞

$ 參加房地產拍賣會

$ 到當地法院

$ 翻閱報紙上所刊登的廣告

$ 多與房仲業者交談，培養人脈

$ 加入房地產協會

$ 常見的購屋糾紛及廣告陷阱

一、坪數足不足要注意

此類的問題最容易發生在預售屋買賣上，購屋者在建商成交之後，一定要仔細核對建築物面積是否符合房屋所有權狀上建物面積及附屬建物面積的標示，及計算建商預定的坪數是否包括公共設施面積。

二、要小心產權問題

要特別注意建築物頂樓、地下使用權是否為同棟各戶共同享有，或屬於私人財產。通常在購買前最好請售屋者附上以下證明：

1. 所有權人的土地、建物權狀（應注應賣方是否確為所有權人以及建物權狀上的門牌地址是否即為欲購買標的。）
2. 土地、建物謄本（應注意不動產是否有查封或其他限制登記，如有設定抵押，應注意其付款是否有風險。）
3. 授權書、印鑑證明（如賣方非所有權人，則該賣方是否有所有權人的授權書或印鑑證明。）

三、建築材料及社區安全很重要

　　民眾買屋置產的目的，最重要就是環境品質與資產增值，想要購屋增值，最簡單的方法，就是「把錢放在對的地方」。海砂屋、鋼筋輻射屋是目前消費者最怕購買到的，因此確定整個建築工程在安全正常的情況下進行，會讓購屋者住的更安心；另外選擇公共措施防備較多的地點，避免購買山坡地上的房子，都是消費者應該注意的。民眾購屋也可透過網路搜索或實地探訪，確定房屋周邊是否有像是加油站、變電所、高壓電塔、殯儀館與垃圾場等「嫌惡設施」，讓自己更精準、快速找到適合的房子。

四、小心一屋二賣

　　由於賣方擁有多份相同的權狀，而在買賣手續完成後，又把房屋售予第二人、第三人，並也將產權移轉登記造成買方嚴重損害。

　　其他如逾期交屋、違建、遲不開工、工程零付款、貸款與利息、外觀設備不符合約所述等，都是容易發生的買賣糾紛，購屋者應該清楚自己的權益所在，才能確保自己的投資能夠為你滾入源源不絕的財富。

不動產交易要注意！

$ 買房子之前不要怕累，要勤看房子，決定之前可以先請專業的陽宅風水家，或具實務經驗的專門人士幫忙陽宅鑑定提供參考意見；此外向鄰居或管理員、管區等查詢是否有發生過跳樓、自殺等案件也很重要。

$ 室內的隔間大小尺寸要先想好，每個人的房間大小、通風、採光是否充足。

$ 多看屋多比較，有喜歡的房子就請賣方提供土地和建物所有權狀及土地建物的謄本，先看過基本資料。

$ 簽約時要親眼看過當天的土地及建物謄本，請賣方提供產權資料，如土地、建物權狀正本、謄本正本、地籍圖、分區使用。

$ 交屋後，買方需再次詳細檢視屋狀況，若符合《民法》物之瑕疵擔保的相關規定可以要求賣方予以負責。

$ 要自行確實算過土地建物面積比例持分是否相符，面積換算單位是用平方公尺乘以 0.3025 即是坪數。

$ 下訂時要先請代書再調查產權是否清楚，並需要確認過對方身份證件。

$ 出價決定前可先向銀行問預估貸款金額是多少，要考慮日後貸款本金、利息及自己的收入增減時能力可否負荷，房貸支出莫超過月收入的三成。

$ 要查清有無占用到別人的道路或其他公共設施用地，更要避開基地台、色情行業等等不合適住家的區域。

$ 賣方如果非所有權人，簽定買賣契約時，應請他提示出授權書及方的印鑑證明書，雙方要互相影印身分證明文件存查。

$ 簽約時最好有公正的第三人在場，如果沒有就請代書來見證，也可解決雙方不熟識所產生的不信任感。

$ 交屋時賣方要準備最近一期的房屋稅單、地價稅單、電費、瓦斯費、管理費等與房子相關的影印收據交給買方並做分算。

$ 簽約時各種稅費由誰負擔雙方要事先就表明，是買清或賣清或是各付個的？一般買賣不動產要負擔的稅費是由賣方負擔土地增值稅地價稅、房屋稅等；買方負擔契稅、印花稅、登記規費及代書費。交屋日期的最後期限一定要寫明，以免貸款被拖延。

$ 買方需在代書送地政事務所過戶時開立本票一張給賣方做為尾款的擔保，並且註明：「禁止背書轉讓」交由代書保管，待交付尾款給賣方後務必取回作廢。

$ 一般在簽約買方就要同時申辦銀行貸款，銀行會先預估價格徵信查詢個人信用→貸金額審核→銀行對保→辦理過戶。可同時一併辦理抵押權設定登記，待過戶完成時即可撥款交屋。交屋前會做稅費分算及交付鑰匙、遙控器及住戶規約（社區型或公寓大廈）等。

資產配置要做好，一生財富沒煩惱

很多人看到「資產配置」這四個字就直覺地認為，那是有錢人的事，離自己的生活很遠，其實不然。即使不像郭台銘一樣富有，但大多數的人都會思考：如何收入、如何支出、如何合理使用信用卡，甚至記帳等這些日常生活中和錢打交道的行為，都已經是在做資產配置的行為。美國投資大師加里‧布林森指出：「投資組合的報酬有超過九成決定於投資者如何進行資產配置」。對於個人和家庭來說，資產配置都是理財的必修課。有效的資產配置能夠幫助你避免直接遭受投資風險的威脅，進而獲得良好的收益，創造你的財富人生！

$ 什麼是資產配置？

簡而言之，資產配置是指投資者把資產按一定比例分配在不同種類的資產上，如股票、債券、房地產等，在獲取理想回報之餘，把風險減至最低。一般來說，資產的類別有兩種：一種是實物資產，如房產、黃金、藝術品等；另一種則是金融資產，如股票、基金、債券、銀行存款等。其實當你在考慮應該擁有多少種資產、每種資產各占多少比重時，資產配置的決策過程就開始了。

以前人們在做資產配置大多是單純將錢存入銀行。但如今，面對

市面上五花八門的理財產品和各種理財模式，就被弄得暈頭轉向。其實資產配置要因時而異。在不同的時期，各類資產的情況也有所不同。由於每個投資者的年齡、投資目標、風險承受能力、資金流動性需求等又各不相同，因此組合投資的分配比例要依據個人能力、理財工具的特性及環境時局而靈活變換。不要把資產全部投資到單一的理財類型，而應多元化投資，在風險不同的領域投資，在風險大的領域要評估自己的風險承受能力，這樣的投資才更有效。

💲 我該怎麼做資產配置？

現代人對理財產品的需求很多，尤其是考慮到未來生活裡可能出現的一些不確定因素，如子女教育、養老、醫療等等。同時，對於理財方面的知識教育也愈來愈普及，使得現代人對理財概念也愈來愈熟悉。一般來說，在進行資產配置時要考慮三大要素：

一、家庭所需承擔的風險

家裡小孩的養育金、是否需扶養長輩……，進行資產配置時，要全面考慮家庭的長期、遠期和近期需求，這些因素決定了家庭的風險承受能力。與風險相結合，才能選擇出適合自己的理財投資工具和相應的投資比例。

二、家庭的理財目標

這方面則決定了投資期限的長短。你的家庭理財首要目標是購

屋？還是小孩的出國留學基金？或是退休後的養老金？對家庭財務資
源進行分類，優先滿足家庭的理財目標，來建構核心資產組合；唯有
將目標釐清，才有辦法判定手中的資金用途，將閒錢配置於更高風險
的資產，構築周邊資產組合，在保障家庭財務安全的基礎上進行更進
一步的投資。如此便可清晰地得出具體股票類資產、現金類資產還是
保險的配置比例。

三、投資市場狀況

市場決定了你的投資方式的選擇。在總體經濟的變化下，及時調
整投資的方式和投資的產品種類。建構能夠適應市場變動的資產配
置，是家庭理財保值增值的最關鍵因素。

在了解進行資產配置前的三大要素後，我們就可以開始著手進行
資產配置。根據國外經驗，最簡單有效的資產配置原則是「投資 100
法則」，用 100 減去投資者的年齡就是適合投資高風險理財產品的比
例。而偏保守的投資者可以將「100 法則」改為「80 法則」，即用 80
減去年齡得到應投資高風險理財產品的比例。舉例來說，25 歲剛入職
場的年輕人，可以將閒置資產中的 75％直接投入股票，或偏股型的基
金中，剩餘的 25％投資在債券、貨幣基金、銀行理財產品等穩健型品
種，爭取實現資產快速增值。而對於 50 歲的中年人來說，相應較高
風險性投資的比例就應降到 50％，穩健類資產品的投資比例則上升。
簡而言之，家庭理財隨年齡的增長，應逐漸降低股票類資產的比例而
增加固定收益類資產的比例。

資產配置五大原則要牢記

$ 風險的配置要有所區別，如果你有投資，那麼期限的配置要長短搭配好，做好流動性、收益性和安全性的綜合管理。

$ 定期檢查、適時調整。隨著家庭財務狀況的變化、理財目標的完成以及大環境經濟的變動，投資者也應該定期檢查自己的資產配置狀況，審視投資組合的收益情況，及時進行動態調整。

$ 業界一個重要的統計資料顯示，在所有的投資理財項目中，創業是回報率最高的生財手段。如果時間、資金、精力都有限，那麼優先投入到所從事的事業本身中，是最合理的。

$ 如果你屬於高收入家庭，那麼絕對不可忽視保險。保險費可以作為家庭投資資金的一個重要流向。選擇適合自己的保險是防止你財富意外流失的必需品。

$ 資產配置除了讓不同年齡承受不同的風險之外，還有另外一個非常重要的功能，那就是分散風險！改變單純儲蓄的習慣，逐步把存款改換成銀行理財產品、貨幣基金、股票型基金，還可以根據市場行情，在專家的指導下擇機選擇一些較高收益的指數型基金產品。要想在退休後保持相當的生活水準，長期堅持定期、定額的投資是不二選擇。

打造專屬自己的人生財富規劃表

人生中隨著年齡增長，各式各樣的花費愈疊愈高，買房壓力、結婚支出、子女教育基金以及退休金，沉重的包袱讓人喘不過氣來，尤其年過而立，各種人生責任、負擔紛紛報到，如果薪水不夠支付，在人生收支表上，很容易進入「死亡交叉」！依筆者觀察，現代人的生命週期有「三大錢關」要過，分別為：

1. 30 歲的「結婚關」。
2. 45 歲的「子女教育關」。
3. 60 歲的「退休關」。

對於這四個生命關卡，我們要如何因應呢？

 ## 人生的三個時期

財務規劃是打理一個人一輩子的財富，不是解決燃眉之急的金錢問題而已。你必須藉此來平衡一生中的收支差距、對抗通貨膨脹、過更好的生活乃至於回饋社會。財務規劃包含了長、短期的理財計劃與執行，短期如目前每日的生活支出，中期如購置房屋、結婚甚至到撫養子女的教育支出等，長期則如退休金等需要，因此如何妥善的進行理財規劃，是每個人都需面對的問題。理財知識賦予人們管理金錢與

處理存款、投資的能力，由於現今的金融市場日趨複雜，各樣的金融商品不斷推陳出新，人們需要累積多方面的財務知識來進行財務決策。而要打造專屬自己的財務規劃表，我們首先必須了解人生的每一階段由於階段目標、階段特性的不同，使得理財重點也不同，不過大致上，我們可將其分為三個時期：

一、青年期

這個時期主要是剛完成學業，初入社會，手邊小有積蓄的青年朋友們，由於才剛開始有收入，故尚無健全的投資理財觀念，當然此時正是初生之犢不畏虎的年紀，多半人的身上也不需背負家庭的重擔。處於青年期的朋友，比較有能承受高風險的彈性能力，故此時的理財重點應該放在累積創業經驗、積極進入投資市場、建立儲蓄習慣與銀行保持良好的長期信用記錄，並同時為將來結婚做準備。

二、壯年期

這段時期的起點是生子，終點是子女獨立。處於此時期的朋友，年紀已近不惑之年，事業及薪水都已達高峰，同時大部分也已成家立業，這時的理財重點著重於為子女的教育基金做準備，俗話說：「養兒防老。」現在為子女的教育、衣食做準備，就等於替自己退休後的生活做投資，所以在此也建議家中沒有小孩的夫妻，最好能養個「錢兒子」，在銀行開個戶頭，定期把扶養一個小孩所需花費的支出存入銀行中，從幼時的奶粉尿布錢到長大可能出國進修的學費，全部以定存方式存放銀行，並且在平時絕不動用那筆資金。

除此之外父母養老費用、正常的家計支出、人際禮尚往來的支

出……，還要為自己的健康做支出準備，有一定經濟基礎後還要考慮換房換車等。因此此時理財規劃應注意兼顧收益與成長的平衡，著重有發展潛力的投資，避免承擔高風險。

三、老年期

退休是人生階段中一個既敏感、卻又極富意義的字眼，它代表一個工作階段的結束，也可以說是一個工作的完成，個人在社會貢獻或自我完成上的成績，而理財規劃是否完善又與退休生活品質息息相關。

由於老年化的到來，多數退休年齡落在六十歲左右。此時的階段特性在於經濟財務非常穩定，並且許多人正計畫著退休，所以理財的重點為減低積極性之投資，以安全保本為主，多培養退休之後的興趣。處於這個年紀的朋友，通常對自己退休後的日子，會顯得慌張，好像自己已經沒有任何存在價值，尤其是一向習慣於擔任指示決策工作的主管群，因退休後的生活空間遽然轉變，容易產生心理調適的問題。一則擔心退休後收入銳減，對經濟生活開始恐慌；一則覺得沒有人需要他的奉獻。常常有很多退休後的銀髮族們，因為無法適應一下子沒有工作可做，甚至開始將家裡的成員當做員工使喚，規定他們以後做任何事之前，都得用送上來給他「批示」、「核准」呢！其實對銀髮族而言，可以把理財當做是工作的延續，並且用有紀律有組織的方法來完成，如此一來不但可以掌控家中鉅細靡遺的花費，也能使自己過得更愉悅而自在！

人生三大階段之理財規劃

三大階段	階段特點	理財原則
青年期	完成學業剛踏入就業市場	充實理財知識 投保定期壽險 投資價差大的成長型股票
壯年期	事業經濟穩定 多數已成家立業	考慮投資購屋 互助會或銀行定存 增加資產股
老年期	知天命之年 為退休做準備	避免承擔風險 購買會定期發給股利及股息的證券 從事興趣投資

投資健康的成功基金

現代人汲汲營營地追求財富、前途、名利、情愛……直到滿載而歸，準備安享天年之際，身體卻傳出了噩耗，沉痾宿疾開始纏身，勞苦半生所獲只能奉交給醫院及各種吃不盡的藥丸補品。退而不休——從職場人生退下，卻依然不得休息，頻頻往醫院藥局跑——成為當今社會的另一種現象。

隨著競爭日趨激烈，為了追上國際水準，現代人幾乎把時間跟生活重心都放在事業或職場工作、打拼、進修……，如同一顆高速旋轉的陀螺不分晝夜，也不知停歇，愈做愈忙，愈忙愈做，直至身體難堪負荷，轟然倒下才不得不罷休，儼然成為真正的「拼命三郎」！2003年，溫世仁因腦溢血與世長辭；2008年，台灣「經營之神」王永慶病逝紐約；文壇巨匠兼人權鬥士柏楊也因呼吸衰竭撒手人寰；2009年，流行樂壇天王麥可‧傑克森（Michael Jackson）驟逝，受到狎童官司影響、正欲重振旗鼓的事業因而永遠停擺，曾創下多項銷售與得獎紀錄、引領風騷的音樂也成為絕響。獲頒終身成就獎的資深藝人文英、新派武俠開山祖師梁羽生、台灣知名作家曹又方皆不敵病魔，2014年初，創作樂曲上千，其中包括「橄欖樹」、「告別」等多首膾炙人口、影響華語樂壇歌曲的國寶級大師李泰祥亦在眾人歡惋下因甲狀腺癌殞落。

這些消息聽了讓人不勝唏噓，慨嘆人生無常。但這些悲劇真是不可避免的意外嗎？在為了前途、人生積極奮鬥的同時，健康也必須一併重視，擁有強健的身體，方能為追求目標時，奠定穩固的根基。

$ 王品董座「走」出億萬人生

打造多項餐飲名牌，笑傲美食王國的王品集團董事長戴勝益，不僅具有過人的生意頭腦，更有獨樹一幟的養生之道。1997 年，戴勝益開始「日行萬步」，秉持著「獨樂樂不如眾樂樂」的精神，將「走路」明文納入企業運行準則中。這一萬步，不僅走出了各經理、主管高幹階層的強健體魄，也走出了集團年營收將近新台幣 150 億的營業額。

十幾年前，戴勝益也是個不常運動、體重超標、膽固醇、血壓、血脂肪數皆高出標準的「三高危險族群」，直到某天驚覺自己的健康已瀕臨危險邊緣，他才告誡自己：「一定要運動！」

馳騁商場多年，精明幹練的他對於運動的方式也很斤斤計較，不花錢、不浪費時間、不受時間與空間限制的「走路」，正是最佳的選擇。他規定自己每天一定要走一萬步，上下班、逛街、巡訪店面考察業績，甚至有時出差搭飛機，他也會在僅數坪大的登機處來回走動。「隨時隨地都在動」，是戴勝益保持身心健康的祕訣。而每天走一萬步，除了鍛煉身體，同時也活化了自己的思維能力。戴勝益隨身攜帶一本筆記本，走路的同時，腦子也跟著運動，而每年開發至少兩個餐飲品牌的速度，直至現今已發展出數十個以上的餐飲品牌，藉此擴展集團版圖，雄霸餐飲領域。

　　不僅如此，「走路」也成為戴勝益用人的標準之一，曾有一位朋友介紹自己的兒子進入王品集團，戴勝益於是向對方開出：「每天早上六點起床，連續一個月走一萬步，每天都有做到你就來找我。」最後，朋友的兒子並沒有來找戴勝益。對此戴勝益表示：「如果連這麼簡單的事都做不到，又如何能習慣服務業吃苦的環境呢？」「日行萬步」不僅講求身體的健康，更能鍛鍊心志，強化毅力與耐力，既修身也修心！

$ 健康對財富帶來的益處

　　由上面的例子可知，企業的成功與否尚且與創業主，甚至員工的健康有關，在追求目標的同時，更需要具備健康的身心來面對各種挑戰。以下為健康對財富帶來的三大益處：

一、健康體魄等於高效率的執行力

　　個人的健康狀況不佳，就無法集中精神投入工作，不僅容易延誤工作，也會降低工作品質與成效。此外，個人常因身體情況而影響執行力與執行進度，亦會延遲其完成時間，降低效率。

二、有助提升人際關係

　　擁有健康身心的個體，其精神與情緒相對會較為穩定平和，在與人相處或往來應對上，也比較圓融和諧。據研究指出，協調的人際關係可減少許多人事往來的摩擦，與其他人的合作關係也會達到高度向

心力，對於追求個人目標而言，自是有百益而無一弊。

三、活化腦能力

運動不僅能鍛鍊身體，還可刺激腦細胞，使其變得靈活，創造力、思考力、判斷力、專注力一併提升，激發出個人潛能，促進自我成長。

$ 養精蓄銳，休養生息實戰

健康不只是成功的利息，更是成功的本金。擁有健康的身體與心理，才能向人生目標奮進。埋頭苦幹之餘，別忘了「活到老，動到老」，莫讓「要健康、要長壽」淪為空洞口號。

對於忙碌的現代人來說，抽空休息都幾乎是一種奢侈，更遑論抽出時間運動；然而，為了維持生命的長度，再忙，也要讓自己「動」起來。保持身體健康，並非一般人所想的，必須上健身房才算運動。只要遵循以下幾項要訣，你也能找出屬於自己的健康方程式：

一、專：選擇一項能讓自己持之終身的運動

要養成運動的習慣，首先要找出讓自己持之以恆的動力，而「興趣」就是最大的吸引力。前花蓮縣長謝深山常鼓勵同仁要從年輕時就培養運動的好習慣，不要寄望等老了、退休以後才運動，那時往往想動也動不了──因為身體早已生鏽僵硬。

「選擇一種能陪你一生的運動」是謝深山縣長給大眾的勉勵，他認為真正的養生之道在於運動，運動不僅能練就一身好體魄，更能鍛

煉出堅毅、頑強、正向的意志力，讓身體與心靈都獲得健康。

早年筆者常受痛風所苦，每當發作起來，那股錐心之痛，很難專心致志地工作，因而耽誤進度，降低效率；後來，逐漸意識到要追求成功、創造財富，健康是必備的基本條件之一，所以直至目前為止，我經常在週末時邀約「王道增智會」的夥伴一同登山健行，調劑身心。也因此痛風的發作次數逐漸減少，身體也變得不容易感冒，頭腦顯得更加清晰，工作時總能達到最佳狀態，這都必須歸功於固定運動的成效。

二、行：確實執行，不做「嘴上運動」

許多人往往畫了一個遠大而理想的願景，或是一擲千金訂下健身中心幾期幾堂的課程，似乎萬事俱備，也真的有心想好好運動；然而一旦開始執行時，工作忙、要加班、家裡有事等藉口便接連出籠，想健康的願景仍在，但執行卻無限延期，淪為單薄的「嘴上運動」。

健康不能只有口號，確切落實才會有效。無法刻意規定自己運動的人，不妨讓自己「隨時隨地都在動」，例如：改變通勤方式，距離辦公地點近的人可改為步行或騎單車，或是上下樓盡量捨棄電梯等等。

而沒時間或運動細胞不足，難以從事球類、水上類、跑步類、舞蹈類等運動的人，亦可以效法經營之神王永慶的簡易養生操——毛巾操。雙手握緊毛巾，前後左右搖擺，直至身體發熱。不僅時間短、動作簡單，並且不占空間，家裡、辦公環境下、外出時皆可進行，輕輕鬆鬆便可達到運動的目的。

三、食：講究食物中的營養成分

　　每天攝入的糖、蛋白質、脂類、礦物質、維生素等人體所必須的營養物質一樣也不能少。同時，還應注意克服兩種不良的膳食傾向：一是食物營養和熱量過剩；二是為了某種目的而節食，以致食物中某些營養素和熱量不足。經常外食的人，平時應多吃一些新鮮的水果蔬菜以及豆製品、海帶、紫菜等，特別是鹼性食物，具有一定的抗疲勞作用，應該多多攝取。

四、久：維持運動三三三的基本標準

　　對於不善規劃、只曉得做運動卻不明白該怎麼做才能收效的人，可根據行政院衛生署推廣「運動三三三，健康久久久」的保健運動，將自己的運動用時間來量化：

1. 每週動三次：每週運動三次的減重效果和運動四到五次的效果相差無幾，所以維持一週運動三次的習慣即可。
2. 每次三十分鐘：要想達到燃燒脂肪目的，每次運動至少需維持半小時以上。
3. 持續三個月：至少維持不間斷的運動習慣三個月以上，效果才會顯著。

PART 2

Wealth

創富 2.0
掌握零風險的創業祕訣

創業祕技大公開，小本也能賺很大！在這個快速變化的時代，市場競爭日益激烈，不論你是創業新手，還是經營行家，要創業致富並不困難，重點在於找到關鍵要素，讓你用最省力的方法實現你的夢。

Wang's Golden Rules:
Wealth 3.0

創業吧！走出低薪爆肝的魔咒！

我時常和年輕朋友談創業，也經常聽到很多人說創業太難，不容易。看著一張張青春的臉龐搖著頭晃著腦，一談到創業開口閉口都是：沒資本、沒產品、沒經驗、沒人脈等云云。若他們看到身邊有朋友和他們一樣什麼都沒有，就「很莽撞」的跑出去創業，根本不符合「做了好幾年有了經驗，存夠了錢，也找齊了門路，終於媳婦熬成婆跑出來自立門戶」的創業家標準故事，他們會有點「擔心」！

總之，他們的結論就是：「No Way！」但，事實真的是這樣嗎？

答案不用想就知道是否定的，原因容筆者稍後敘述。首先，我想和大家探討一個概念。什麼叫創業？

各位讀者可以好好的想一想。以筆者創業二十餘年的經驗來看，我是這麼理解的，「創」可以理解為開創、創造，是一個動詞，「業」就是事業，是一個名詞。那麼「創」和「業」合在一起就是開創事業。開創和創造本來就是實現從無到有的一個過程。靠的是一種欲望，一種心態。很多年輕人找我說：「我沒有錢，沒辦法做……我沒有時間、我口才不好……」如果你什麼都有了，那你還需要創什麼？而且以筆者的觀察（其實這群人應該也有發現），所有會投入創業的人，反而都是身邊比較「沒錢」的那個人！為什麼？

Have Your Thought !

 你擁有自己的事業嗎？創業困難嗎？為什麼？

....

....

....

....

你心中的「創業」是什麼？

....

....

....

....

你聽過最棒的創業故事是什麼？

....

....

....

....

原因很簡單——因為所有的創業家就是因為「沒錢」，所以才想創業賺更多錢啊！已經有錢、有經驗、有門路的人，不論他是老闆還是上班族，本身已經在享受現下的工作模式所帶來的累積感，所以他們不想創業，已經找到門路的人知道「照現在這樣走下去」，會有一定的收益。假使他們有一天覺得錢不夠，他們只會透過微調現狀來賺更多的錢。中國最偉大的創業家馬雲這麼說：「開始創業的時候都沒有錢，就是因為沒錢，我們才要去創業！」所以任何聽到「創業」一詞，就急著用「我沒有……所以無法……」來照樣造句的人，應該重新省思了。況且，創業這回事，是可以靠後天學習來取得成功之鑰。而這本書，就是幫助你取得那把成功之鑰的捷徑。

$ 創業停看聽

其實創業就是一個自我探索、學習的過程，藉由這個過程你可以學習到行銷、業務、領導、管理等等重要的知識，當你一踏入這個圈圈，你每天都會發現自己比昨天還要進步。所以絕對不要以「我還沒準備好」來當作裹足不前的藉口。既然所有的物質條件都不足以成為你創業的障礙，那麼，評估自我創業的可能性，究竟還要考慮哪些因素呢？

一、看清你真正的創業潛力

有志於創業的人必須知道自己在創業光譜上的位置。這包含著你的雄心、意志力以及人格特質等。諸如賈伯斯（Steve Jobs）或比爾·

蓋茨（Bill Gates）那樣的人，他們命中注定會成為創業者，沒有什麼能夠阻擋他們。大多數的人則需要了解自身的心理素質，來評斷是否適合創業。他們可以在正確的環境下成為創業者。這種自我評估具有重要的影響。如果你命中注定要成為一個創業者，那就沒有必要詢問旁人的意見，在適當的時機，自然而然你就創立自己的公司。但如果你不是那樣的天縱英才，那麼在創業之路上，你需要仰賴團隊和合作夥伴帶來的創業才能，來彌補自己的不足之處。

二、為了你的熱情創業

　　一位創業者必須知道自己為什麼要創業，如果你認為創業是必須的，那你要問問自己為什麼投入這項事業這麼重要？創業的重點是創造財富沒錯，但除了想要求得金錢上的報酬之外，你必須對你要創的事業抱持高度熱忱，最好能夠有「世界能夠因為我的事業以及我的加入而更美好」的想法。因為創業的重點就是破壞現狀，用創意來提出更有效率、更好的產品，以解決人們的問題。你可以為了你的顧客，為了你的股東，為了你的員工，還有為了你自己。創業，無論遇到什麼困難，我們首先要在心態上戰勝自己。當你抱持著這樣的想法來創業，你會認為自己的所作所為，都是正在幫助社會與人們解決很大的問題。由此你能夠擁有不同的胸懷以及更高的眼界，來克服一切困難。唯有當你真正了解每個人想要的是什麼，創業才有可能成功。

三、找到能力互補的合作夥伴

　　絕大多數的創業家不像甲骨文創辦人拉里・艾利森（Larry Ellison）一樣，能夠一人打天下。反而是像 Google 一般，由拉里・佩

奇（Larry Page）、謝爾蓋‧布林（Sergey Brin）以及艾利克‧施密特（Eric Schmidt）等一組合夥人合作來創業。這三人各有所長，而且他們願意攜手合作，運用自己的長處來幫助公司成長以及適應變化。對大多新創公司來說，所需要的技能眾多，包含商業技能（包括銷售、市場行銷、融資以及會計事宜），以及技術開發等。如果你擅長其中一種技能，那你應該找到一位擅長另一種技能的合作夥伴。

四、合作夥伴必須有相同的價值觀

　　如果你是一位商業專才，你要如何選擇你的技術人員作為合作夥伴呢？或者反過來，你是技術導向的創業主，你該如何選擇一位你的行銷夥伴呢？其實價值觀念是最關鍵的因素。合作夥伴必須認同你的價值觀念。簡單地說，如果你希望將資金投入 A 領域，那麼無法接受這樣安排的合作夥伴就必須盡力避免。

Tips to Wealth!

決定創業之前，先問問自己「我是不是……」

$ 很有責任感，說到做到。

$ 可以承受失敗的風險。

$ 善於控制重點與進度。

$ 能夠接受別人的意見。

$ 有目標導向並努力以赴。

決定你的事業體！

當你下定決心要創業之後，第一件要做的事當然就是決定你的事業體類型。目前的營利事業單位大致可分為非法人資格與法人資格。非法人資格是依《商業登記法》規定，分為「獨資」及「合夥組織」兩種；法人資格者依《公司法》規定，分為無限公司、有限公司、兩合公司及股份有限公司等四種。以目前中小企業及行號、工作室組織型態以獨資、合夥、有限公司及股份有限公司等四種最為常見，以下僅以此四類進一步介紹。

一、獨資

獨資係由經營者個人獨自出資，資本額 25 萬元以下，依《商業登記法》規定，向各地之縣（市）政府辦理商業登記。這類型的創業適合小型商店及個人工作室的營利組織型態；最常見於餐飲店、花店、藝品店等小型商店或攝影工作室、音樂工作室、舞蹈工作室等個人工作室。

1. 優點：
    (1)獨自經營，運用自有的技能與經驗，創業主可全方位掌控企業的營業活動。
    (2)決策執行力高，可隨市場脈動調整營業方向及腳步。
    (3)資金需求較低。

2. 缺點：
    (1)企業規模狹小，資金能力不足，市場經濟變幅較大時恐無法適

應。

(2)決策過程沒有其他股東共同商議，常流於獨斷。

(3)當景氣好、經營狀況蒸蒸日上，必須擴大經營規模時，常無法有資金挹注，因此失去商機，發展受到相當大的限制。

(4)獨資之經營者依法必須負無限責任，經營者必須承擔營運的一切資金。

二、合夥組織

如果你不想自己一人獨挑大樑，想再找 1 ～ 2 位夥伴進來與你共患難同分享的話，合夥組織則會是個不錯的選擇。合夥組織指的是經營者 2 人以上共同出資，依《商業登記法》規定，向各地之縣（市）政府辦理商業登記。若資本額 25 萬元以下，則不須提出資金證明。

1. 優點：

(1)可與合作夥伴集思廣益。

(2)可提供的資金較獨資多。

(3)工作上可分工合作，避免獨斷造成經營危機。

2. 缺點：

(1)合夥人皆對合夥企業負無限責任，當合夥人間財力不相當時，財力較雄厚者所承受的風險較高，也易造成合夥人之間的衝突。

(2)當市場經濟變動較大時，常因無法募得企業所需資金，無法適時調整經營腳步，而不能突破現狀，造成合夥人資金壓力大增。

(3)不具法人資格，合夥人對外均負無限責任，當需要融資時，也常視合夥人之信用條件而定，若部分合夥人信用不佳，則融資困

難。

(4)無法律上之獨立人格，不能購置企業所需之不動產。

三、有限公司

有限公司指創業主依《公司法》規定，向主管機關辦理「公司登記」後，再向營業所在地之稅捐稽徵機關辦理「營業登記」。要成為有限公司的基本條件為至少有 1 人股東，各就其出資額為限，對公司負有限責任。公司資本額登記規定，除許可法令特別規定外，公司申請設立時，最低資本額並不受限制。

1. 優點：

(1)股東僅對出資額負有限責任，每一股東有一表決權。

(2)公司事業規模日益擴大，可變更組織為股份有限公司。

(3)有限公司為法人，在法律上可以獨立行使一切法律權利及義務，是目前微型企業及工作室除獨資型態外，最多的組織型態。

2. 缺點：

(1)一切活動須依《公司法》規定辦理，有些微型公司的創業主常因經驗與對商業知識的不足，造成觸法而不自知。

(2)股東多造成意見多，開會效率低。

(3)辦理主管機關各項登記時，手續較為繁瑣，手續費也較高。

(4)當公司不想經營時，尚需依法辦理清算，較為不便。

四、股份有限公司

股份有限公司係經營者依公司法規定，向公司登記機關辦理公司登記後，向營業所在地稅捐稽徵處辦理營業登記。其基本條件依《公

司法》規定，需 2 人以上股東，全部資本分為股份，股東就其所認股份，對公司負其責任，選出董事至少 3 人、董事長 1 人，並選出監察人至少 1 人。目前公司登記資本額規定，除許可法令特別規定外，公司申請設立時，最低資本額並不受限制，惟公司申請設立時，股款證明應先經會計師查核簽證，併附會計師查核報告書來辦理登記。

1. 優點：

　　(1)股東僅按出資額負有限責任，若公司持續成長擴大經營規模，可上市或上櫃。

　　(2)股東採「股份制」，若合夥人理念不同，可藉股份移轉來處理。

　　(3)設有董事會，公司一切決策集中於此，組織調整有彈性。

　　(4)當經營擴大規模時，所需資金較易取得。

2. 缺點：

　　(1)由於股東至少 2 人，董事至少 3 人，監察人至少 1 人以上，不適用於商號或獨自經營之工作室。

　　(2)組織大，相對地造成成本較高，對一般小企業來說，初期資金壓力甚重。

　　　若以組織型態來分類的話，獨資是比較適合小型商店及個人工作室的營利組織型態；最常適用於餐飲店、花店、手工藝品店等小型商店或攝影工作室、音樂工作室、舞蹈工作室等個人工作室。若你想經營的是小型商店及個人工作室的型態，但又不想自己一人獨挑大樑，想再找 1 ～ 2 位進來與你共患難同分享的話，合夥組織則會是個不錯的選擇。

至於屬於法人組織的有限公司型態，因有其資本額及組織設立的人數限制，所以會一個比較適合需要點規模的小型及微型企業來運作，最常適用於中小企業與中型工作室。但倘若你的合作夥伴有 7 人以上，且資本額已超過 100 萬的話，建議可採用股份有限公司的組織型態。這種組織與有限公司一樣，都需受《公司法》較嚴格的管理，適合中型及大型企業，是一般企業界常用的組織型態。

公司設立登記步驟 123

$ 自行繕打「公司名稱及所營事業登記預查申請表」向經濟部商業司辦理預查案件申請，應繳交審查費 300 元。

$ 所營事業如需經主管機關許可，則需先取得許可文件後，方得申請公司登記。

$ 如為外人投資應附經濟部投資審議委員會投資核准函、資金審定函。

$ 設立資金送存銀行並依「公司登記申請資本額查核辦法」委託會計師查核簽證，併附委託書、會計師查核報告書以及附件。

$ 備妥「應備文件」及股東資格及身分證明文件向管轄申登機關辦理。

Idea 18 創業，要有錢！

日前，與筆者所成立的出版集團合作多年的印刷廠老闆娘，她聽聞筆者意欲出版一本分享創富心得的書後，表示十分感興趣。我向她紛紛揚揚說了許多觀點：這本書能夠讓創業主的創意與熱情盡情揮灑、能夠追求穩健運轉的商業模式、能夠創造廣獲肯定的價值主張、能夠讓商品誘惑人心的銷售法門……

這位學歷僅國中畢業的老闆娘聽了我洋洋灑灑的長篇大論，只微笑悠悠說了一句：「創業喔，那要有錢啊！」

對啊！創業，要有錢！就像神創造了天地後，為了讓這個世界能使芸芸眾生存活，於是開口說了：「要有光！」這世界有了光，於是花草樹木、人魚蟲鳥……才得以滋生，進而茁壯。對企業而言，尤其是初創的公司來說，「資金來源」的重要性絕對不亞於那道光。甚至可以這麼說：「錢，就是引導公司走出草創黑暗低潮的那道光！」

需要「創」業的人，絕大多數都不是「富二代」，創業資金必須想方設法來籌募。沒有富爸爸，不代表創業必然起步比別人慢，事實上歷史上很多「動腦」籌資，成為巨富者。在中國航運史上，就有一位「船王」是靠「借錢買船」起家的，他就是環球航運集團創始人，世界八大船王之一的包玉剛。

在包玉剛開始創業時，就是向朋友借了一筆小錢。他先用這筆

錢，買了一艘又破又小但仍然堪用的船，經過整修後，他就拿了這條船來成為他的「生財工具」！這麼說並不是指包先生他就直接投身海洋事業，跑船去了；相反的，他用這艘船向銀行抵押貸款，貸款成功後，再買第二艘船。然後，再用第二艘船作抵押，去買第三條船。他就是採取這種「抵押貸款」的辦法，滾動發展了起來！甚至有一次，他竟兩手空空，讓匯豐銀行替他買了一艘嶄新的輪船。他是怎樣做到的呢？

包玉剛跑到銀行，找到信貸部主任說：「主任，我在日本訂購了一艘新船，價格是 100 萬，同時，我又在日本的一家貨運公司簽訂了一份租船協議，每年租金是 75 萬，我想請貴行支持一下，能不能給我貸款？」

信貸部主任認為他的這個點子不錯，但還是要有擔保。於是他說：「可以，我用『信用狀』來擔保。」信用狀就是「貨運公司」從他銀行開出的信用證明。因為銀行這裡有貨運公司的「信用狀」擔保，而且這家貨運公司向來很守信用，沒有不良的紀錄；因此，一旦包先生賴賬，銀行可以找這家貨運公司，債權確保不成問題。很快地，包玉剛到日本拿來了信用狀，銀行就同意給他貸款。你看，船都沒有開始造，銀行就把錢貸給他了！

$ 傳統上，籌備創業資金來源有哪些？

若將創業比喻為開車，資金就如同汽油對於汽車一般的重要，資金是一種「持續的能量來源」，貫穿著你的企業運作。但，這卻是大

部分想要創業的人，都缺乏的絕對關鍵元素。那麼，創業主要如何找到資金的來源，為自己的事業加足馬力呢？

絕大多數創業主一開始的資金來源不脫那「三F」：家人（Family）、朋友（Friends）、傻瓜（Fool）。從熟人那裡獲得資金總是門檻較低，更快、更容易一些，親友們不會像銀行、創投等要求創業者提出複雜的商業運作計畫或證明財務狀況的資料，但親近的人脈絕非「大來卡」，沒有人會因為別人的發財夢而甘願蒙受經濟損失。有些甚至「靠勢」平時彼此之間關係好，大家都是好哥們、好麻吉，沒有白紙黑字寫明，後續糾紛一大堆。這麼做最終還是撕裂了親情和友情。

其實細細想來，還是不乏管道可以幫你籌措創業的第一桶金，但由於每個人的處境不同、際遇不同、能力也不同，因此必須考慮其中隱含風險、利息成本……仔細比較過後，再做抉擇為宜。以下簡列出最多創業主尋求的籌資管道。

一、說服家人或朋友投資

向家人和朋友借錢的傳統由來已久，是調度應急最快，成本也最低的借貸方式。這個方式宛如一把雙面刃，運用得好，可以是一個雙贏的模式，因為這樣做的話，借款利息通常比市場一般借款利率還低，甚至可能完全不用利息。若運用失當，則後果除了失去金錢，也會失了親友，賠了夫人又折兵。但，在當前低迷的經濟環境中，銀行對貸款利率節節攀升，這不失為籌資的第一手段。

二、標會來創業

有人說：「標會，就是標一個機會！」這個方法比較傳統，曾在七〇、八〇年代盛極一時，那時銀行家數很少，幾乎全是公營行庫，信用審核條件嚴苛，就算押地押屋十足擔保，想向銀行借錢還是難如登天。於是，純講信用的標會成為唯一的路。標會在金融商品與融資管道眾多的現今雖然已退了流行，但仍在銀髮族、某些團體間具有一定的影響力。唯一要注意的是，這個方法無法律保障、風險較大，因此還是多小心為佳：會員不要太多，會期也不要太長，不要亂換會，更千萬別好高騖遠「以會養會」，或為了搶標一直加碼，甚至超過銀行貸款利率，可就得不償失！

三、創業貸款

創業籌措資金，若將自有資金和親朋好友借貸排除在外的話，政府政策性創業貸款，不僅比較容易取得較高成數貸款，也會因利息較低而減少負擔，所以開店創業者應將政策性創業貸款列入創業集資最優先考慮的借貸管道。有意申請青年創業貸款者可多利用「0800 青年創業免付費諮詢專線」（電話為 0800-06-1689），或者參加青輔會每個月在全國各地舉辦的「青創貸款申辦說明會」，即可獲得專人免費解說青年創業貸款之申請流程，或上青輔會網站查詢申辦文件之撰寫方法。

四、壽險保單貸款

即為保單所有者以保單作抵押，向保險公司取得的貸款。這類型

的貸款利率約在7%、8%左右，比銀行的信用貸款低，可無借貸期限，本金可至期滿或理賠時才扣除，現在許多銀行或壽險業也提供便利的ATM借款，只需完成首次申請後，即可使用各地金融機構ATM提款機辦理借款。

五、二胎房貸

利用房屋的抵押餘值再做一次貸款，只要原房貸額度不過高，按時繳交款項沒有異常紀錄，就可在銀行不用重新鑑價狀況下申貸二胎房貸，銀行會給予房價10%至20%額度，以目前一般房貸利率3%左右來比較，二胎房貸利率高達10%至14%，然而二胎房貸會比現金卡或信用卡的循環利息低一些。

六、證件借款

「證件借款」指的是只要你有身份證、健保卡甚至是學生證，都能拿來借款，屬於個人信貸的一種。手續非常便利簡單，放款也非常快速，但是證件變成了一種抵押品，通常會留在證件借款的業者那邊，所以如何選擇適合的業者就需要非常謹慎了！總之，證件借款雖然簡便好用，但要注意除了慎選借貸商家業者，千萬別上了詐騙集團的當以外，辦理手續時要非常注意細節，信用卡別亂刷、身分證別給不相干的人，影印本也要在正面註明「僅供辦理××××用途使用」，背面空白欄位的地方也要用原子筆標註，以策安全啊！

Have Your Thought !

 除了以上的管道之外,你還知道／用過哪些其他的籌資方式?

....

....

....

 假如你現在遇到緊急的財務困境,可以向誰借到錢?

....

....

....

 近期對你來說最有利的融資貸款方案有哪些?

....

....

....

Idea 19 向親友借款創業要注意

　　許多創業者在起步階段除銀行貸款外，大多是依靠親戚朋友或熟人的財力創業，要如何向親友借錢便成了一件苦惱的差事；人在急需用錢時，開口找人借錢是件十分困難的事；但其實借錢這回事，不只想借的人一個頭兩個大，被借的人更是避之唯恐不及，只因拒絕借錢給別人也是十分困難的事。我曾問過一個業界的朋友：「親友之間，你最怕什麼？」他不假思索就脫口而出：「我最怕人家找我借錢！」就是這種情況與心態，讓許多想創業的人還沒嘗試這種最方便、最低風險的方式，就自己先打了退堂鼓了。

　　其實向親友借錢，還真是一門藝術。其中不只牽涉著人情壓力，還被絲絲縷縷的法律責任所纏繞。但這與審美觀等無關，只要經過學習與練習，技巧拿捏得當，任何人都可以成為借錢達人！

創業資金，請從這一步開始

　　記得求學時曾讀過一篇文章說到：古時有個窮書生，家裡很窮，買不起書，每要看書，總是要到幾里之外的同學家去借。不管颱風下雨，每次總是小心地將書借回來後，連夜挑燈夜讀，或抄或記。第二天一早，便將讀過的書還了再借新的。一來，書畢竟不是自己的，書

主催著還書；二來，如果不看快點，一些好書很容易被別人借走了。就這樣，日子一天天過去，同在一個私塾裡讀書的同學每天除了上學，也泡在優雅的書房裡，一杯茶，一本書……用現在的話來講，過得挺「小資」的生活。一年下來，書房中看過的書還不及窮書生的一半，而且很多都是走馬觀花，更別提做筆記了。對他們來說，書是自己的，想什麼時候看就什麼時候看，不著急。

日子過得很快，轉眼到了鄉試的日子。窮書生和同學一同應考。結果自不必說，窮書生榜上有名，而同學卻名落孫山，這就是著名的「書非借不能讀也」！其實，造成二者不同結局的原因，源於心態的不同。同樣的資源（書），由於利用者心態不同而最終導致結果迥異。同理，創業中，往往是借別人的錢創業比用自己的錢創業更容易獲得成功。

創業借款，有些人會不好意思開口，其中的關鍵因素不外乎就是一個面子的問題。私人的借貸關係，大部分都是發生在親朋好友之間，陌生人之間是不會相互借錢的。但親友間有時為了兼顧情理法，個中矛盾與敏感程度，實在不足為外人道。於是，大家因為拉不下臉而忽視這個途徑，實在是平白浪費一個絕佳的大好機會。況且來自家人、親友間的借貸或現金饋贈，也都屬於個人理財規劃中應該要具備的知識範疇。總之，私人之間借貸大有學問，每個人的一生中都一定會碰到，學會處理這個問題，是一件非常必要的事情。就讓我們一起來「參透」這個創業之必須、又蘊含著人生哲理的籌資管道吧！

Have Your Thought !

 你曾經跟親友借過錢嗎？他們怎麼回應你？

....

....

....

....

 你向親友借錢時，都怎麼開口，是否有「將心比心」呢？

....

....

....

....

 你在借錢之前是否挑選過對象？是依什麼原則？

....

....

....

....

向親友借貸——入門篇

財務心理學家葛妮（Kathleen Gurney）建議：「所有人在涉入親友間的借貸或贈與之前，最好先將所有可能的後果想一遍。」要向親友借錢創業前，你可能要考慮清楚，就算你只向親戚朋友的其中一人借錢，當你事業失敗或是一時錢沒還，很可能消息就會迅速在所有的親友間傳開，親友圈害怕你再開口向他們借錢，他們就會開始躲的躲、閃的閃，造成對你的另一種傷害。

一、慎選借款對象

借錢就像談戀愛一樣，有可能事後甜甜蜜蜜，也有可能事後雙方撕破臉。借貸時，功課一定要做足，清楚什麼人借得到、什麼人借不到，如果借不到，那麼會失去什麼，可以得到什麼，你一定要清楚。借貸之前一定要了解對方的人品、信譽。對人品不好、信譽不高的人，寧願事先得罪，也不事後惹麻煩後悔。借錢一定要反應靈敏，這一招就叫保持敏銳，可進可退。

二、開天窗、說白話

有些人在向他人借錢時，會找一些藉口掩飾他缺錢創業的真相：「某甲借我的錢，到期了還沒還我」、「先向你調一點，過一陣子就還給你」……其實這些都不對。若是已決定要向親戚朋友借錢創業，就應該直截了當地對親戚朋友提出你的創業想法及做法，讓對方清楚他的錢會用在哪些方面，並做好心理準備。借錢的時候，心裡一定要

坦蕩，你不是為了騙財才向對方借錢的。帶著一顆誠心去借錢，勝過千言萬語、千計萬招！

你在向對方開口時，應該開門見山，「見人只說三分話」是錯的，當然是無話不說、知無不言才能坦承相對。千萬不要牽扯東、牽扯西，對方願意借你的話，你不用多說他就會借給你；對方若不願意借你，你說得再多也沒用。不過說話的內容可以斟酌，角度可以選擇，一切說實話，依舊可以保持撲朔迷離的防線。對方若不答應借你，其實並不會發生讓你難堪、下不了台階的情況；若是你擦脂抹粉、謊話連篇，解釋這、掩飾那的，對方卻拒絕，這樣反而會使雙方陷於尷尬之局。

三、立借據或以匯款方式交付金錢

實務上常見親友間借款，因礙於情面而沒有寫借據。還有直接以現金交付，結果借方事後不還錢，還否認有借錢的情況，這時如果交付借款時沒有第三者見證，貸方只好自認倒楣。

因此，你若要讓借款人放心，就必須做到讓對方覺得：「我借錢給你沒有風險！」寫借據是最好的方式。你可以幫對方找證人來證明有借錢的事實；在確實有交付金錢的行為之後，主動書立借據。借據上清楚載明「借方已如數收訖借款新台幣○○元」是最直接之證明方式。此外，借據應由借方親自簽名、蓋章（最好是蓋印鑑章並附印鑑證明），註明利率和期限，並寫上借方之戶籍地址、身分證字號以備後續追蹤。

如果是書立借據後再以匯款方式交付借款，亦可由該匯款記錄證明貸方已將款項交付給借方。就開立本票這部分，一般人會誤以為只

要填寫本票到期日，而不用填寫發票日期。其實這是不對的，發票日期是本票的「必要記載事項」，一定要填寫，如果沒寫，這張本票就是無效票。俗話說，空口無憑，立字為據。這是借貸雙方發生關係的必要前提和依據，雙方當事人都必須嚴格遵守。

四、合法是最基本的原則

當發生糾紛時，法律只保護合法的部分，所以如利息的約定等必須以合法性為前提要件。若在借款時沒有弄清楚，不但有可能觸犯民事責任（依《民法》，利率最高不得超過周年 20％），也有可能惹上刑事上的官司（依《刑法》，在他人輕率、無經驗情況下借貸，取得與原本不相當利息，屬重利罪）。因此若要借、貸雙方皆大歡喜，這些法律上的限制不可不留意。最好在有法律知識或律師的第三方見證下為之，才能避免發生問題。

另外，對於提前和延遲還款也應當事先註明相關的措施，給予雙方當事人必要的約束，才不會因為情勢轉變而不知所措。

 ## 向親友借貸實戰十招

一、出門前，做足該做的功課

機會是給有準備的人！凡事都要謀定而後動。在動身去找親友前，算好金額、計好利息。在開口之前就應該做沙盤推演：如果對方這麼回應，那我應該做何反應？千萬不要讓對方感到你是一問三不知的人。

另外，借錢最忌慌張，你一旦慌張就讓對方感到你的動機不明。要心定神閑地開口借錢，談吐表現方式要符合你的個人風格，如果你平日是個謙恭有禮的人，自然就不能突然理直氣壯，那會適得其反。只要扮演好你的角色，讓對方感到整個過程是自然的、和諧的，那麼你借到錢的機率會大大的增加。

二、將心比心，讓對方放心

前面提到借錢是想借的人頭大，被借的人也苦惱。在這種「你尷尬，我也尷尬」的氛圍下，自然難辦成事。撇開借錢這個目的，平日我也常做一種自我練習，想像在別人眼中的當時、當刻、當地、當情境下的自己，究竟看起來是什麼樣子？給人什麼感覺？展現出什麼樣的姿態？這個做法的目的就是想像「看見自己」。

能夠看見自己之後，再試圖理解對方，才能想像別人會如何對待自己。「知己知彼」是一個要經過學習、練習的過程，你必須經過這個過程，才能達到「百戰百勝」的境界。

三、做好被怒目以對的心理準備

借錢的時候別因為對方看來猶豫的表情，就自亂陣腳，打起退堂鼓來。家庭成員間對於金錢的用途可能有不同的見解。你認為是「投資」，他或許覺得是「投機」！有些時候，讓人教訓一下（尤其是向長輩開口的時候），反而是個好跡象！總不能又要人家借錢給你，還希望別人來巴結你吧！在三國時期，蜀國宰相孔明在赤壁之戰中有一招叫作「草船借箭」，借的時候雖然像是在挨打，但別擔心，借到了之後，箭就在你的手上，運用之權，操之在你。

四、你要懂得「見風轉舵」

年少時，我曾經為了要借錢創業，做了不速之客。到對方家門口的時候，才剛按下電鈴，就聽見門裡傳來夫妻倆口吵架的聲音，聽起來還是和錢有點關係。當下，我既沒打退堂鼓，也沒硬著頭皮開口借錢。我只是一看苗頭不對，順勢關心對方的家務事，扮演起一個和事佬！或許是因為我這個第三者製造了他們夫妻倆彼此間很好的台階，總之最後是破涕為笑、歡喜收場了。

三更半夜要離開他家的時候，朋友才突然想起來問我的來意。我只說了三個字：「再說吧！」笑一笑就走了。

第二天一早，朋友主動打電話給我，除了對昨夜出的洋相致歉，也直對我道謝，順道又把我當作感情諮詢師談了半個小時。到掛電話之前，像是為了彌補我似的，他又追問我：「昨夜你登門拜訪是為了什麼事？」我一樣回答那三個字：「再說吧！」笑一笑就掛了電話。

當天的「三點半」，我才拿起電話撥給那位朋友：「老陳，沒辦法了。別的地方我都試了，幫個忙唄！」結果，我很順利地借到了錢，而且利息很低（我堅持要付），期限還很長。更重要的是我知道，現在我和他們夫妻倆還因此成為交情更深一層的朋友。

五、充足的想像力讓你一發中的

借錢是一種談判過程，「想像力」是談判的基本要件。你有沒有想像力？你能不能想像對方的情緒？心境？可能的動作？真正的意圖？

一旦對方借你錢，彼此的關係就從「朋友」變成了「債主」，那

他日後該怎樣處理和你的關係？他被你找上了，腦海裡想的是什麼？怎麼借不吃虧？利息怎麼收？他可能也會覺得，想要藉由借你錢來賺點小錢，但開口跟你收利息又好像顯得自己太貪婪。事先揣摩對方的思維，幫對方找個台階下，讓對方處在愉快的情境下，如此不但成功借到錢的機率大增，更能保有朋友、建立互信關係，穩固彼此情誼。

六、信心建立很重要

借錢的時候，千萬別給別人留下多餘的想像空間，那通常會是負面的。你要像站在辯論台上一樣，一開口就能主導話題脈絡。千萬不能被對方牽著鼻子走，最好能做到讓對方沒有思考、回避的空間，否則一定功敗垂成。

但如果今日沒能從對方身上借到錢，可千萬別氣餒！那不一定是你的方法有問題，也不一定是對方不支持你創業，可能性有很多，或許對方也面臨資金不足的窘境，又或許只是他今天「心情不好」而已。別想太多，萬萬要堅定信心，過了這個村，還有下個店！天無絕人之路，船到橋頭自然直！

七、僅此一次，下不為例的「晴天霹靂法」

我有一位在竹科當工程師的朋友，突然有一天來電話，劈頭第一句話就是：「我要去搶銀行啦！」雖然是半開玩笑的口吻，卻已經把我們一干好友嚇得心驚膽跳，紛紛主動詢問：「有話好好說」、「有問題大家想辦法」、「有困難我們來解決」瞧！開口是不困難的。但這個方式只能在至關重要的時機使用，使用到第二次、第三次，就不再會有人理你。聖地牙哥專業的家庭財務顧問瑞納（Jeanne Renner）

曾言：「假如你是個常從親友邊借錢度日的人，他們的忍耐程度很快就會到達極限。即便是父母，如果你一直伸手借錢，他們遲早也會覺得厭煩」。救急不救窮，這個原則連父子都適用，更何況朋友。一次、兩次行，第三次，對不起，我不是印鈔票的，你自己想辦法吧！

八、誠摯的感激願意協助你的人

親友借你錢，除了看重你，覺得你的事業值得投資外，有很大部分的原因是希望與你維持良好的親情與友誼關係。因此，千萬別把人家借錢給你看成理所當然。要時時記得那是理所不然，不只姿態上要心懷感激，心裡也要真的感激。請相信我，「只有真心能騙人」。

九、永續經營才是王道

「金錢是一時，人與人之間的關係才是永遠」，即使去借錢就是你心頭唯一的事，但也不能目的一達成，轉頭就走。我再說一次：「借錢是一門藝術！」整個過程的每一秒鐘都要細心經營。但如果出師不利，今天沒借到，就要立刻為明天預作準備，鋪排後路。「人情留一線，日後好相見。」說話別說絕，做事留退路。你怎麼知道對方是不是以拒絕來考驗你的毅力呢？況且你對他的所作所為，他必然會到處跟他的親朋好友說，而那個「他的親友」，難保不是你下一個準備要借款的對象。

另外，如果對方是願意借你錢的人，那麼你借錢的時候要多借一些，先還一部分。你需要 50 萬，就先跟對方借 55 萬，預留未來還款的緩衝。「好借好還，再借不難！」無論有多大的理由，都應及時還款，如確有困難，一定要向對方說明取得諒解，千萬不能賴賬和躲避。

對於借錢的人來說，必須珍重自己的人格，不論多少，說什麼時候還就什麼時候還，做到「親兄弟明算賬」。否則，就會使自己身敗名裂。創業，最重要的就是人脈，你要讓自己有很多條活路可以走，而且要讓活路和活路之間，彼此沒有不良的印象，有這樣的見識和決心，就可以「永續經營」！

十、事成要當面點清，不成也要全身而退

千萬不要刻意去考驗人性，借款還款時都應當清點數目，驗明真假，也不要請人代辦。借款人在還款完畢後，應及時索回借據，或請對方留下收據。有人說，向人借錢創業就要把身家、尊嚴全部一股腦兒賠進去！這是不對的。要知道，創業是一時的，守成才是一輩子的事。創業一定要有決心沒錯，但一定要給自己留退路，不能把自己的身家財產一次就「梭哈」！「破釜沉舟」只是古代的故事，現代人做事，必得給自己留後路，現代人若真要破釜沉舟，唯一的成立條件是已經有了新鍋跟新船！

如何成功向 12 星座借錢

　　每種星座的人都有不同的習性，在戀愛方面如此，事業方面如此，當然在金錢觀方面也是這樣。摸清每個星座的金錢觀，順其所好，是一個快速讓自己了解對方，進入狀況，讓以上招術能運用自如的捷徑。就讓我們來了解 12 星座對金錢的看法，讓自己借錢的手法能爐火純青，更上層樓！

$ 一定要有「閒錢」才願意借的白羊座：

　　白羊座在 12 星座中算是比較有規劃的一群，他的錢一定有用處，他也很清楚自己的個性不容易留住錢，所以他總會有一個地方來存放自己的錢，例如交給老婆或父母掌管，或者放進銀行存定存。可是如果身上有一筆閒錢，這時候朋友向他借錢，義氣十足的白羊座一定會答應。反正這些多出來的錢自己一時之間也用不到，為了避免自己把錢拿來到處亂花，借錢給朋友反而成了有效的控管，因此把借錢當作是存錢，還能夠賺點利息，何樂而不為呢？

$ 只肯借小錢的金牛座：

　　金牛座認為借小錢給人家是無傷大雅的，因為他也不想太計較，所以這種損失得起的小錢，他就會覺得無所謂。如果對方定了日期並很快歸還，例如幾天或一個禮拜之內等，金牛座也會衡量考慮借錢。但是如果給他一種遙遙無期的感覺或答案的

話，他是絕對會跟你說：「NO！」因為金牛座並不是真正的慷慨，他們對於用錢很有原則，會在日常生活上做點犧牲來賺錢存錢，賺來的錢或是省下來的錢當然是拿來犒賞自己，因此在這方面他們會很捨得花，在友情的道義上，那些小錢就算直接送給你可能也無所謂，但若要他把犧牲換來的大筆錢交給你，那就是一種奢望了。

$ 交情到哪借到哪的雙子座：

雙子座願意借人家錢，但是要看交情。如果是很好的朋友，多少錢都沒有問題；如果是泛泛之交，雙子座會覺得雙方交情不夠，即使是用一些聽起來像是「天方夜譚」的理由，也要把對方打發掉。因此想跟雙子座借錢，你必須先跟他有一定的交情，在朋友眼中送禮大方，素有散財童子之稱的雙子座，也並不是笨蛋，他們就是講義氣，有借有還再借不難，否則朋友散了，交情盡了，他們對於沒有交情的人可是一毛不拔的喔！

$ 唯利息是從的巨蟹座：

巨蟹座的人覺得如果借錢給人家還可以賺利息是一件很好的事情，不過巨蟹座也不敢冒太大的險，他們害怕自己的血汗錢成了肉包子打狗一去不回，若能夠小額借款又按月攤付本利，做到誠心誠意，並讓他們放心，他們會很樂意借你錢，當然他借錢給你最大的誘因在於利息，所以如果朋友要跟他們借錢，又願意付他們一點利息，他們會覺得這種風險是值得冒的，因此付給他們多少利息應該好好考量。

$ 就是不能忍受「激將法」的獅子座：

獅子座其實是很小氣的，如果是跟他不相干的人，絕對無法從他身上借到錢。即使是朋友，直接跟他講到錢，他也會很「阿沙力」的拒絕你。但是用激將法，例如跟他講某某朋友借自己錢有多爽快，然後又藉機稱讚獅子座，之後再順勢跟他借的話，保證手到擒來，獅子座的人會礙於面子掛不住，怕別人以為他財力不夠，或是有了自己十分小氣的傳言，而把錢掏出來，但他其實不是很願意借錢，因此最好不要常常找他借。

$ 異性在場面子很重要的處女座：

處女座很愛面子，尤其是在他感興趣的異性前面。他們總是小心翼翼地在各種場合展現自己最完美的一面，尤其是在他們在意的人面前，若是有異性又是長輩、長官在場，為了得到那些人的賞識，他們一定會幫你幫到底。所以跟處女座借錢時，如果是在他在意的人面前，是比較有機會的，搞不好還會借得比原來更多。否則，你就必須是他本身就在意的人。

$ 要讓他認為這是生意不是借貸的天秤座：

天秤座通常不會拒絕跟自己借錢的人，就算自己沒有錢，他也有可能借錢給對方。對天秤座而言，錢財乃身外之物，講究和平和諧的他，遇到別人有困難都會盡其所能的幫忙，而不論交情深淺。假如對方獅子大開口跟他借錢，天秤座就會衡量自己的能力，但如果跟他說是生意或投資，天秤座在衡量後，仔細評估風險，確定他可以在其中得到利益、覺得值得投資的話，就會樂意拿出錢來。

$ 要曾有助於他才掏錢的天蠍座：

要天蠍座借錢給別人是一件很痛苦的事情，一來因為他會在心中掛念，而天蠍座非常受不了這種感覺，二來天蠍座的人非常愛錢，要他們把自己深愛的錢拿出來借給別人當然是不容易，但是他們對於朋友還是有一定程度的慷慨，而且曾經幫助過他們的人，天蠍座會銘記在心，所以當對方開口時，天蠍座會馬上拿出錢來，若能夠再賺點利息，那是再好不過的了。

$ 悲天憫人的射手座：

射手座認為欠債的人是因為自己處理不好，因此即使被追殺都是活該。但是射手座的人不僅心腸軟，又極富同情心，既有正義感又好管閒事，如果對方跟射手座哭訴自己不僅僅欠很多錢，連家中的人都沒有飯吃了，同情弱勢的射手座就會無法坐視這種事情發生，他們絕對不會見死不救。但請不要挑戰他的正義感，若讓他知道你是虛情假意，假裝可憐，可是會讓他們對你懷恨在心的。

$ 有利用價值就有得談的魔羯座：

想跟魔羯座借錢，要花一些心思，其中最有效的方法就是誘之以利，例如要借錢的前幾天不斷地讓魔羯座知道自己認識很多高層人物、有跟高層接近的機會以及未來有合作的可能等，然後再跟魔羯座開口借錢，這時魔羯座為了希望對方以後幫自己一把，就一定會把錢掏出來。摩羯座的人做事想得遠，善於分析優劣利弊，要他借錢給你，他一定會先詢問你這筆錢的用途，並且替你規劃分析，評估是否可行，若他認為你的想法過

於天馬行空，他是不會願意把錢拿出來的，並且會極力勸退。

$ 不到最後關頭不輕易掏錢的水瓶座：

水瓶座覺得「授人於魚不如授人於漁」，因此除非對方已經是山窮水盡了，要不然水瓶座寧可教對方賺錢的方法，或幫對方找一個機會，正所謂救急不救窮，若你是為了投資創業向他借錢，他會樂意幫助你，要不就是替你尋求謀生之路，再借你錢。可是當他知道你已沒有後路時，就會伸出援助之手，幫你度過難關，不過為了不被水瓶座看輕，還是不要讓自己走到最後這步田地為妙。

$ 看到「慘」字就不能自己的雙魚座：

雙魚座沒有辦法拒絕苦肉計，生性浪漫多情的雙魚座，總是會不自主的可憐別人，常常把被拋棄的小動物撿回家養，甚至有可能會把可憐的陌生人帶回家！因此當你在他們面前把自己的遭遇說得很慘時，雙魚座就會被你感染，無法拒絕借錢，甚至替你籌錢來幫助你度過難關。

向銀行貸款創業攻略

　　除了身邊的親朋好友以外，一般人想到要借錢來創業，第一個念頭就是「銀行」。根據台灣銀行的統計，全國中小企業大約三分之二的借入款項，來自於各官、民營金融機構。但事實上，銀行和中小企業之間的關係，一直都是處在矛盾中求取平衡的情況。小事業體的老闆常常只能對天興嘆：「台灣創業環境真的不好！」抱怨向銀行借不到錢，創業夢也只能胎死腹中。而銀行也認為對中小企業的放款常如斷了線的風箏、變了心的女友，回不去了。尤其在 2008 年金融海嘯後，中小企業財務規劃及管理應變能力不足等缺點如同照妖鏡般一一顯露。在如此兇惡的環境之下，創業主要如何成功從銀行募集到創業的資金呢？

創業貸款的具體申請流程

　　面對經濟不景氣的壓力，創業無非是一條有利的管道。大部分人都不想負債，但創業總是會遇到增添設備、拓展事業，或遭遇瓶頸、週轉困難等情況，不少人在創業之初就做了錯誤的起步，有資金需求時，問題就來了。「創業貸款」似乎是手中沒有銀彈的朋友們必經之道，因此，想創業的朋友就隨筆者一起從創業貸款的申請程序來了解

募資最基本的方式吧！

　　一般而言，創業主在申請貸款前，你所創的事業應先辦妥設立登記（若為農牧業等無須申辦登記者，可免檢送登記證件）。去銀行前要先準備好相關檢附資料，這些資料包括身分證明、婚姻狀況證明、個人或家庭收入及財產狀況等還款能力證明文件、股東名冊。如果是有抵押物的抵押貸款，抵押方式較多，可以是動產、不動產抵押，或定期存單質押、有價證券質押，以及流通性較強的動產質押等等。這些抵押物要準備相關的證明文件，如：所有權狀、印鑑證明、戶籍謄本、土地及建物登記謄本、地價證明影本、土地地籍圖及建物平面圖謄本等。

　　資料準備妥當之後，便需要填寫相關資料，多數銀行要求的資料不外乎：創業貸款計畫書、借款申請書、個人資料表及切結書。送件後銀行會先與客戶口頭洽談，確認申請者的身分（特殊境遇婦女應先辦理身分證明）後，便初步了解客戶借款用途、所需金額、借款期限、償還來源、還款方式及擔保條件等。

　　接著辦理徵信調查、授信審核後再決定是否核准貸款。主要內容如下：

1. 創業主及所創事業是否合乎一般授信對象之原則。如申請人或其配偶有無違法背信等（更生青年不受此限）。

2. 退票尚未辦妥清償註記、受拒絕往來處分中、有借款延滯等不良紀錄者，可能會影響承辦銀行之授信，多數銀行不受理此類申請案。

3. 實地調查創業主是否依照所填列之「創業貸款計畫書」內容進行創業並實際負責創業工作。

4. 借款用途為購買機械設備、廠房或其他資本性支出，在貸款前已先行購妥者應實地查驗並核對購置憑證（購置時間在向銀行申請日期前三年以內者均屬有效）。

在審查完經銀行核准的案件，會洽請客戶辦理對保、簽約等手續，如果貸款案件有徵提擔保品（估價與放款值由銀行所訂辦法辦理）時，還會請客戶辦妥抵押權設定及投保火險、地震險等各項手續後再辦理撥款（若創辦人為兩人以上，要每個人手續皆辦妥核准後才放款）。

創業族創辦事業要向銀行借貸的話，可以用個人或公司的名義去辦理。如公司尚在籌備當中，或是營運仍未穩健，建議不妨以個人的名義申請較為適當。因創業之用的借款人，身分通常都還是其他企業的員工，再不然就是公司運作還未上軌道，銀行也是營利單位，對於放款對象的償還能力總是得多加考量。以公司名義申貸，通常無法通過審核，依照商業銀行放款的慣例，用作創業之途的貸款較適合以個人名義申請。

創業貸款流程圖

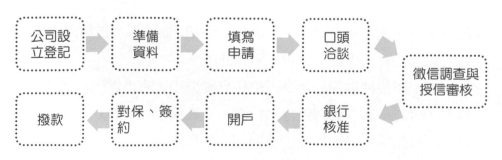

Have Your Thought !

你向銀行申請過創業貸款嗎？最近一次是何時？

....

....

....

....

申請創業貸款時，遭遇過什麼樣的刁難？

....

....

....

你的朋友或親人當中，誰成功申請過銀行貸款？撇步為何？

....

....

....

$ 銀行怎麼審核要不要貸款

目前國內中小企業的負責人多半是技術或業務出身，原本就缺乏財務專業知識，公司也欠缺專業人員管理財務，再加上本身條件較弱，信用風險遠比大企業大，於是銀行對中小企業普遍信心不足。因此銀行為確保放款的安全性，通常會以「5P 原則」來審查客戶。

一、貸款人或企業之狀況（People）

對銀行來說，借款戶必須要有良好的信用條件。企業要以責任感、依約履行債約、償還債務及有效經營企業，來取得銀行的充分信賴。這點主要是依據過去的借款紀錄、使用票據紀錄等來評估。銀行對於借款人或是公司負責人的債信條件非常的重視，所以在必要時可藉由借款公司的關係戶、介紹人的良好往來作為保證。

我們必須了解到借款銀行的內在思維邏輯是：「創業者如果不能珍惜自己最寶貴的信用，那別人如何來相信你呢？」因此，想要向銀行貸款的創業家，一定要非常注意自己的信用記錄。在台灣，所有銀行的往來以及借還款紀錄都會被登記在「聯合徵信中心」上。舉例來說：你曾經遲繳過玉山銀行信用卡利息，往後當你向第一銀行申請借款時，第一銀行就會藉由「聯合徵信」這個系統，查到你延遲繳息的狀況，進而在審核時扣分，認為你的信用有瑕疵，影響你借款的利息與額度。

二、未來資金用途（Purpose）

向銀行借貸時，銀行會要求了解貸款資金的運用計畫是否合理、合情、合法，以做各種風險評估，再決定是否借貸，以及最高額度與利息優惠等。資金用途分為三大類：

1. 取得資產：如購買季節性或非季節性的流動資產。

2. 償還既存債務：即以債還債，如支付稅款、償還其他銀行、機構或民間債務。

3. 替代股權：即以銀行借款替代原本應由股東增認之股款。

以上三類中，又以第一類「取得資產」作為借款理由最為有利，以此原由借款，銀行會認為這家公司有持續運作與未來的發展潛能，比較願意貸出資金；其他兩項因銀行評估償還能力有限，借款之風險較大，擔心資金從此有去無回，而不願釋出，因此較不適合拿來當作借款資金用途。

銀行非常重視貸款資金的用途，畢竟銀行是「風險控管」的行業，必須避免有挪用於不當用途之可能，或籌措短期資金來支應長期性資產的需求（以短支長）之現象發生。尤其前幾年企業集團掏空資產頻仍，將資金挪作他用等不良的授信致使無力還款跳票的案件一一浮上檯面，更使銀行對企業放款無法掉以輕心。因此，創業者必須詳實說明創業資金的用途。

三、還款財源（Payment）

這一點主要是必須讓銀行了解公司的收入財源和最佳還款時間，不然銀行預測風險太大、償還日遙遙無期，當然會拒絕放款。銀行評

估標準首重資金的安全性,其餘才是收益性、公益性。來源可粗分為「資產轉換型」及「現金流量型」兩種途徑:

1. 資產轉換型:主要以應收帳款的處理與存貨的控管為償還來源。
2. 現金流量型:著重於未來的盈餘分析或外部資金的可靠性。

　　還款財源這一項對許多白手起家的創業者來說是十分困難的一部分。草創的公司大多還沒有穩定的收入來源,甚至連財務報表也都不健全,很難說服銀行企業體有還款能力。這時候創業者只能透過「創業計畫書」的呈現,告訴銀行未來每月、每季、每年的營收與獲利狀況,讓銀行了解企業營運後的還款能力。

四、債權保證(Protection)

　　銀行最怕借出去的錢如肉包子打狗有去無回,因此銀行在放款前,一定會要求公司提供擔保品,萬一將來創業者還不了錢時,才可拿這個擔保品來「抵債」,這是銀行對借出去的錢做的「內部保障」。另外,還有一種「外部保障」,著重在保證人、背書人的信用與財力等。創業者最好對銀行的財務分析方式、對擔保品的估價手段以及合約是否有各項的限制詳加了解,以利通過借貸申請。

五、未來展望(Perspective)

　　銀行在接受貸款申請時,會預估放款後的基本風險和將來的報酬利益,這稱為未來展望。對銀行來說,他們不只想做這「一次性」的交易,也著重未來相關業務的合作,並希望能長久來往。因此目前銀行都是希望以爭取客戶持續的業務往來為考量,如果創業者能好好思考資金來源的成本,在衡量風險與利益的前提下,強調其事業體的潛

力與未來發展性，並且說明該借款的合理性與借款金額的適當性，只要讓銀行覺得這次的合作風險並非那麼高，而且還有未來合作的可能性，那麼銀行一定十分樂意承貸。

$ 創業貸款成功的六大竅門

許多創業主一想到要跟銀行打交道，就直覺式地認為會被銀行占便宜。其實，只要把握好下面分述的這些貸款技巧，就能讓你節省利息，讓你的一分一毫都用在刀口上！

一、慎選貸款銀行不吃虧

近年來，各銀行為了獲取更大的經濟利益、爭取更多的貸款市場，各家銀行在貸款利率上有不少差異。首先，你可以先去電各銀行，探一探銀行對創業貸款業務的積極度；通常，通過的機率與銀行有關，每家銀行策略不同，如果當你去電詢問時，對方態度不積極，那麼就換一家吧。

再者，針對不同的貸款利率，目前金融機構經營的貸款方式有信用、擔保、抵押和質押等，在不同的貸款方式下，貸款利率不同。所以申請同一期限相同額度的貸款，所承擔的利息支出也迥然不同。借款人應該「貨比三家」，弄清不同貸款方式下的利率價差，看清楚自己手中能擔保的物件有哪些？適合哪一家銀行的限制條件？從中挑選出對自己創業籌資最有利的方案。

二、讓你的事業不只是「小而美」

　　申請創業貸款最好在創業或開店一年以後再申請，這麼做的原因是要在你提出申請時，讓營業數據能夠漂亮。沒有銀行願意冒大風險投資一家營業還不到一年的公司，營業時間不長，代表你還沒有穩定的客源，無法為自己帶來收入，當然也不可能為銀行帶來源源不絕的業務往來。更不用說銀行會相信你已對這個行業有充分的熟悉，能夠有特別的創新與 Know-how 來說服他們投資你。因此，在申請前，你一定要把自己的事業塑造成一顆閃亮亮的明日之星。

　　有許多工作室型態的 SOHO 創業族，基於節省經費的考量，多採取住辦合一的模式；這一類的創業主若要申請創業貸款，則更需注意門面的妝點。門口必須設招牌、空間宜陳列作品展示，最好是進門不用脫鞋，讓人感覺以辦公為主、住家為輔。總之，一定要讓銀行的稽核員看見營業事實，才有可能爭取到他們對你的貸款機會。

三、自己親自找銀行辦理

　　由於銀行也會怕借款人無力償還，因此會希望借貸人能夠親自作業，讓銀行了解事業負責人的實際狀況，也讓創業主確實了解申辦創業貸款的每一項流程與後續的注意事項。

　　透過代辦機構辦理貸款，不僅需支付額外的手續費，甚至還需擔負個人資料被盜用、涉及偽造文書、信用受損的風險。事實上，代辦貸款機構無法可管，並不受金融主管機關管理及規範。為了保障民眾權益，金管會早在多年前就已明令約束各銀行，不得受理代辦公司轉來的貸款案，一旦發現應直接拒絕，民眾透過代辦不僅可能浪費了寶

貴的時間，甚至付出高額的手續費，還可能賠上自己的信用。其實，創業貸款的辦理程序相當簡單，並不需要找代辦公司辦理，反而自己上場辦成功的機率比較高。

四、一定要保持好你的個人信用：

　　由於創業貸款屬於個人貸款，因此個人信用非常重要。前面已經提過，台灣有「聯合徵信系統」，借款人一旦在任何一個金融機構有不良記錄，那麼在各家銀行都會遭到「封殺」。

　　除非你的信用瑕疵問題很小，能說服銀行，否則基本上是「恕不受理」！所以，在申請創業貸款前，請先解決你的信用瑕疵的問題，絕不要聽信代辦公司信用有瑕疵還能夠幫你成功達陣的謊言，否則貸款沒辦成，還要被代辦公司坑一筆代辦費，讓你的創業夢出師不利，賠了夫人又折兵。

五、公司登記資本額要精算

　　許多人會為了報稅、申請免用統一發票等因素，想說如果只是開個小餐館、加盟店，資本額不填太高，只辦理營利事業登記，甚至只登記為商號即可。其實這是一個迷思，報稅與資本額沒有必然的關係！而且還會影響日後是否能夠增資。筆者有一位經營餐飲店的姪子。他實際投資額遠超過了 100 萬元，登記資本額卻只寫了 15 萬元。日後，他後來想要擴大服務項目，想到要申貸「青創貸款」50 萬元，結果必須再增資 35 萬元以上，才有可能申貸到他想要的金額，但口袋裡卻已經沒有足夠的資金能夠投入生產，以證明他有這筆投資款項，這個凌雲壯志也只能胎死腹中了。況且，根據經驗，銀行對創業

貸款的核貸金額，通常不會高過營業執照登記的資本額，上限常為登記資本額的 8 折。因此在登記公司資本額時，務必三思。

六、養成每天跑銀行的習慣

除了資本額外，營業額也攸關創業貸款的審核，理論上來說，業績愈好，核貸機會、成數愈高。但，小本經營的創業主常遇到一個問題：「如果沒有發票，那我要怎麼證明營業額？」

很多創業主就是懶，收入往口袋放，支出也從口袋掏，這麼做是不對的。基本上，銀行從嚴認定，記帳本、電腦系統只是參考用，最標準的方式是銀行的存款證明，建議養成每天固定跑銀行的習慣。加強與銀行的互動，最好固定往來行庫，例如創業時的開戶行就是日後申請創業貸款的銀行。所有收入、支出都經由銀行的公司戶頭，讓銀行看到你的現金流。記住！不論向什麼機構籌資，對方最忌諱的就是公私不分。

另外，你也可以適時舉辦活動、促銷，創造熱絡景象。這樣除了能提高事業的能見度，多辦這類活動顯示你的事業是很活躍的，也能提高銀行的信任感。

向創投提案！

　　創業這事情往往是這麼一回事……起初，你有個夢想，或有個理由，讓你有件事情不得不去做，因此有了開始。於是你一直做下去，遇到很多困難、很多挫折，你一一克服，贏得一些客戶、一些使用者。但這過程如果沒有外界的協助，獨自一人赤手空拳的蠻幹，就如同一場沒有終點的馬拉松，你只是一直在跑道上，像阿甘一樣不停地往前跑，在各大山頭林立的市場當中，要以新創事業邁向成功，遠比登天還困難。

　　因此我相信致力於創業的你，為了要讓自己的事業體能與環伺的強者鼎足而立，曾經尋求外界的協助；也曾聽說過募集資金能夠向VC（Venture Capital，創業投資）提案這個方式。而且創投除了財務上的投資外，還在創業過程中，扮演著經營策略合夥人，協助推薦業務推展或產品研發資源導入等，能夠讓新創的事業壯大發展。

　　但，有這麼多好處，卻不知道從何著手、如何和創投來往，因此這個想法也就久久不能落實，最後無疾而終。當年，筆者所創的公司還是一家委身華文出版市場一隅的小出版社時，就曾經向創投提案，憑藉一紙「創業計畫書」，贏得當年以華彩為主的各大公司的資金挹注，得以迅速擴張為幅員廣跨兩岸五地的出版集團。因此，現在就來分享筆者自身的成功經驗，讓有志於創業的你能夠少走冤枉路！

💲 找創投 Step by Step

　　資金對新創事業是必要資源，沒有資金就無法創業。但如同向銀行貸款一般，並不是只要有申請就能獲得正面的回報，因此在向創投提案時，你必須先確定自己的企業發展到什麼階段，確認各種資金來源的可能性：由於對創投業者來說，他們的考量是市場潛力、團隊執行及應變能力、財務規劃……甚至出場時間及各種風險等層面都要滿足。而且創業資金額度小的公司，對創投業者來說，投資意願不高。雖然說，還是有專門投資早期或是成長期的創投。如果你的事業才剛開始的話，那麼建議你在創業前期所需的資金，先從政府政策性優惠融資，或是區域性的天使投資人網絡等管道來募集。這麼說並不是指只有公司準備要上市了才能找創投，而是對創業主來說，應該要在找創投之前審慎評估時機點，並且找到適合的創投來提案。

💲 我要怎麼找創投？

　　在找創投之前，我們應該先搞懂究竟「創投」是什麼？從定義來說，「創投」指由一群具有技術、財務、市場或產業專業知識和經驗的人士操作，以他們的專業能力，協助投資人於高風險、高成長的投資案，選擇並投資有潛力之企業，來追求未來高回收報酬的基金。簡單來說，創投是一種基金管理行為，他們購買新創公司的股份，然後找對時機把股份賣掉，從中賺取利潤。

　　由於創投業屬金融業別，重視人脈網絡，因此你可以透過創業朋友、會計師等關係介紹，或在各種新創聚會如「創業小聚」、「Startup weekend」、「Idea show」等場合認識創投業者；剛開始建議創業主不要急著推銷自己的事業，先從結交朋友開始，再進一步了解對方的興趣及投資意願。另外，你也可以上「中華民國創業投資商業同業公會」的網站搜尋，尋找適合自己事業的創投業者。

 ## 先了解合夥人背景，別亂槍打鳥

　　有些創業家會把創業計畫書寄給認識或不認識的各家創投。這麼做無非是想要增加募資機會，但創投圈子不大，亂寄計畫書會讓創投覺得這案子在市場上乏人問津，產生先入為主的負面評價。

　　因此最好在寄出計畫書之前做好功課。由於每家創投的投資偏好和標準都不一樣，創業家最好先了解各家創投過去的投資歷史、投資要求、合夥人背景、產業人脈、退場機制等等，針對所蒐集到的資訊來「客製化」撰寫這份創業計畫書。

　　知名作家，同時也是「夢想學校」的創辦人王文華曾說過：「光憑一份計畫書走天下是不行的，沒有量身打造的結果，可能就是全天下沒有人想看你的計畫書！」因此絕對不要只是制式化的寄出你那千篇一律的計畫書，「量身打造」才能讓創投公司認同你的提案。

Have Your Thought !

✏️ 你知道有哪些創投公司呢？

_____

_____

_____

✏️ 除了上述管道之外，你還知道其他找創投的管道嗎？

_____

_____

_____

✏️ 如果要申請創投，你有哪些優勢得以讓提案通過？

_____

_____

_____

　　另外，在找創投時，大多初次募資者都會犯同一個錯。他們往往誤以為創投跟 ATM 差不多，基本上只要能夠最快拿到錢，「撿進籃子的都是菜」，跟誰拿都一樣。但事實上，「同款，不同師傅」，跟「誰」籌資，差異非常大。因為從你跟某家創投拿了錢的那天開始，這家創投從此就成了你的股東。每一間創投的行事風格與管理模式迥異，為避免合作以後卻「同床異夢」，唯有在提案前做功課，確切了解，才能盡力避免上述憾事發生。

💲 上台提案要注意什麼？

　　創業募資找創投，都免不了要上台對這些未來可能的金主們，報告你的創業構想。去找創投報告前，你一定要了解這些創投們心裡的想法，避免犯了他們的「大忌」，才能博得他們的青睞：

一、人的特質遠比創業構想重要

　　創業講究「企業家精神」，創投要將他們的錢投資在你的事業上，考量點除了你的Idea夠不夠創新外，更重要的是為什麼一定要由「你」來做？「你」是不是真的有能力幫他們獲利？另外，在實踐創業理想時又要依賴其團隊成員，因此「你的團隊」的組成分子也同樣重要。

　　正如房地產會不斷強調「Location、Location、Location」，籌募資金就是看你的「經營團隊」。創投第一個就會問：「有誰參與這個提案？他們能為公司貢獻些什麼？」如果在「人」的因素上，你無法獲得對方充分的信任，那麼必定會大幅提升所有參與者的風險意識。

為了要展現出吸引他們的人格特質，你不能只是站在他們面前，說：「您好，我很『憨慢』講話，不過我很實在，這是一家好公司，你們應該要投資我。」這麼講，我敢打包票你的提案百分百會被打回票。那麼，究竟要怎麼說呢？

二、展現出正直的人格特質

首先，你必須展現你的正直（Integrity）讓他們看見。記住！上了台，就要演好這齣戲。大部分的創投提案報告應該短於半個小時，在這段時間，你必須傳達給他們最重要的訊息就是：「我很正直！」

投資就是在冒風險，每一位投資者無不盡全力將風險降到最低。因此一個好的創業主必須是誠實與務實的。如果提案者只會一昧吹捧自己產品概念的優越性，大力抨擊競爭產品的缺點，完全忽視自己的弱點與不足之處，並且逃避面對創業背後可能存在的風險。「閱歷無數」的創投們必然了解，這種「銷售員式」的創業主是極端危險且不足取的。

如果你的一言一行讓對方感到你企圖不明或另有所圖，那麼，不論你的產品或服務怎麼好，你這個人已經被對方打上了一個 ×。若你的團隊有缺陷，就坦白地說出來，別讓投資人主動挑出你團隊中的弱點，那樣的場合會讓你十分難堪。你大可以在提報時釐清你所遭遇的問題，並在適當的時機向投資人尋求建議。別忘了，記得保持真誠的態度！

三、熱情，讓創投感受你的決心

其次，創投們希望看到他們所投資的標的擁有源源不絕的熱情

（Passion）。唯有認同自己正在做的事，才有可能在工作中懷抱著熱情，也唯有這樣的人，才能在工作中展現出「抗壓性」。天有不測風雲，沒有一間公司不曾遇上困境。創業一定要有堅忍不拔的精神，很多人創業可能面臨 1 次、2 次，甚至 3 次挫折，就不再繼續下去。被視為創業楷模的王品集團董事長戴勝益曾言：「成功十大要素中，抗壓性應占最大。」以他自己為例，其實創業到第 10 次才成功。

　　絕對沒有人會相信，一個對自己的公司、對自己的構想沒有熱情的人，能夠面對並度過一切創業會遭遇到的艱苦與困難。另一個非常現實的理由是，創投們能從你的熱情中看見你「誓死捍衛」他們所投入的金錢的決心。你會為了這間公司鞠躬盡瘁、死而後已，無論如何都會盡力保住他們的錢；而且還要賺更多回來。

四、別讓創投發覺你很「菜」

　　你一定要讓投資者看見，你在所創的這個產業裡，是具有豐富經驗（Experience）的。要讓創投相信你在要他們投資的領域真的有兩把刷子，你就必須用你以及你的團隊過去的豐功偉業來說服他們。你必須能大聲的說出：「我之前做過這行。」「之前做過這行」能開創一樁事業和創造價值，並讓事情有頭有尾。你還可以告訴他們，有哪些關係可以特別幫助你。無論是配銷關係、生產夥伴，或是其他任何的資源，反正要透過實證讓對方知道你不是孤軍奮戰。

　　曾為自己的創業籌得數千萬美元創投基金，現在個人監管的投資額也有數千萬美元的「提案教頭」David S. Rose 就這麼說：「這就是為何我喜愛資助連續創業家。因為即使你一開始沒有做對，但你已學

到寶貴的一課，使你將來受益無窮。」

 ## 讓你的提案再升級的祕密四招

一、你的報告必須簡潔有力

不論你的「創業計畫書」寫得如何漂亮，一旦到了上台提案的那天，請丟掉那本厚厚的創業計畫書，投資人請你來提報，就是不想再看這些了！

基本上，創投的耐心與注意力大概只有五分鐘的時間。如果你不能在整場報告的前五分鐘裡引起他們的興趣，那麼，謝謝再連絡。因此，從你一踏進簡報室，就要開始進行一項「整體行銷」，你必須完全掌握對方的情緒。不管如何，你一定要能掌握對方的注意力，讓他們將目光放在你身上。接著你要做的就是一步步將對方引導進入你的思維模式，從頭到尾的一舉一動都要不斷地加強這一點。

在你的簡報上，千萬別放過多的文字，那樣會分散觀眾的注意力！其實你的簡報開頭只需要一個鮮明的公司 Logo，讓觀眾的腦中沒有其他的雜質，把注意力全都放在你以及你的公司上。你的整個提案其實用四個核心概念就應該說完：「問題、市場、可能的解答、團隊」。快速地概述你的業務，讓對方抓住其中的脈絡，知道整個公司的主體架構與營運模式。另外，既然你在找錢，對方當然也會關切你公司的財務概況，因此，你必須準備好過去的財務報表，以及讓對方知道未來幾年內他投資報酬的整體藍圖。

　　不論你的事業是什麼領域，你必須先想好投資人最想問的事情，用短短的一頁專注說明這些。例如：你是在解決實際的問題嗎？你的公司有何獨到之處？為什麼非你不可？你的公司究竟是想不斷成長，還是增資擴大後待價而沽？

　　總之，你要做的事是用這短短的時間，說一個吸引人的故事大綱。這個故事必須精心設計，讓他們看你的提報就像是在觀賞一場球賽，一定是愈來愈好、更好、再好。讓台下的觀眾對你這支隊伍愈來愈有信心，愈來愈熱血沸騰，最後「砰」地一聲擊出一支漂亮的全壘打，把他們帶往情緒高潮，讓他們馬上掏錢，然後你才帶著勝利的微笑離開簡報室。

　　想想好萊塢的電影預告都是怎麼演的吧！那是真正高竿的提報啊！試著去學習要怎麼做才能像電影預告一樣，短短的 30 秒，就能讓觀眾願意掏錢，來把後續的整個劇情發展都看完！

二、整場報告要流暢

　　你向創投的提報要像階梯一樣有邏輯的進程。我前面有提到，「信任」是一切的基底。要取得對方對你的信心，你必須讓對方知道試行結果，從告訴對方市場的情況來做開頭。這要怎麼做呢？如果你的產品尚未進入市場，在提報之前，你大可以先做一次市場調查，讓你的產品與服務和真實的世界連接起來。除此之外，能證明的方法其實有很多，但一定要是有人已經認可該項目或有其他的外部證明方式，用實證來證明你所言的不是空口說白話。

　　此外，為了讓整場提報順暢，你要盡力移除會減低對方興趣的可

能因素，例如：講了不確定的事物而被對方識破，如此對方會對你的談話打對折。任何讓對方需要動腦思考或是聽不懂的事，都會讓報告的連貫性中斷。你不能將對方假設為這個領域的專家，所以你的報告需要按部就班的說明，刪掉所有專有名詞，最好是到連國小學童都能聽懂的地步。為什麼你要這麼做，步驟 X、Y 或 Z。你要怎麼做？你要做的是什麼事？你要如何達成？整體來看這套流程將從頭貫徹到尾。除了提報的內容之外，還有以下四個小技巧，能夠讓你的提報更加流暢：

1. 千萬不要朝著螢幕說話，你的眼神要和聽眾做連結。

2. 使用遙控器。

3. 不要照本宣科，只唸稿，這樣你來現場報告是沒意義的。

4. 你給的講義要和你口頭報告內容有所不同。

三、魔鬼藏在細節裡

「做事要做足，演戲要演全套！」要讓對方相信你的能力，就必須在這場提報中盡力做到「零失誤」。總不能讓對方感到你的提報牛頭不對馬嘴，東一個錯字，西一個缺漏，還要對方相信你的團隊所提供的服務，能做到市場滿意度第一！因此你的報告絕不能出現一些細微但嚴重的過失：

1. 要特別注意錯字，如果有放上英文，應檢查是否為慣用法，避免出現「中式英文」（Chinglish）。

2. 概念中不能出現前後矛盾，比如說這一頁提到三年後獲利能達到150％，但過了兩頁後卻又說是 200％。

3. 要注意簡報畫面一切元素的正確性，避免出現不該出現的元件、圖
　　片移位、超連結錯誤……

　　以上這些問題雖然都不是什麼大事，但一旦出現，就是傳遞一項
訊息給台下的觀眾：「如果你連報告都做不好，怎麼去經營一間公
司？」所以，切記，切忌！

四、「將心比心」的溝通心法

　　做任何事，只要需要溝通，一定要做到「將心比心」。雖然，創
業就是解決問題、創造價值，面對客戶與使用者，你要透過產品或服
務，改善、改變他們的生活，解決他們的問題，讓使用者愛上你……
這些都很重要沒錯，但你有想過，其實這些都不是創投所關心的嗎？

　　「將心比心」的基礎思維就是，你要仔細留意投資人的需求，在
一開始就做通盤思考。創業主常會陷入一個迷思，告訴創投自己是成
長型企業，期待投資人投資他們，卻沒有替投資人想想，他們想聽到
的「商業模式」。他們投資你，當然希望你的事業不能失敗。但這樣
就等於他們成功了嗎？事實上，投資者心裡在意、嘴巴卻不說的是，
你是否能讓他們「成功出場」！

　　他們投資你，就像在買股票一樣，想想看，你在買股票時，在意
些什麼？你最怕的，是不是股票就一入手就「住套房」，不能脫身。
創投也不例外，他們要的當然也是「逢低買進、漂亮出場」！創投公
司的首要目標是要在有限時間內取得美好的回收，然後光榮退出。但
這一點，說起來簡單，實際執行並非皆如人意。往往就是無法出場。

　　我常說，一旦籌資成功，創業主與創投的關係就像是「一場婚

姻」。創業主如果資金用盡、燒光認賠還好了事，畢竟可以解散清算，就此畫下停損點，「離婚協議書」一簽，不用再花人力、物力、心力。但是半死不活、有營收沒獲利，最是可怕。兩造之間不願隨意仳離，便只有在「不完美的狀態下」彼此忍氣吞聲下去。到此地步，創業與投資這兩件事都失去意義了。如果這種狀況始終未能妥善經營處理，創業主與投資人之間的關係會惡化成內鬥，輕則互相批評譏諷，互不合作，重則爭權勢，造成內部嫌隙隔閡。宛如夫妻失和，把一致對外的戰線無限延長回自己家中茅頭相向，所有的資源就在如此相爭相剋的抗爭之下抵消殆盡了。因此，了解這個「另一半」的核心思維，對籌資成功至關重要。

　　資深的創投一定都遭遇過上述情事。所以在評價一家新創公司時，除了公司的本質外，滿腦子其實都在想：「我如果投資這家公司，要怎樣才能出場？出場倍率大約多少？什麼時候有機會出場？」因此，「出場機會」當然是創投重要的評估指標。所以，你除了要跟他們說：「我要賣 A，特色是 B，我的服務是 C⋯⋯」這些以「顧客立場」來看的商業模式外，記得告訴他們，你要何時、如何帶他們「成功出場」。除此之外，任何你所要報告的內容，都必須將自己想像為一位投資者，設身處地的思考對方究竟想聽到什麼。

　　但絕不能因為對方想聽，而將數據過度美化、吹噓膨脹，一定要據實以對。才能找到真正合適的創投。曾有一個案例在提報時劈頭就說：「我的公司沒辦法在五年內賺錢！」一定要確認了對方可以接受這樣的時程，才開始提報。因此，他找到了真正能夠幫助他們的投資人、創業生涯中真正合適的「另一半」。

Tips to Wealth!

創投必問的問題

$ 你從創投這裡拿到錢，你會怎麼用？要將錢投入工廠製作，或是投入銷售與市場行銷？

$ 這是你要求實際獲得的金額，我們該如何評價投入的金額？

　 你目前已籌到多少？有誰投資？你家人或朋友有投入資金嗎？

　 你過去曾有與創投合作的經驗嗎？

　 到目前為止，資本結構如何？ Business Model 為何？

$ 你的公司有什麼與眾不同之處？為什麼只有你的團隊有能力執行這項專案？

$ 你的銷售率、成長率這些數字是如何估算出來的？

$ 你的競爭對手有誰？他們有哪些地方贏過你？

$ 從之前的產品跟服務，你學到什麼經驗？

$ 這次募資可以幫助公司達到什麼重要目標？

$ 你創立公司至今遇過哪些挫折與障礙？

$ 你打算如何行銷自家產品或服務？

$ 你的產品有沒有任何責任風險？

$ 你覺得未來的退場機制是什麼？時間點為何？

$ 公司何時開始獲利？在開始獲利之前，會消耗多少資金？

$ 你創業計畫書上的財務預測是根據哪些假設而計算出來的？

$ 你的這項專案已經取得哪些關鍵性的智慧財產權？

Idea 22 讓政府拉你的事業一把

　　看過了先前向銀行借款的方式後，大家一定覺得「哇！創業的第一桶金要向銀行貸款，真麻煩！」的確，白手起家的創業主，由於規模小、財務結構不健全與財務資訊透明度低的特性，信用風險相對較高。只能萬丈高樓平地起；相對大企業而言，其資金籌措能力較為薄弱，融資管道也較為欠缺而不易取得融資資金。

　　大部分人都不想負債，但創業總是會遇到增添設備、拓展事業，或遭遇瓶頸、週轉困難等情況，不少人在創業之初就做了錯誤的起步，有資金需求時，問題就來了。尤其是地處首善之區的台北，物料、店舖租金樣樣貴，令想創業的年輕族群所遭遇的困境雪上加霜。若再加上銀行貸款的高利率，難免不會成為「壓垮駱駝的最後一根稻草」。因此，若創業需要借錢，筆者絕不將「直接跑去找銀行」列為第一考量。若單純以申請額度、申請難易度以及貸款的成本來說，筆者極力推薦目前政府致力推行的政策性創業貸款。政策性創業貸款通常被一般人所忽略（尤其是年輕的一群）。但看中年輕族群的創新能量，他們也是政府目前最積極推動政策性貸款的目標年齡層。台北市政府所提供的「青年創業貸款」甚至是完全免利息，由台北市政府補貼，這對於創業者的資金成本而言，相對輕鬆許多！

Have Your Thought !

你的事業是屬於哪一種類型？

....

....

....

....

你知道政府所提供的創業貸款有哪些嗎？

....

....

....

....

哪些網站可以尋得政府提供的創業支援？

....

....

....

....

 # 破解迷思：為什麼大企業借款比較容易？

　　一般而言，公司在創立初期，由於規模小、缺乏獲利記錄與經會計師查核簽證的財務報表，企業資訊是封閉的，加上經濟不景氣的影響，金融機構的放款態度趨於保守，獲得外部資金愈發困難。這也讓中小企業容易面臨融資的困境，陷入資金需求的惡性循環。對銀行來說，中小型企業與大企業向他們融資主要的差別在於以下數點：

1. 中小企業規模較小，先天體質上較脆弱，財務結構普遍欠佳。

2. 中小企業經營能力或經營績效欠佳。

3. 中小企業缺乏擔保品與適當保證人，擔保能力不足。

4. 企業本身的財務報表品質不良，或為節稅考量，未能真實表達實際經營狀況。

5. 以家族型態為主，且經營者大多為技術或業務出身，缺乏財務背景，無法提出具體償還計畫，且會計制度亦不健全。

6. 銀行授信風險較大，貸款成本較高，信用評比明顯較大企業為低。

　　當公司進入成長階段，營運擴張使得公司的資金需求增加，同時隨著公司規模擴大，可用於抵押的資產增加，並有了初步的獲利記錄，資訊透明度有所提升，公司對於金融機構的外部融資就會漸趨穩定。

　　在進入營運成熟階段後，企業的獲利記錄與財務制度趨於完備，但這時你的公司已逐漸具備進入公開市場發行有價證券的條件。從銀行等金融機構融資的比重應會逐年下降。

$ 申請政策優惠創業貸款前要知道……

　　政策優惠創業貸款大致上分為兩種，一種是「青年創業貸款」、另一種是「微型創業貸款」。青年創業貸款為政府政策性優惠利率貸款，協助輔導創業青年開創事業資金之融通，也可簡稱「青創貸款」。青創貸款最大的好處就是利率低，它跟許多國家低利的政策性貸款一樣（如勞工住宅貸款），利率非常低，你可選擇信用貸款或是抵押貸款。只要是 20 ～ 45 歲的創業主，公司設立在五年以內都可以申請。創業主只需要提供詳細的「創業計畫書」，信用正常，通常都可以獲得所需的資金。惟須特別注意，每人一生不論創業幾次，僅限申辦青年創業貸款一次。

　　若是年齡比較大的創業主，則可申請「微型創業貸款」，簡稱「微創貸款」。此種貸款最基本的條件是必須年滿 45 歲，最高到 65 歲，且公司成立未滿兩年、員工數未滿五人，相當適合退休人士重新開啟事業的另一片天。

　　另外，如果妳是女性要創業，勞委會有一個「鳳凰創業貸款」，女性同胞申請這一項貸款，通過機率會增加許多。而且鳳凰創業貸款不需保人，大大降低了貸款的門檻。

　　申請這些政策性貸款之前，政府會要求創業主先至大專推廣部、育成中心、政府機關或相關的法人團體上課，以「青年創業貸款」為例，必須修習 20 小時以上之創業培訓課程，其中包含創業適性評量（詳見附錄）、行業選擇、風險評估、地方政府資源介紹、創業開業準備、稅務法規介紹、商品服務管理、市場行銷規劃……課程中都會

安排顧問指導,讓創業主在此分享成功創業經驗。有的課程還結合各行業之微型企業共同提供至企業見習活動,以提倡創業前體驗經營的理念。

但如同其他的籌資管道,筆者建議創業主盡量不要在一開始創業時,就申請這些政策優惠貸款。因為雖然是政策性優惠貸款,但是審核放款的生殺大權還是在銀行手裡。而銀行十分在意申請事業的還款來源。

筆者在去年舉辦了一場「借力致富三部曲」的課程,其中有一個學員已創業開一家線上銷售女性成衣的小公司,希望跟銀行辦理青年創業貸款。但是當銀行看完了他包含創業計畫書的所有資料之後,卻予以回絕。拒絕的原因是這公司一年來並沒有開出半張發票,也就是沒有任何的收入來源。因此,在事業開創一年後,務求能夠有一張漂亮的營業數字成績單,再來申請政策優惠貸款為佳。

建議讀者想要創業時,除了完善的創業計畫書之外,最好是你所創的公司已經有穩定的收入來源,這樣銀行才會願意借錢給你,不然就只能提供擔保品了。總之,想要創業的朋友們務必有個完整規劃,才能跟銀行順利地建立往來關係。

另外,由於「加盟事業」不能申請青年創業貸款,所以銀行也有推出專門針對加盟事業主的貸款,想要透過加盟創業的創業主們,可以向各家銀行詢問,有些銀行也跟某部分的連鎖加盟體系相互配合,銀行甚至會把某些行銷資源回饋出來幫助加盟業者,所以想申請創業貸款時,務必貨比三家。

成功申請政府優惠貸款攻略

一、徹底了解政府優惠貸款申請規定

　　其實申請政府優惠創業貸款並不難，許多創業主的申請案之所以未竟全功，其實多半是因為對於相關的申請規定不了解，導致身分不符、資料不齊、條件不對……但這些其實只要用些心力，就可以事先打預防針。而且這些問題，都可以直接向相關單位詢問。

　　舉例來說，經濟部所提供的「青年創業貸款」若需進一步諮詢輔導，可直接電洽經濟部中小企業處馬上解決問題中心。而且他們不只是回答你的問題，還能對財務困難的公司提供融資協助服務，協助公司健全財務會計制度與提升財務管理能力，並透過中小企業信用保證基金提供融資保證，以提高銀行承貸意願，兼輔以投資業務，協助中小型企業取得營運所需資金。

　　政府所提供的創業貸款，利率確實較為優惠，但需要特別注意一點：貸款人本身一定要有實際營業的「地點」及「營業登記」，否則是無法辦理的。也就是說，目前若是單純想創業且尚未成立公司的朋友，一定要在申請前辦理好營業登記。

二、選擇適當往來的銀行

　　公司雖然可以隨時選擇並更換最主要往來的銀行，但你要了解到，更換了銀行，也代表你的公司必須從頭開始建立與該銀行之往來關係、重新培養累積信用，所以不可不慎。最好能在設立企業時就慎選銀行，尤其是要申請政府優惠貸款之創業主，最好選擇有承辦該貸

款業務之銀行往來，未來如向該行申貸，成功機率較大。一般而言，申貸成功的機率與銀行有關，而每家銀行貸放政策不同，所以也可先去電各銀行，探一探銀行對該貸款業務承辦的積極度，不積極就換一家。以下提供幾個選擇適當往來銀行之條件：

1. 開辦政府專案低利貸款，注重中小企業之銀行。
2. 分支機構眾多，距離企業近，停車方便。
3. 服務品質佳、態度親切。
4. 電子化程度高，能提供方便之金融資訊服務。
5. 提供金融商品符合你的公司需要。
6. 經營方式朝「綜合化方向」，可配合企業成長。

三、選擇適當的申貸時機

　　申請政府創業貸款方案，一定要有營業事實，所以最好在創業、開店一年以後再申請。重點在於提出申請時，營業數據一定要有業績支撐。所以你的公司可以善用以下融資機會點，例如：因應產銷旺季提出季節性銷售旺季週轉需求、接獲大筆訂單提出臨時週轉需求、市場供需失衡配合增加生產提出週轉需求等。

　　你也可以在銀行拓展放款期、結算期時申請，例如：銀行配合政策推動各項專案性貸款、推動新種放款業務（如：中小企業小額週轉金簡便貸款）、為衝刺放款業務，以期提高營收、市占率及降低逾期比率等時機。在這邊要特別提醒的是，申請貸款需要經過一定的銀行貸款作業流程，所以企業最好在需要用錢的前 3.6 個月即行申請，不要等到急需用錢才來申請。

四、你的財務報表絕對不能出現這些問題

1. 營業額起伏過大：你的公司營業額起伏過大，代表著營收不穩定，你的還款能力當然易受到銀行稽核員的質疑。

2. 連續 3 年虧損：這代表銷貨收入長期未達損益平衡點，獲利能力無法改善，雖然不是絕對不能貸款，但要有更充分的理由證明獲利情況會改善。

3. 應收票據與帳款不宜過多：有呆帳或虛灌營業額之嫌疑。

4. 應收帳款及應收票據科目餘額很小：與其申請的客票融資金額不成比例，或應收票據帳列金額與銷貨條件收票比例不符。

5. 存貨過多：代表可能有呆滯或虛增之資產，將使公司流動性風險加大。

6. 負債比率（負債除以淨值）過大：一般企業負債比率只要在 200％左右，仍屬於正常，超過 300％以上則已明顯偏高，表示自有資金不足，不利銀行貸款。

7. 銀行短期借款占營收比重過高：週轉性貸款不可以超過年營業額，超過時即表示資金用途不明，有可能企業以短期資金來支應長期用途，有違財務健全原則，在辦理企業週轉性貸款時會有困難。

8. 「股東往來」科目出現在借方（即資產負債表之資產中）：顯示資金有公、私不分之嫌。

9. 淨值不能為負數：代表企業長期或巨額虧損，企業前景不樂觀。

10. 帳冊上的營業收入與稅額申報表不符：切忌為達節稅目的，刻意短報營收。

五、你不能不知道的銀行貸款審查「6C 原則」

為了確保貸出去的款項安全與盈利，商業銀行對借款人的信用調查與審查，在多年實際操作中逐漸形成一整套衡量指標，即所謂的 6C 原則。創業主在撰寫「創業計畫書」時，一定要思考這些原則，投其所好，才能大大提高申請成功的機率。

1. Character（品德）：主要指企業負責人的工作作風和生活方式、企業管理制度健全程度、經營穩妥狀況及信用記錄等。但是不能用客戶的信用評級代替財務的分析。

2. Capacity（才能）：主要指企業負責人的才幹、經驗、判斷能力、業務素質等。

3. Capital（資本）：充足的資本是衡量企業經濟實力的重要因素。

4. Collateral（擔保品）：在中長期貸款中，借款人必須提供一定數量、合適的物質作擔保品以作為第二還款來源，擔保的存在可以減少或避免銀行的貸款風險。

5. Condition（經營環境）：指借款者面臨的經營環境及可能的變化趨勢。包括整體經濟狀況、同業競爭、政府的行業政策、勞資關係、政局變化等。

6. Continuity（經營的連續性）：指對借款企業持續經營歷史和前景的審查。企業經營的連續性反映了企業適應經濟形勢及市場行情變化的能力。

六、審慎填寫貸款額度

大多數創業主對於申請政府的創業貸款，如青年創業貸款、微型

企業創業貸款、鳳凰創業貸款等，都有一個共同的痛，就是後悔當初貸款額度「寫太低」！申請時要申請最高貸款額度，銀行一定會往下砍，所以即使你寫了最高的貸款額度，也未必就能貸那麼多。

另外，填寫表單時一定會有一欄要求你填寫「貸款用途」，盡量將你的貸款用途填寫購買儀器設備等需求，讓銀行認為你有未來的發展性。盡量避免填寫週轉金方面的需求，尤其是週轉金寫的金額愈高，銀行砍的額度就愈大。另外自有資金盡量要超過申請貸款總額，如此就很容易通過！

$ 重點是創業主的心態

創業是一門很大的學問，而創業的第一門課——籌資，更是每一個創業主必須面臨的問題。總的來說，創業主想要「八面玲瓏、左右逢源」，勢必要健全自身的財務管理制度、建立良善的企業內控流程，且與銀行保持密切的互動，以及善用政府財務融通輔導體系等，這些都是改善初創公司的融資困境，並增強資金融通能力的對策。

創業主也應該衡量自身處於哪一個生命週期的階段，考量融資金額的多寡、資金成本的高低、融資期限的長短、融資工具的差異，以及融資機會的時點等因素，如此方能選取現階段最佳的融資方案或政府貸款補助方案，以配合事業的發展。

不管如何，最重要的是在選擇創業這條路之前，務必做好所有完整且正確的評估，讓創業貸款的效應發揮到最大，不然萬一創業失敗，只是讓自己的身上又多了一筆債務而已。

各類政策優惠創業貸款一覽表

	青年創業貸款	青年創業逐夢啟動金	台北市青年創業貸款	微型鳳凰創業計畫	幸福創業微利貸款
政府單位	經濟部中小企業處	經濟部中小企業處	台北市政府產業發展局	勞委會	新北市政府勞工局
對象	1. 20 ～ 45 歲。 2. 公司成立未滿5年。	1. 20 ～ 45 歲。 2. 所創事業負責人。	1. 設籍台北市一年以上。 2. 20 歲未滿46歲。 3. 經營事業在台北市未滿5年。	1. 20 ～ 65 歲婦女。 2. 45 ～ 65 歲民眾。 3. 稅籍登記及營業登記設立未滿2年。 4. 員工數未滿5人。	1. 設籍新北市4個月以上。 2. 20 ～ 65 歲。 3. 符合中低收入戶。 4. 設立登記所創或所營事業於新北市未超過3年。
額度（新台幣）	每人最高400萬，其中無擔保最高100萬元。	1. 特定優予對象最高200萬元。 2. 其餘最高100萬元。	最高300萬元。	1. 營業登記最高100萬元。 2. 稅籍登記最高50萬。 3. 免保證人、免擔保品。	最高100萬元。

貸款期限	1. 擔保貸款：10年。 2. 無擔保貸款：6年。	最長6年。	1. 擔保貸款：最長10年。 2. 無擔保貸款：最長7年。	7年。	最長7年
貸款利息	按郵政儲金二年期定期儲金機動利率＋年息0.575％。	按郵政儲金二年期定期儲金機動利率＋年息0.575％。	不用利息（由台北市政府全額補貼）。	1. 前兩年免息。 2. 第三年按郵政儲金兩年期定期儲金機動利率＋年息0.575％。	台灣銀行定儲指數利率＋0.05％，前兩年由新北市政府補貼，第3年至第7年超過2％以上之利息，由新北市政府補貼。
貸款用途	購置生財器具、設備或週轉金。	事業籌設期間至該事業依法完成公司、商業設立登記或立案後，6個月內之各項準備金、開辦費。	購置廠房、營業場所、機器設備或營運週轉金。	購置生財器具、設備或週轉金。	購置生財器具、設備或週轉金。

創新，國發天使基金就給你一桶金

Idea 23

手握創業藍圖，懷著滿腔的抱負，站上衝刺的起跑線，但你好像口袋裡還是少了一件很重要的東西──沒錯，那就是錢！

創業的路艱辛，每分錢都得來不易。「一文錢逼死英雄好漢」，沒有錢，再偉大的雄心壯志，也只能原地踏步。現在，政府為了加強國內創業動能，鼓勵民間技術創新及應用發展，加速產業創新加值，促進經濟轉型，預計在五年內，投入 10 億元，不限產業、不限規模、不限領域，只要你有創新的構想，就可以來申請，讓政府支持你的創業夢。

國發天使基金是什麼？

國發天使基金，全名為：「國發基金創業天使計畫」，是 102 年年底行政院經建會為了激勵創新亮點，拍板定案的創業天使計畫。政府打算在五年內用高達 10 億元的預算，每年補助 60 家初創公司或有創業構想的創業主（即使還沒設立公司也能申請！），由國發基金提供資金協助。

每個個案核准額度以不超過營運計畫總金額 40% 為限，而同一申請人或受輔導企業之累計核准額度最高可達新台幣 1,000 萬元。換句

話說，創業主準備 2,500 萬元創業規模計畫，就能取得國發基金最高 1,000 萬元補助，對創業者而言可以說是「補很大」。如果從事的產業類別屬於資訊服務業、華文電子商務、數位內容、雲端運算、會展產業、美食國際化、國際物流、養生照護、設計服務業……還可以爭取國發基金 100 億元的「加強投資策略性服務業計畫」，一魚兩吃，獲取到創業的第二桶金！除了資金以外，還提供獲選的公司或個人經營管理、財務行銷等相關輔導，而且這些輔導全部都是免費的！

有什麼限制？要準備些什麼？

一、申請資格

　　這一項由政府釋放出來的大利多，可以說是有史以來申請門檻最低的一項，只要符合以下兩點的任何人，不分產業業別、不分規模、不分階段，都可以憑著一紙「創業計畫書」，向政府申請這創業的「第一桶金」。

1. 任何規劃要在國內成立獨資、合夥事業或公司的人（大學生也可以申請！），但無公司者的申請案一旦獲通過，隨後必須設立公司，才能拿到補助金額，天使基金的專家小組會從旁協助。

2. 成立未滿三年（認定方式以經濟部商工登記查詢核准設立日期為基準）之國內獨資、合夥事業或公司（這點可以說是本計畫申請資格的「唯一門檻」，讓計畫中不會有大企業跑進來這場競賽中攪局，出現弱肉強食的馬太效應）。另，外資在台成立之子公司或轉投資

企業，只要屬於中華民國《公司法》所成立之公司，且有繳稅事實，皆可以申請補助。

3. 同一申請人若成立好幾家公司，原則上皆可以申請這個計畫，但累計核准額度以新台幣 1,000 萬元為限。

4. 另外，這個計畫補助標的是公司的整體營運，因此若同一家公司有不同內容之計畫，僅能彙整成單一計畫書來申請。

二、應該準備的資料

申請人除了上「行政院國發基金創業天使計畫」官方網站下載填寫其申請書之外，須另外提供自己事業構想的創業計畫書及相關佐證的資料（需備資料包含聲明書、信用證明文件等，細項可上官網查詢。其中若已成立公司就要公司及負責人的證明文件，如果是未成立公司，只需要負責人的即可），向執行機構提出申請。而創業計畫書中至少應載明計畫目標、計畫內容、實施方法、資金運用、預期效益、風險評估等事宜。目前這項計畫的承辦單位為台北市電腦公會，創業主若有任何疑問可直接到台北市電腦公會辦公室親蒞諮詢。而當計畫送件後，將由產官學審議委員會評選出最佳案源給予補助。

$ 申請國發天使基金的正確思維

一、這會是一場新秀間的硬仗

對任何創業主來說，「國發基金創業天使計畫」是個新玩意兒。這是政府因應目前「悶經濟」的情況下，試圖想走出的一條新路。其

實，台灣的民間創意絕不會輸給他國，只是苦無創業門路，於是藉由國發基金提供，釋放出資源給能創新、有創意的業者，輔導其站上國際舞台，政府也能因此獲得回饋。

這一項計畫案其實立意很好，對於新創團隊而言，可以說是所有政府計畫當中門檻最低的，彈性也最大。不過凡事都有兩個面向，這優點同時也會是個缺點，從機率角度來看，正因為門檻很低，只要公司成立三年內皆可申請。因此申請的公司或團隊數量必然非常可觀，要在這些新秀中竄出，還必須真有一身硬功夫。

二、創業計畫書一定要有亮點

創業天使計畫鼓勵創業者不怕犯錯，若創業失利，由國發基金承擔後果。但執行單位仍會與受輔導的公司約定「回饋機制」，於受輔導企業經營達一定里程碑時，依約定比例及金額將資金匯回專戶（最高不超過當初補助金額的 2 倍），以促進資金有效運用，來協助後續創新創業者。畢竟政府所釋放出來的資金是來自於國民的稅收，這筆錢必然不能完全像丟到水裡一樣無聲無息，甚至希望能從團隊身上拿到回饋金，篩選申請者時一定是找未來有發展潛能的公司。因此，你的創業計畫書一定要秀出與眾不同之處，才有可能受到評審青睞。若想知道更多國發天使基金資訊的創業主，可以上其官方 Facebook 來了解最新動態與資訊。

三、注意核銷問題

凡是參與政府的計畫都必須結案。以這個計畫來說，通過後，會先撥款補助金額的 20％作為你的啟動金，剩下的額度要依照支出憑

證核銷。比方說，如果你通過計畫 300 萬補助，通過後會先給你 60
萬，剩下的 240 萬額度就在後續經營過程中用發票核銷。為符合這個
程序，在編列預算時就會有「會計科目」上能否核銷的問題，這點所
有政府計畫皆然。換句話說，並不是你的任何發票政府都願意幫你買
單。另外，這筆資金名義上是「投資」，實際上在會計科目內會算在
你的「其他收入」，因此要課稅。未來依「回饋機制」你要「回饋政府」
的時候，這筆回饋金就不能抵稅，要特別注意。

四、注意計畫與計畫間的「互斥性」

就這一項計畫來說，申請通過後並不排斥創業主也申請其他政府
補助計畫，但其他政府計畫是否會排斥這一項計畫，就要依其規定辦
理了。因此申請創業天使計畫之前，請特別留意手中已申請的計畫或
未來想申請的計畫是否互相排斥。若遇到這種情形，請考量何者對自
己有利，擇優申請。

國發基金天使計畫申請流程

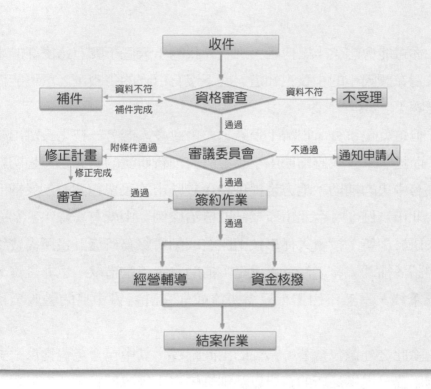

創業可以跟政府拿錢免還？

你可能會想：「王博士，別唬弄我啊！天底下哪有這麼好的事，我家還在讀國小的小孩也知道天底下沒有白吃的午餐，怎麼可能借錢免還啊！」

但這就是事實，經濟不景氣，愈來愈多人憑著一技之長跳出來創業，而近年來，政府補助中小企業發展創新研發的勢態也愈趨明顯。中央有中央的補助；地方也提供設籍該縣市的民眾相關的創業補助。以台北市為例，《台北市產業發展自治條例》中就有一條：「為鼓勵產業研發創新，投資人從事技術開發或創新服務研發計畫所需費用，得申請『補助』。」注意！這是「補助」，不是借款，也非投資，所以這筆錢，當然不用還！只需要達成你在計畫書中寫的驗收項目即可。

除此之外還包含著一系列的工商輔導，其中包含免費提供一對一諮詢服務、提供最新的資訊以及創業輔導班等。而且，政府針對新創公司申請創新補助是鼓勵的，所以通過機率其實相當高。因此，只要你的事業有創新的想法，都可以向政府投遞「創業計畫書」，爭取政府對你的事業補助，讓政府成為你事業的墊腳石！

申請補助，你還能有額外的福利

　　「國片輔導金」是政府補助最明顯的例子之一。從 1990 年至今，行政院新聞局（現改組併入文化部）一共補助上百部電影，投入金額也超過上億元。曾紅極一時，台灣票房賣座超過 5 億的《海角七號》及逾 3,000 萬的《囧男孩》，皆因輔導金的挹注，順利開啟籌資之路。在 103 年 6 月，文化部更公布了「高畫質電視節目徵選補助」的名單，光是由隋棠等所主演的「徵婚啟事」一齣戲，就獲得了 1,200 萬的補助金，除此之外還同時獲得「文創跨界創新與原創加值亮點計畫」的 200 萬補助款。其中《囧男孩》製作人李烈就不諱言地說：「原本這部片籌資並不順利，但在得到輔導金後，代表獲得國家認可，順利很多了。」

　　由此可見，成功申請到政府補助，除了引入一道活泉，一解創業缺乏資金燃眉之急的那把火之外，更能藉由政府的這項「背書」，獲得外界的肯定，之後其他業務的合作機會也必然更多，也能更加如魚得水、無往不利。

　　如果你的公司剛在起步階段，申請政府補助案，更是最容易、最無負擔、完全零風險取得第一桶金的方式，還可以藉由這個機會，好好的檢視自己的創業計畫，讓評審委員們幫你審視你的創業計畫，修正公司發展方向，降低創業失敗的機率。何樂而不為呢？

申請政府補助第一步：我該跟誰申請？

　　大多技術出身的創業主最常聽到的政府補助莫過於「SBIR」了，指的是「中小企業創新研發計畫」（Small Business Innovation Research），這項由經濟部技術處主辦的計畫，政府每年會編列幾十億的預算，由財團法人中國生產力中心執行，補助近五百家的中小型研發型公司，以幾十萬到數百萬不等的補助金額，補助其研發經費，鼓勵國內中小企業加強創新技術、創新服務、數位內容與設計領域的研發能力，對新創公司很有助益。

　　但其實不只經濟部，有提供這類的輔導與補助的政府機構其實很多，舉例來說文化部對電影產業有相關的輔導與獎勵措施，對出版產業也有出版獎勵與補助計畫。其他如工研院、資策會、農委會、勞動部等，都有提供相關的補助與輔導。對於身心障礙的朋友，許多縣市的勞工局甚至有提供專屬的「身心障礙者自力更生創業補助」。

　　讀者若是剛從學校畢業、初出茅廬的社會新鮮人，教育部的青年發展署有一項「大專畢業生創業服務計畫」（簡稱 U-START 計畫）以產學合作計畫的模式，讓年輕的朋友能適時利用微型創業的彈性及育成協助，提升畢業生的創業機會。這一項計畫只要審核通過，就補助創業團隊創業基本開辦費 35 萬元，獲補助之創業團隊若於第二階段獲得優異成績者，還有機會補助至 100 萬元！這些相關的最新資訊都能夠從學校裡的生輔組或者創新育成中心獲取。

中小企業主，你 SBIR 了沒？

　　雖然說因產業領域不同，每家公司所能申請的政府補助也大異其趣。但申請政府補助通常就是這麼一回事，即使是不同的產業、不同的承辦單位，業者所需繳交的資料一樣，撰寫計畫書的格式雷同，審核程序大同小異，就連審核官員所在意的重點也相差無幾。有的產業有其「跨領域性」，甚至可以一魚多吃，申請多項政府補助。創業主只要完成其中一項計畫案，之後遞送其他的補助案時，便可很快地修改成另一個計畫案的格式，也就是核心概念都不變，只消在內容上稍加修改即可。現在，就以最多行業適用的 SBIR 為例，讓我們一起來破解中小企業申請政府創業補助的各種「眉角」吧！

申請政府創業補助步驟

　　萬事起頭難，申請政府創業補助更是如此，千頭萬緒，理不出一條遵循的方向，以下以簡圖表示申請補助案的步驟：

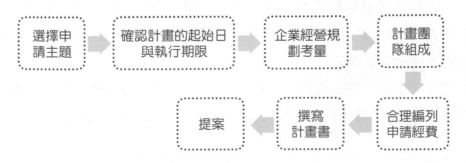

一、慎選申請主題

選擇申請的主題,是申請計畫的第一個也是最重要的工作。俗話說:「好的開始是成功的一半!」如果這裡沒做好,那麼即有可能「一步錯,步步錯。」讓自己的申請案處處碰壁。

選擇申請主題首先要了解企業本身的行業屬性,適合申請哪一項政府補助。就 SBIR 來說,分為「先期研究／先期規劃」(Phase 1)、「研究開發／細部計畫」(Phase 2)與「加值應用」(Phase 2+),如果創業主手上的題目,是目前業界首創的想法或創意,筆者建議從 SBIR Phase1 開始著手,一來能藉由專案執行過程進行一些更深入的研究與評估,二來通過率也比較高。總之,這些分類著重點與限制都不同,創業主一定要慎選,避免資格不符而慘遭出局。其次,由於 SBIR 審核重點在「創新」,創業主必須思考自己的公司、產品是否屬於可研究發展創新的技術?但也無須過度故步自封。所謂「創新」的定義,並非無中生有,只要在既有技術上,增加新的功能,或者改善現有流程、突破現存的技術瓶頸即可。

此外,必須弄清楚自身產業的主題是否符合政府政策發展的方向,審核機關是政府部門,跟著政策的腳步走準沒錯。SBIR 的負責單位經濟部為國家發展新技術研發的主管機關,所制定的方向政策可作為民間企業依循的根據。申請計畫通過成功與否,80%與所制定的研發方向主題有關,而目前政府所推動的重點項目內容,可自行由經濟部小型企業創新研發計畫(SBIR)的官方網站查詢。

二、確認計畫期限

　　申請政府補助必須時常注意各部會的公告，除了行之有年的補助案之外，近年來，政府也在「創新」這一塊做了許多嘗試，推出了許多激勵年輕族群與中小企業的補助方案，但這些都有申請期限，若錯過只好「明年再見」，甚為可惜！

　　政府所提供的補助計畫案也都有一定的執行期限，以研發計畫來說，通常不會超過一年，端視研發技術的難易度而定。但企業主通常會認為研發時間長，補助經費就會多，這完全是不正確的觀念。企業絕不能為了補助經費，寫了一個天文數字的申請期間，如果技術研發較為簡單，建議申請期間不要超過一年。因為不論時間多久，企業都必須要考量是否順利完成目標。過程可能有許多經濟、技術、市場競爭等風險因子存在，因此不要讓你的計畫案拖太長的時間。

三、做好自身經營規劃考量

　　由於研發需要投入大量的資金與人力，企業在申請計畫案之前，一定要考量是否有這筆經費投入研發創新型的技術。絕對不能企業明明處於虧損，卻認為可以靠這一筆補助，硬要去研發一項不屬於自身專長的技術來扭轉劣勢。如此，一旦計畫「幸運」通過，執行期間若遭遇市場不景氣，那麼你的公司將承擔虧損，必需花更多資金投入創新研發的雙重打擊。

　　另外，以技術層面來看，政府補助的額度最高僅為總計畫經費的49％，而且通常金額不會核定給到這麼高，若天生體質不良的企業為了政府補助的經費而硬要去申請，其實是冒著非常大的風險。因此不

論是否申請政府的補助，經營者正確的心態應為了「永續發展」而行動，切莫為了暫時的利益而亂了自身發展方向。

況且，企業申請政府補助企畫時，承辦單位必然會要求提供至少一年的財務報表，包含資產負債表或損益表等。若連年虧損或營業額勉強持平，那麼這些都會加深評審委員的疑慮。創業主一定要有一個正確的觀念，政府補助計畫案乃「錦上添花」，絕非雪中送炭！況且即使僥倖通過申請案，不代表能夠順利結案，若未能結案不但經費需繳回，還會失去與政府的良好關係，不得不三思啊！

四、計畫團隊組成

創新技術研發必須要靠團隊執行，因此對一項研發計畫而言，參與人員至關重要。在申請 SBIR 的計畫案中，團隊人員的組成包含三個部分：

1. 既有的研發人力：指的是仍在從事公司裡既有技術的研發、管理人員，包括了研發主管與研發管理人員。
2. 新增人力：因新技術的創新發展，規劃招募的全新研發人員。
3. 研發顧問：因應新技術創新研發，所要招募的研發顧問。

其中需要特別注意的是，申請政府補助案的團隊人員必須是公司內部的正式員工，送計畫書時，專案辦公室會要求公司提供薪資證明或勞保單等，所以申請補助案的公司必須要有自己的研發團隊，萬不可「全然」由「外包」研發人力來執行。而且這些人的專長必須要與申請主題相符，如果申請的主題是生技研發，結果研發人力的專長卻是通訊領域，這是萬萬說不過去的。

五、合理編列申請經費

　　針對自籌款以及補助款的經費編列，也是在申請政府補助計畫的重頭戲，補助計畫的經費編列，一般來說，包括了以下四個主要項目：

1. 人事費與顧問費。
2. 技術引進費。
3. 委外研究費。
4. 設備使用費與維護費。

　　前面已經提過，政府補助研發計畫案的預算上限為 49%，這點絕對要在編列時特別留意。而能夠申請到多少經費，端視「申請主題」而定。研發技術愈複雜、門檻愈高，核定的經費當然更高。

　　款項編列的原則除了要合理化外，更重要的是每筆款項的來龍去脈都要交代清楚，其中人事費是補助的重點項目。若技術引進或委外開發的經費高於人事費，會大大降低計畫的通過率。這是因為若計畫都是委外開發，那麼評審委員會認為，該公司原有的正式雇員專業背景與能力根本不符合申請那項研發計畫案。另外，購買設備的費用必須符合技術研發的內容，數量、價格等條目務求清楚交代。創業主最好在申請計畫案前確切了解相關會計編列原則，以免研發內容沒有問題，卻在經費編列上不符要求而遭淘汰。

六、撰寫計畫書

　　撰寫「政府補助研發計畫書」其實與撰寫向民間籌資的「創業計畫書」大同小異，以下僅就政府研發補助案的關鍵重點做一闡述：

1. 事先準備好可能被質疑的點：凡事豫則立，不豫則廢。沒有任何計

畫會是完美的，創新研發的領域更是如此。一項產品或服務須考量的因素千絲萬縷，會被評審委員質疑的點，就要先提出堅強的解決方案。例如若是一項整合手機 APP 程式與台灣本土農產品的產地直送銷售服務的計畫，可能就會被質疑物流的成本、消費者意願、平台設計、是否已有配合的廠商……請在計畫書中先做好相關數據的計算與市場調查，才不會面談時面對質疑啞口無言。

2. 通過的關鍵在於創新：政府提出補助案的用意就是要藉由資金的投入，帶動民間創新研發，所以「創新」絕對是計畫案通過與否的關鍵。但這並不是說我們必須發展出舉世無雙的構想，只要是有別於台灣現今發展的產品或是服務，都可以是很好的提案。經濟學大師熊彼得（Joseph A.Schumpeter）就將創新定義為：把各種已發明的生產要素，發展為社會可以接受並具商業價值的「新組合」（New combination）。近年來有學者提出「重組式創新」，可作為研發的創意發想根源。

另外，你一定要在計畫書中展現出你強烈的企圖心，緊抓著你的核心創意不放，畫出這項計畫可成為標竿產業的藍圖，讓審查委員認同你的創新研發。

重組式創新（Recombinant Innovation）

愛因斯坦曾言：「重組是創造性思惟的本質。」有學者對 1990 年以來國際上最重大的 500 項科技創新進行分析發現，「重組式創新」就占了 65％。中國大陸學者許立言和張福奎提出了「12 個聰明方法」，可作為重組式創新思惟的依據：

$ 加一加，能在既有的產品上添加些什麼？

$ 減一減，可以在既有的產品上減掉些什麼？

$ 擴一擴，把既有的產品擴張後會怎樣？

$ 縮一縮，讓既有的產品縮小會怎樣？

$ 變一變，改變形狀、顏色、聲音、氣味或是組合次序會怎樣？

$ 改一改，既有的產品存在什麼缺點必須改進？

$ 聯一聯，把既有的產品與其他事物聯繫起來，可以達成什麼效果？

$ 學一學，模仿其他事物的結構、原理或技術，來改造既有的產品，會有什麼結果？

$ 代一代，有什麼東西能代替既有的產品？

$ 搬一搬，把既有的產品搬到別的地方，能不能有其他用處？

$ 反一反，把一既有的產品正反、上下、左右、前後或裡外顛倒一下，會有什麼結果？

$ 定一定，為解決某項問題或改進某個既有的產品，需要規定些什麼？

3. 清楚了解評審委員的查核點：能成功達成目的的計畫書才足以稱為一份良好的計畫書。因此，撰寫計畫的重點，往往在於評審所注重的查核點。從最基本的計畫書形式來說，由於評審委員清一色全為政府官員與學者，所以計畫書必然得是「學術型」文章。舉例來說，計畫書的「背景緣起」絕非要業者寫出諸如：「五十年前，家父胼手胝足、篳路藍縷創立了這家公司⋯⋯」這類的情緒抒發文章，評審委員想看的，是針對台灣的這個產業，你看到了什麼瓶頸？遇到了什麼困境？而你的構想、你的團隊能如何扭轉這個局勢、幫助台灣產業升級。

  　評審委員的角色除了審核之外，還要負責結案的成果驗收，如果查核點具體，又有實際成果產出可供驗證，功能性可操作，具體量化效能指標 KPI，重要技術突破點還可以實際展示效益，那麼等於幫評委解決「如何驗收」的這個大問題。因此切忌以空洞的形容詞來描述，務求「具體化」、「數據化」顯示。創業主應該注意在撰寫此部分的內容時，要小心避免過度誇炫其計畫成果，如此不僅會在面審時遭到質疑，也可能會在以後計畫通過時，產生執行上的困難。

4. 秀出你的加分亮點：SBIR 競爭激烈，因此計畫書除了主題正確、預算編列無誤、市場趨勢分析⋯⋯這些最基本應達成的條件之外，你應該還要展現出吸引評審委員目光的特色，才能獲得青睞。

  　首先，你除了提出有創新的案子之外，還要寫出你來做這個案子的競爭優勢為何。找出你的公司的獨特性，跟競爭對手的差異性。另外，你可以去找任何能夠讓委員相信你可以把案子執行好的人選來為你背書。以上述的農產品產銷結合科技為例，你可以去找農業、物流、

行銷⋯⋯各領域的專家來當你的顧問。這樣會對你的計畫書大大的加分！其實要突出你的計畫書亮點並不困難，除了以上的方法之外，最重要的心法還是「將心比心」，思考顧客、評委要的是什麼？然後清楚定位你的產品與團隊。為了達成此一目的，你應該多聽，多請教你的客戶、多參加政府說明會。讓他們告訴你他們希望得到什麼，如此必然能讓你的產品與計畫書獲得更大的認同。

SBIR 計畫期程及補助款編列原則

一、階段 Phase 1

	個別申請	研發聯盟
計畫期程	以六個月為限。	以九個月為限。
補助上限	100 萬元。	500 萬元。

二、階段 Phase 2

	個別申請	研發聯盟
計畫期程	以兩年為限，但生技製藥計畫經審查同意者可延長至三年。	同左。
補助上限	1. 全程補助金額不超過 1,000 萬元，補助款上限依計畫期程按執行月數依比例遞減。撥付補助款每年不超過 500 萬元。	全程補助金額以成員家數乘以 1,000 萬元為上限，且最高不超過 5,000 萬元，補助款上限依計畫期程按執行月數依比例遞減。撥付補助款原則每年不超過成員家數乘以 500 萬元。

| 補助上限 | 2. 先申請 Phase 1 且經審查結案再申請 Phase 2 者，全程補助金額不超過 1,200 萬元，補助款上限依計畫期程按執行月數依比例遞減。撥付補助款每年不超過 600 萬元。 | |

三、階段 Phase 2 ＋

	個別申請	研發聯盟
計畫期程	以一年為限，但生技製藥計畫經審查同意者可延長至 1.5 年。	同左。
補助上限	全程補助金額不超過 500 萬元，補助款上限依計畫期程按執行月數依比例遞減。	全程補助金額以成員家數乘以 500 萬元為上限，且最高不超過 2,500 萬元，補助款上限依計畫期程按執行月數依比例遞減。

（資料來源：經濟部技術處）

相關補助計畫洽詢窗口與聯絡方式

計畫名稱	聯絡電話	主辦單位
小型企業創新研發計畫（SBIR）	02-23412314#603	經濟部技術處
創新科技應用與服務計畫（ITAS）	02-23412314	
業界開發產業技術計畫（ITDP）	02-23412314	
協助傳統產業技術開發計畫（CITD）	02-27090638#210 ～ 218	經濟部工業局
主導性新產品開發計畫	02-27044844#102 ～ 109、126、139、144 ～ 145	
協助服務業研究發展輔導計畫	02-27011769#231 ～ 239	經濟部商業司

Idea **25** 搞懂市場脈絡，你需要蒐集正確的市場資訊

　　雖然說創業如果等到「萬事俱備」後才著手進行，你很有可能會喪失最佳的時機，但絕不可因此而草率行事，說創就創。在著手創業前，必須思考如何規避風險、找對專案、分析你的構想的可行性。在創立自己的事業前，你知道它的市場成長潛力怎樣嗎？你有什麼管道讓你的客戶知道你的存在？你的潛在競爭對手是誰呢？在結合市場情況、競爭水平、行銷政策和行業趨勢評估後，你真的認為這是一個成功的投入？不然，你怎麼知道眼中的商機，不是下一個葡式蛋塔泡沫。而如果你創業失敗的話，不僅損失了金錢，磨滅了信心，還會傷害你的人脈關係，使周邊的人對你的信用產生懷疑，投下不信任票。所以在你滿腔熱血想創業前，你一定還是得經過審慎的評估，以下列出最實用的蒐集資料方式，提供創業主以最短的時間，讓自己的創業之路推上最高峰！

殺到樣本面前──人員親訪法

　　人員親訪法主要是由資料蒐集人員分別訪問想要研究的目標人物或群體，利用訪談者與受訪者之間的口語交談，達到意見交換與建構，分析出受訪者的動機、信念、態度、作法與看法等。根據受訪者

的答覆蒐集資料，準確地說明樣本所要代表的總體的一種方式。尤其是在研究比較複雜的問題時，需要向不同類型的人了解不同類型的資料。

使用這種資料蒐集方式通常是在「問卷調查法」之後，為了確認受訪者對問卷內容的理解，確認資料的正確性，或對原填寫事項有所疑問，以面談方式來加以澄清。因此儘管它不像問卷調查具有完善的結構，但具有問卷調查不可替代的作用。

一、人員親訪法的步驟

1. 設計訪談提綱。

2. 適當進行提問。

3. 準確捕捉資訊，及時蒐集有關資料。

4. 適當地作出回應。

5. 及時作好訪談記錄，一般還要錄音或錄影。

二、人員親訪法的優點

1. 雙向溝通：對話、討論等方式進行溝通（雙方在過程中因察言觀色而互相產生明顯的心理影響）。

2. 內容靈活：答題限制少（不像問卷法僅能在有限的選項內選擇，或無法表達沒有提問的意見）可發揮個人意見。訪問者亦可重複提問，請求深入剖析。

3. 隨機應變：依現場情況、受訪者人格特質改變提問方式與內容，採訪者與受訪者可以相互啟發影響，有利於促進問題的深入。

三、人員親訪法的缺點

1. 難掌握資料客觀性與精準性（訪談過程提問與回答均屬機動，多少較主觀）。

2. 問題缺乏標準（容易依情境而變化問題）。

3. 對受訪者缺乏保密性（遇到私密或個人隱私問題時，難免拒絕或說謊）。

4. 若受訪者距離採訪者過遠，所耗人力及時間成本高。

5. 內容偏差（訪問者先入為主的判斷造成結果偏差）。

快速抽樣——電話訪問法（Fax 調查法）

電話訪問法（或傳真調查法）是指訪問員按照電話簿上載的電話、傳真號碼等用戶資料，採隨機抽樣方式，抽出受訪樣本，再打電話進行問卷調查。採用電話調查的主要原因是電話較方便，且為一般大眾所通用的溝通工具，故在成本的節省較為顯著。

另外，由於一般公司基本上都有傳真機，當有急迫性的專案，或問卷複雜度不高，或者聯絡受訪者相當困難的情況下，傳真簡易問卷調查不失為一個有效的調查方法。

一、電話訪問法的優點

1. 與人員訪問比較，因電話訪問可以節省旅途時間和交通住宿等差旅費用，總費用成本相對低廉。

2. 電話訪問所花費的時間較節省，拒訪率低，故能在有限的時間內完

成較多的訪問。

3. 電話訪談可以對不能用郵寄問卷或拒絕面談的人，提供訪談機會。

4. 具有匿名性，對敏感性問題，較願意且誠實回答。

二、電話訪問法的缺點

1. 電話訪問的時間無法像人員訪問時間那樣長，電話訪問一般以十五分鐘以內為宜。

2. 問題有些限制，電話訪問的問題不可太長、選項不可太多。

3. 無法確認受訪者是否同時在忙其他事，故可能突然中斷訪談。

4. 須以視覺性（出示圖片或輔助工具等）訪問方式，無法用電話達成。

5. 電話訪問僅憑電話溝通聯絡，無法看到採訪員真實面目，比較容易產生不信任感，甚至有不歡迎或排斥抗拒心理，影響問卷調查的進行。電話訪問時應注意措辭及態度，以免被當成詐騙集團。

$ 成本最低——郵寄問卷法

　　郵寄問卷法是研究者將所要蒐集的資料製成問卷，利用郵寄或其他方法送到受訪者手中。並附上一個回郵信封，當受訪者填寫完問卷後，就可以直接寄回。

一、郵寄問卷法的優點

1. 問卷印製與郵資花費有限，節省人力與經費，且容易實施。

2. 不會有採訪員舞弊或個人主觀性偏差的狀況發生。

3. 填答者選答自由，不會因面對研究者而有心理負擔。

4. 題目內容一致，便於比較，容易標準化。

二、郵寄問卷法的缺點

1. 問卷可能不是由抽樣所抽中的樣本本人親自作答。

2. 回收率低，以致樣本代表性有問題。

3. 只藉助文字或圖表作為溝通的媒介有其限制，填答者即使對問題內容不了解也無法獲得協助，因此訪問題數不宜過多或太複雜。

4. 等待郵寄問卷回覆耗費時日，回收率難以掌握。

5. 研究者無法掌握填答者的動機、意願、興趣、認知能力、周圍環境或特殊狀況，但往往這些狀況會直接影響填答結果。

6. 如果填答者不遵照說明來回答，常使資料難以分析，或分析結果無法滿足需求。

$ 陷入泥淖？你需要一帖「腦力激盪術」

一般來說，人的思想會受到生活習慣、環境及邏輯思維方式的影響，思路被局限在某種範圍內，常常遇到的問題卻找不到癥結所在，而實際原因卻可能非常簡單。出現這種現象主要是因為人們只注意進行點的垂直思考，沒有注意進行面的水平思考。問題的解決方法往往就隱藏在另一個點的下面，卻沒有被發現。此時，最迅速的獲取解決方案來源，便是與你的夥伴們一起來場「腦力激盪」。

腦力激盪術（brainstorming）指的是一群人在短暫時間內，針對

某項事務運用腦力做創作思考，以獲得大量構想的方法。這種方法是奧斯本（Alex F. Osborn）於 1938 年提出，利用集體思考的行為，激盪彼此間的創意構思，使其發生連鎖效應，得以在短暫的時間內，獲得大量的構想法。

在這個過程中，任何參與者可以無拘無束地暢談自己的想法，表達自己的意見。主持人要先營造和諧的團體氣氛，不存任何偏見，鼓勵大家發言，並適時導正偏題或獨占發言的人，激發小組的創意。腦力激盪法一般只產生方案，而不進行決策。

一、腦力激盪術優點

1. 很多最成功的辦法，往往都來自起初看起來不合邏輯，略帶開玩笑，甚至是不可能行得通的概念。這種方法利用「靈機一動」與「集體創作」來突破困境，開發新的可能性。
2. 能鼓舞士氣，讓每個人都能參與到的創意發想法。
3. 激發創意的連鎖反應。
4. 跳出經驗圍牆。

二、腦力激盪術缺點

1. 找到答案的時間較慢，限於較簡單的問題。
2. 當組長控制不宜時，很容易偏離討論中心。
3. 小組若缺乏民主風度，常會破壞和諧的氣氛，進而影響腦力激盪的成效。

$ 針對你的客戶——小群體訪談法

　　小群體訪談法又稱「焦點團體訪談」，是一個謹慎規劃的系列討論，用以在一個包容的、無威脅性的情境進行一系列的討論。其目的是了解人們對於一個特定的議題、產品或是服務項目的感受與意見。主要功能在提供產品改良或開發之創意，並可藉討論的內容了解潛在客戶或現有使用者對產品功能、價格或者設計上之意見。進行過程由一個技巧優良的主持人（moderator）帶領 4 到 12 個參與者進行訪談。受訪者均具有與該研究主題有關的某些特質。

　　舉例來說：若醫療部門想要了解不同種族糖尿病患者對於本身患病的感受，以及他們對於醫療保健單位所提供服務的建議。於是他們針對不同族群（如本地人、客家人、原住民、新移民）的糖尿病患者進行訪談。採訪者可藉此蒐集人們對於一個特定的議題、產品或是服務項目的感受與意見。

　　許多企業為了解消費者對新推出的廣告、新產品的包裝、內容特色等方面的深度評價，靠一般的調查是很難獲取這方面的訊息。因此，很多企業常常用小群體訪談法來蒐集消費者的意見和建議。藉由這種方法，企業能了解客戶如何看待新的產品？如何感受它？如何談論它？喜歡它的哪一些部分？不喜歡的部分在哪裡？不願意使用或是購買的理由是什麼？以上意見可作為產品改良或市場策略擬定的重要參考。

一、小群體訪談法優點

1. 可以透過參與者的互動，獲得較真切的資料，且質量較高。

2. 可以快速蒐集到相關資料，並做立即處理。

3. 可以將整個過程錄製下來，以便於事後進行分析，進行科學檢測。

4. 參與者能暢所欲言，以準確地表達自己的看法。

5. 是互動式討論，具有彈性，能反覆探詢想要獲得的資訊，有利於多方面多角度聽取建議。

二、小群體訪談法缺點

1. 團體成員同質性太高時，意見可能偏狹；使受訪者可能不具有代表性，因此單靠焦點團體獲得的資料有時很難做出推論。

2. 焦點團體的言論或意見經常會離題，難以控制，因此主持人必須具備精熟的會議技巧。

3. 對結果的分析可能帶有主觀性。

4. 同時要聚集一群人討論，有時相當困難。

$ 敵情不可不知之展覽會場調查

在市場調查過程中，參觀展覽會場是得到第一手資料的重要方法，在展覽會場中可獲得多方面的資訊，包括客戶資訊（如客戶態度、客戶需求、市場趨勢等）、產品資訊（如產品趨勢、技術趨勢、價格走勢）、競爭者資訊（如行銷策略、產品策略、推廣策略、定價策略等）。尤其展場中大多會安排許多產品、市場，或技術趨勢之演講或

研討會，更是蒐集資訊的好時機。

在展覽會作抽樣調查主要是由經過培訓的訪問員在事先選定地點，按照一定的流程和要求（例如，每隔幾分鐘攔截一位，或每隔幾個行人攔截一位等），選取訪問對象並徵得其同意後，在現場按照問卷進行簡短的面訪調查。

一、展覽會場調查法優點

1. 有利於蒐集市場信息，開展市場調查研究，以便更有效地掌握市場動態。

2. 若為國際展，通過聽取國外客戶的意見，找出彼此看法上的差距，藉以提高出口商品質量，增強出口競爭力。

3. 可蒐集展覽訊息如：展覽名錄、展後報告、展覽廣宣文件與媒體報導等。

4. 因參展者多為競爭對手，提供了研究競爭形勢的機會。利用競爭對手提供的產品、價格以及市場行銷戰略等方面的資訊，有助於制定企業近期和長期規劃。

5. 企業能攜帶產品到府進行演示的機會恐怕不多。展覽會是參展商為潛在客戶集中演示產品或感受服務的最好時機和最佳場所。

二、展覽會場調查法缺點

1. 同時參展與做市場資料蒐集需要投入較大的人力、物力、財力。

2. 能夠蒐集資料與樣本的時間僅為參展期間，時間有限，要在短時間內蒐集完全並不容易，因此在參展出發前應先做周延之規劃，以有效達成參觀蒐集資訊之目的。

眼見為憑之實地觀察法

　　實地進行觀察為資訊蒐集的具體方法之一，施行方法如實際觀察產品經銷門市人潮的狀況、參觀競爭者經營的商店、派員參加競爭對手產品展示會、觀察競爭對手公司上下班情況、工廠大小及面積、停車場車輛之狀況或者運輸通路運貨狀況等，都有助於部分研究問題的解答。

一、實地觀察法優點

1. 能通過觀察直接獲得資料，排除了一些中間環節的干擾。因此，觀察的資料比較真實。
2. 在自然狀態下的觀察，能獲得生動的資料。
3. 觀察具有及時性，能捕捉到正在發生的現象。
4. 觀察能搜集到一些無法量化或用言語表達的資料。

二、實地觀察法缺點

1. 受時間的限制，某些現象的發生是有其特殊原因與時空背景，過了這段時間就不會再發生，並非放諸四海皆準。
2. 受觀察對象限制。有些資料無法藉由簡單的外在環境觀察即可得到答案。
3. 受觀察者本身限制，觀察結果也會受到主觀意識的影響，因此觀察員的素質與能力影響成功率甚鉅。
4. 觀察者只能觀察外表現象和某些物質結構，不能直接觀察到事物的

本質和人們的思想意識。

5. 觀察法不適用於大面積調查。

 讓專業的來吧！——Delphi 法

Delphi 法（德菲法）也稱「專家調查法」，是一種採用通訊方式分別將所需解決的問題單獨發送到各個專家手中，徵詢意見，然後回收彙總全部專家的意見，並整理出綜合意見。隨後將該綜合意見和預測問題再分別反饋給專家，再次徵詢意見，各專家依據綜合意見修改自己原有的意見，然後再彙總。這樣多次反覆，逐步取得比較一致的預測結果的決策方法。

Delphi 法採用匿名發表意見的方式，即專家之間不得互相討論，不發生橫向聯繫，只能與調查人員發生關係，通過多輪次調查專家對問卷所提問題的看法，經過反覆徵詢、歸納、修改，最後彙總成專家基本一致的看法，作為預測的結果。這種方法具有廣泛的代表性，較為可靠。

一、Delphi 法的優點

1. 德菲法因採用「匿名」的方式，能使每一位專家獨立地做出自己的判斷，可改進群體決策造成的某些缺失，如害怕權威隨聲附和，或固執己見，或因顧慮情面不願與他人意見衝突等弊病。

2. 資源利用的充分性。由於吸收不同的專家與預測，充分利用了專家的經驗和學識，取各家之長，避各家之短。

3. 預測過程必須經過幾輪的反饋，使專家的意見逐漸趨同，使最終結論具有統一性。

二、Delphi 法的缺點

1. 過程比較複雜，花費時間較長。

2. 因成員間沒有討論，而無法透過討論引發出一些不同的看法。

3. 主要是憑藉專家的主觀判斷，缺乏客觀標準。

4. 有些專家因為工作繁忙或其他原因中途退出，容易影響結果的準確性。

社群網絡要抓牢之網際網路調查法

　　一般網路調查法有四種形式，分別為電子郵件（e-mail）、網路論壇（newsgroup）、電子布告欄（bbs）、全球資訊網（www）。當利用電子郵件來進行問卷調查，必須先取得受訪者電子郵件位址，再將問卷經由電腦編輯後直接寄給受訪者。

一、網際網路調查法優點

1. 成本低廉（不需大量僱請訪員，每份問卷的成本也很低）。

2. 使用簡易、問卷回收速度快。

3. 樣本分布範圍廣，具全球性，不受時間空間限制。

4. 匿名性最佳，在一些較私密的問題上，如與吸毒、墮胎相關等議題，受訪者比較沒有心理顧慮，願意回答出真實的情況。

5. 如果調查的目標群體正好和使用網路的族群有重疊之處，此調查法更能獲得精準的資料。

二、網際網路調查法缺點

1. 網路調查以電子郵件等方式提供問卷，缺乏像面訪或電訪一樣的作答壓力與誘因，問卷的回收率可能偏低。

2. 目前網路人口仍不足以代表一般社會大眾，被訪者有一定侷限性，無法獲得不使用網路族群的意見與資料。

3. 以電腦作為媒介，採訪者接觸不到受訪者，因此受訪者的表情、動作、情緒也都無法被觀察，為一社會臨場感和社會情境線索皆低的調查方式。

　　不論你採用上述哪一種市場調查法，最重要的是你所問的問題必須要明確。假如問題被受訪者誤解，這樣的問題顯然無法蒐集到準確的資料。因此明確定義你的問題極其重要。要讓你的問題精準，首先你必須採取「六要素明確法」，即在問題中所提到的人、時間、地點、做什麼、為什麼做、如何做等要素必須明確。舉例來說你這麼問：「在過去的一個月中，你在家中使用什麼牌子的洗髮乳？如果超過一個，請列出其他的品牌名稱。」會比起只有問：「你使用哪個牌子的洗髮乳？」此外，像有時、經常、偶爾、很少、很多、相當多，幾乎這樣的詞，對於不同的人有不同的理解。避免使用含糊的形容詞、副詞，以定量描述代替，來做到統一標準，使問題明確。

Have Your Thought !

 你的產品在市場上的主要競爭對手是誰？你有什麼他們不具備的優點？

....
....
....
....

 你通常都用什麼方法獲得市場資訊？

....
....
....
....

 試著使用本文所介紹的方法，找出你的產品在顧客眼中的不足，並加以改進。

....
....
....

Idea 26 信用是創造財富的根基

　　人的一生有很多資本，例如年輕、體力、金錢、學識和友誼，但其中最重要的，是誠信。誠信是一種無形的力量，是一個人安身立命之本，能讓雙方遵守彼此的約定。任何聞名世界的成功者，各自有各自的專業與人格魅力，但他們都有一個共同點，那就是誠信待人。一個沒有誠信的人難以在世上立足，更做不了長久的生意。

　　有一個故事是這麼說的，在美國有一個叫做傑克的人，開了一家汽車維修店，由於他修車技術精湛，做人又實在，很多顧客都慕名前來，傑克店裡的生意一直很不錯。有一天店裡來了一位顧客，要找維修店的老闆。傑克上前回應：「先生，我就是這個店的老闆，請問您找我有什麼事情？」顧客說：「我是貨運公司的貨車司機，經常要維修汽車，以後我來你這裡修車，你在我的帳單上多寫幾個零件，我回公司報帳後，肯定有你一份好處。」

　　傑克聽他這樣說，便拒絕道：「對不起，先生。萬萬不能做這種事。」顧客不死心地說道：「我的生意不算小，以後會經常來光顧，你肯定有賺頭！」傑克繼續拒絕說：「無論如何我都不會做的。」

　　顧客氣急敗壞地嚷了起來：「聰明人都不會拒絕，我看你是不懂得怎麼做生意吧。」傑克也生氣了，於是他對顧客嚷道：「請你馬上離開我的店，去別處做你的生意！」

誰知這位顧客不但沒有生氣，反而露出了笑容，他握住傑克的手對他說：「我就是那家貨運公司的老闆，我一直在尋找一個固定的、值得信賴的維修店，現在終於找到了，你還讓我去哪裡談這筆生意呢？」就這樣，傑克與這位貨運公司的老闆達成協議，並開始了長久的合作。

從上面這則故事來看，要形成穩固、互惠的合作關係，需要的不只是「互相認識」，更重要的是「互相信任」。筆者在商場打滾數十年的體悟是，如果你只有經營所謂的「人脈」是遠遠不夠的。除人脈之外，你還需要經營你的 Credit（信用）。通常生意場合認識的朋友，第一次可能願意因為「認識」而跟你合作，但如果這個合作沒辦法創造出互惠的結果，則第二次你再去找他，雖然他並沒有忘記你，但大概很難再跟你合作了。

$ 不要對產品誇大其詞，實事求是贏得人心

有許多業者為了盡快把產品賣出去，衝高銷售量，會在產品介紹上做文章。利用一些銷售手段突出產品優點是每個行業都會用到的方法，但有些業務員對自己的產品功能誇大其詞，過分炫耀，對產品的缺點卻一語帶過，甚至隻字不提，這些都是不可取的。

要明白事業若想長久，與顧客的關係並不是一次交易之後就結束了，要想與顧客長期合作，就要向顧客實事求是地介紹產品，用誠信獲得顧客的信賴。因此當你在實際的銷售過程中，要注意以下幾個方面：

一、不要誇大

向顧客介紹產品時，不要把產品的品質、性能等過分誇大其詞，或者隨意說些產品沒有的性能。顧客都不是傻瓜，使用產品時自然能分辨出產品的真實性能。所以當你在介紹產品時，一定不要過分誇大產品的功能，用真誠贏得顧客的信賴。

二、說缺點

成功且長久的銷售立基於要向顧客說實話，必須承認產品既有優點也有不足的地方。在向顧客介紹產品的時候，可以巧妙地主動說出一些產品的小問題。把那些無關緊要的缺點向顧客說清楚，反而能留給顧客值得信賴的印象。如果你沒兌現承諾，失去的不僅是顧客，還有口碑。

三、做出承諾要適度

你所做出的承諾固然可以增強顧客的購買決心，但承諾一定要適度，要想清楚自己做出的承諾能不能履行，不能做到的事決不做承諾。一旦承諾了不但要做到，甚至要超越對方的期望。如果你承諾顧客你的產品有 3 年保固，卻超過了自己的能力範圍，若因此而喪失了顧客的信任，絕對是得不償失。

四、無法兌現承諾時要道歉和補救

一旦發現自己無法兌現對顧客的承諾時，要在第一時間向顧客表示歉意，誠懇地說明具體原因，並在得到顧客的同意後，主動採取替代方案、做出補救，盡可能地化解顧客的不滿情緒，以挽回顧客的心。

線上社群行銷更以信用為要

線上社群行銷講究的是所謂的 3C——社群（Community）、內容（Content），以及商務（Commerce）。Community 社群網絡中接觸大量的潛在顧客，提升將產品資訊傳達出去的可能性；Content 是藉由廣告內容將產品與消費者產生更多的連結，增加對品牌的忠誠度；Commerce 則是使用者順利的進行消費的平台，這個「金三角」完整的呈現了線上社群行銷的風貌。在此之中，「信用」是支撐整個商業模式的橫樑。線上社群網站對許多創業主來說是塊寶地，擁有無限待開發的消費者與商機，但如果你的線上社群行銷手法讓「鄉民」產生不信任感，那麼他們的情緒也會成為網路上的負面評價，對你的口碑造成損傷。

另外，你的 Facebook 的粉絲團經營，不應過度的提供促銷產品資訊，而忽略與消費者建立情感的重要性。若忽略建立情感的重要性，將無法增加使用者對粉絲頁的「黏著度」。簡言之，雖社群網站擁有的「轉換率」較一般傳播媒體來得高，但單靠網站自身的流量，並無法與消費者有較多的溝通，需藉助非商業化的資訊內容，增加粉絲頁的曝光性，才能有效將人氣轉換成消費行為。

做銷售講的就是細水長流，你應該用誠信對待你的顧客，與他建立長久的關係，只有這樣才能贏得認同，生意才會做得長久，顧客也會因為認同你的產品、喜歡你的服務，而樂意為你介紹新的客群。

Tips to Wealth!

這六招，打造你的黃金口碑

$ 不要為了讓顧客盡快做出購買決定而對他們做出你根本無法達到的承諾，這種做法只會讓你失去顧客。

$ 當顧客的要求不能獲得滿足的時候，你要從其他能夠兌現的方面滿足顧客。

$ 如果你想讓顧客明白自己不能滿足他的要求，就可以採取一種「禮尚往來」的策略，主動對顧客提出補償，促使他放下爭議，與你達成共識。

$ 「實事求是」是誠信的最好體現，公司介紹要真實，產品介紹也要實事求是，任何誇大其詞和無中生有的介紹都會造成交易失敗。

$ 在設計產品介紹時不能因為急著想要達到成交的目的，就寫出與事實不符的狀況，例如：過分承諾、過分誇大、隱瞞事實等。

$ 生意要講求誠信，才能細水長流，給客人最好的價錢和最好的服務，這樣顧客才會再度光臨，銷售才會愈來愈多。

放對位置，讓你的商品更具吸引力

Idea 27

在開始這篇之前，先來猜個謎，看看你的市場敏銳度如何？「尿布、啤酒、星期五」，你想到了什麼？

在造就零售業傳奇的 Walmart 賣場裡，消費者發現了一個有趣的現象：尿布與啤酒這兩種風馬牛不相及的商品居然擺在一起。但這一奇怪的行為居然使尿布和啤酒的銷量都大幅增加了。這是為什麼呢？原來，美國的婦女通常在家照顧孩子，所以她們經常會交代丈夫在下班回家的路上幫孩子買尿布，而丈夫在買尿布的同時又會順手買自己愛喝的啤酒，來度過他愜意的週末！在發現這個現象之後，Walmart 就開始在尿布區擺上啤酒飲料架，甚至在啤酒區擺上銷路較差但價格較高的尿布。結果尿布跟啤酒的銷量都大幅成長了三成之多！

$ 只有顧客花錢買了才是王道

這個簡單的故事告訴了我們一個觀念，商品賣不賣，它所處的位置很重要！這關乎消費者的心理因素，也就是行銷學上行銷 4P 的「Place」。首先，我們牛刀小試一下你對的 Place 的概念功力如何：
1. 購物籃要放在入口處以方便顧客拿取？
2. 調味料因為容易受潮，所以要和生鮮產品分開擺？

3. 冷門商品如假牙清潔劑，擺在角落裡的底層就可以？

4. 填寫資料的櫃檯，消費者會停留較久，所以是放置商品資訊的好所在？

5. 展覽會裡最靠近門的攤位，因為消費者一定會經過，所以是最好的設攤點？

　　如果你的答案都是 YES，那麼你該好好讀讀以下的內容了！你必須將你的商品重新安排它在貨架上的位置，保證能增加額外的銷售。因為有時候這只是顧客買這樣東西，只是在收銀機旁結帳時的衝動性購買，例如顧客常在最後一秒鐘將一些口香糖、電池之類的商品放進購物籃中。其實這種額外的銷售是可以發生在店內任何地方，而且這種銷售模式通常都有很高的毛利，它可以讓一家業績平平的商店轉變成獲利，讓一家失敗的商店轉為成功。

$ 配合消費者的心理來擺設

　　商品展示技巧要契合購物心理，這點經濟學者霍爾（Ronald Hall）曾提出「AIDMA」Model 來詮釋商品擺設對消費者購物的內心影響，以下說明運用「AIDMA」Model 商品陳列技巧：

一、 Attention 注意

　　商品的銷售從消費者的眼光第一眼停留在商品那一刻就開始了。色彩豐富的商品在門市裡最能吸引消費者的注意，服飾商品配色技巧可將類似色相陳列會令視覺感到畫面統一協調，對比色相的配色感覺

畫面活潑明快。

二、Interest 興趣

　　透過商品陳列或門市活動文宣引起消費者的興趣，如試用品可讓消費者親身體驗商品的特色、優勢與使用後的好處。展示區除陳列商品可再標註各項銷售訊息，連帶引起消費者興趣，創造出商品的大熱賣。

三、Desire 欲望

　　季節變化期間秀出「季節感」的布置，喚起消費需求，如缺乏季節性的商品可活用商品本身的包裝或包裝的色彩，冬天氣溫低，則第一陳列區商品包裝以暖色系為主，營造出溫暖的氛圍。

四、Memory 記憶

　　讓消費者看到更多商品，從主要通道容易看見、醒目的地方，動線愈少愈能讓消費者看到更多商品。如果商品陳列不在第一陳列區，而在第二陳列區或第三陳列區，可張貼店頭海報說明所在位置。

五、Action 行動

　　利用「推薦標示」提醒消費者選購，把範圍限定在真正想推薦的商品上並予以標示，避免過多的推薦商品使消費者不知要買什麼商品。讓消費者有「再買再賺」的感受，優惠價格的標示卡上面在標上如「結帳金額再打九折」的廣告，誘發消費者採取購買行動。安心的陳列方式引發消費者購買，按商品尺寸與顏色擺放，雜亂無章的陳

列，易引起消費者不安而失去購買意願。

 ## 被高級商品環繞，廉價商品也備感高級

　　「保時捷」是德國著名的高級跑車，許多人都希望能擁有一部，開在馬路上吸引大家欽羨的眼光。不知道讀者是否有發現，現在市場上出現了大批「保時捷牌」的太陽眼鏡和手錶，而且銷路相當好。事實上，保時捷廠商並沒有提供這類商品，只是其他公司借用了其廠牌名稱以提高自己商品形象而已。此舉不但讓該公司獲得大筆利潤，也大大滿足了買不起保時捷跑車的消費者。

　　由此可見，低價位的東西放在高級價位商品中間，勢必顯得高級，同樣的道理，若將高級品放在低級品中間，其價值必然大打折扣。人，是很固執的動物，當他認定某一種觀念為正確時，便很難再改變。所以如果有一家向來以賣廉價品出名的公司，一旦想回頭走高級路線，但因人們對其廉價的印象早已根深蒂固，這條路必然走得特別艱苦。

 ## 商品陳列高低有學問

　　商品陳列高低不同，會有不同的銷售額。依陳列的高度可將貨架分為三段，第一段為手最容易拿到的高度，男性為 70 ～ 160 公分，女性則略低 10 公分，有人稱這個高度為「黃金位置」，一般用於陳

列主力商品或有意推廣的商品。

　　第二段為手可以拿到的高度，約為上述高度向上或向下 20 公分，一般用於陳列次主力商品。最後，顧客曲膝彎腰才能拿到的高度或 180 公分以上的區域，多用於陳列低毛利、補充性的商品。根據實踐經驗證明：在平視及身手可及的高度，商品售出機率約為 50％；在頭上及腰間高度，售出概率為 30％；高或低于視線之外，售出可能性僅為 15％。從以上的規律性可以看出在平視和手容易拿得到的地方的銷售機率會最大，其他次之。這就要求我們要把最好、最吸引人的主力商品擺放在這個位置。

購物籃該放在哪？

　　如果你開了一家商店，你會在哪放置購物籃呢？許多零售商似乎這麼想，認為消費者在進入店裡時會想：「我今天計劃買四本書、一盒迴紋針和一本雜誌，所以我得先拿一個籃子來裝我要買的東西。」但事實上並非如此，絕大多數的情況是這樣，一名消費者走入書店時，只是想買一本他想要的書，然後找到這本書，但眼神又看到另一本書似乎比較有趣。而當買書人碰巧發現第二本值得珍藏的書時，他就會希望有個籃子，好讓他輕鬆些。如果那時籃子出現在他的視力範圍，而且可以很容易拿到，他就會拿一個來裝他挑中的那兩本書。然後，也許他會繼續買第三、第四本書，甚至多買了一些文具！所以，從這個案例我們可以知道，店內四周的各個角落都應該放置購物籃。甚至美國研究指出，單單只是把籃子從店的入口處移到後面去，就可

立即提高銷售額，因為大多數消費者都是隨意逛了幾圈後，才開始認真考慮購買他要的東西！

 ## 小小細節也要注意

商品陳列扮演著一個重要的角色，理想的商品擺置可以引發消費者欲望並停下腳步，甚至能提升商品價值展現特色，將品牌的形象傳遞給消費者，使消費者在短時間內就能吸收店家所欲傳達的訊息：諸如門市的品味、主推商品內容或促銷主題，讓消費者在短時間掌握商品重點，快樂且輕鬆的選購。因此門市陳列基本原則應考慮：

一、安全與整潔是第一要務

商品於陳列架上應注意穩定性，為了使商品不隨意掉落，可使用壓克力架等陳列，並隨時保持衛生清潔讓消費者感覺舒適乾淨。另外，為了陳列區的清潔，不應將商品直接陳列到地板上，如此易有灰塵沾染，影響商品的賣相，而門市內也應定期進行清潔打掃。

二、要提高商品的能見度

為使商品容易觀看，商品的分類可使消費者清楚觀看到商品擺放位置及選購，依不同系列商品分區陳列，縮短選擇商品時間。季節性強的商品放在同一陳列區；特賣或促銷商品可集中放置同一區，如特價區、花車……。關聯性商品陳列讓商品集中在一起進行銷售，如慢跑裝、慢跑鞋、計步器、碼表等放置同一陳列區，讓消費者更容易連

結情境與商品，加強他們的購買欲望。

三、拿不到的東西賣不掉

　　消費者在購買商品的時候，會先拿取商品確認品質，再決定是否購買。消費者也會將手中所拿的商品放回原來的陳列區，如所陳列商品不易拿取、不易放回，則將減少商品銷售出去的機會。

商品擺置檢查 DIY

$ 商品是否有灰塵？

$ 標籤是否貼在規定位置？

$ 標籤及價格卡的售價是否一致？

$ 商品是否容易拿、容易放回原位？

$ 棚架是否間隔適中？

$ 商品分類別標示板是否正確？

$ 是否遵守「先進先出」的原則？

$ 商品是否做好前進陳列？

$ 商品是否快過期？或有損毀、異味等不適販賣的狀態？

Idea 28 搞懂顧客心理，讓你產品銷售嚇嚇叫

如果人是純粹理性的動物，那麼應該只會買他「需要」的產品或服務，但在消費的世界裡，絕不是這麼簡單。如果人的消費行為這麼單純，那麼可口可樂應該早就倒閉了，因為全世界只有水賣的出去。但事實上，可口可樂卻成為了世界第一大品牌，重點就在於是否搞懂消費者的心理，將你的產品變成他「想要」的東西。

$ 能夠解除自卑的商品，雖千萬元吾往矣！

歷年來，男性假髮雖然從未暢銷過，卻也仍然銷路不斷。頭髮稀疏的問題確實會令人自卑，使人感覺人生的冬天不遠矣，更不用說近年來愈來愈多的少年禿！許多年近半百的中年人對於頭髮會隨年齡增長而愈來愈稀疏的自然老化現象仍是無法釋懷，就像女人怕生皺紋一樣，總是費盡心思地想辦法補救。於是男性假髮、生髮液應運而生，一躍而為禿頭男性的寵兒。

每一個人或多或少都有特別自卑的地方，此時若有任何東西能幫忙解除自卑感，不論花多少錢人們都樂意，而且一般說來，自卑感愈重的人錢花得愈兇。

自卑感是一種很主觀的東西，所以物件自然有個別差異，例如有

人會把錢花於裝潢上、有人把錢花在打扮上、有人會把錢花在保養、減肥上等等，每個人想補救的物件皆不相同。但不論哪一種方式，只要效果不錯，人們都會覺得錢花得很值得！

你的商品想大賣，不論設計或行銷，都應針對這種人性弱點來運作。舉例來說，酒吧和夜總會一類的特種營業就是此類產物。如果你曾經涉足這種場所，必定會發現一種現象，那就是愈是其貌不揚的人，出手愈是大方，老闆招呼的愈起勁，小姐們也愈是爭相巴結。相信不用多說，各位也了解原因所在。

我有一個朋友，開了一家專門賣「L」號的服飾店，他就故意將「超特大號」商品懸掛在屋外，希望讓每個上門的顧客看到它便感安慰：「還好我沒有那麼胖！」然後心下一快，就多買幾套衣服回去。總之，人們常為解決自卑的問題而消費，總會有人不在乎價錢而購買，所以這是所有行銷手法上最快速的捷徑！

$ 用幾件超低價商品來帶動促銷整家店

日本有一位「創意藥房」的老闆，他曾將一瓶二百元的補藥，以幾十元的超低價出售。當時，他在推出這項政策時，每天都有大批人潮湧進他的店中，把幾十元的補藥搶購一空。令人疑惑的是，這種二百元的東西用幾十元賣出的賠本生意，銷售量愈多，豈不是赤字愈大？然而結果卻顯示，整個企業的業績不但沒出現赤字，反而節節上升，這是什麼道理？其實理由很簡單，沒有人來店裡只買一種藥，而其他藥的利潤不僅彌補了赤字部分，同時還獲得極高的利潤。

這位老闆可說成功地利用了消費者「貪」的心理，要知道人的欲望是無止境的，當他看到某商店的招牌商品如此便宜時，應會聯想到「其他商品也一定便宜」，造成盲目的購買行動。而目前這種「損益經營」在各超級市場或百貨公司都十分常見，顧客不再那麼容易上當，但這種超低價商品使周圍商品製造便宜假像的價值不可輕視。例如許多滯銷商品，百貨公司常會用類似的半買半送手段吸引顧客上門，讓他們「順便」帶幾樣其他的商品回去。

$ 贈品比折扣來得實在

近年來，西服業流行著一種「多買一條，再送一條」的銷售策略。雖然，實際上一套西裝不需要三條西裝褲來搭配，但能讓消費者感到獲得免費贈送一條的額外「收入」，帶給人們購物後的滿足感。

其實這種銷售方法自古即有，至今仍歷久彌新，原因即在於人們覺得贈送商品比打折更具吸引力。一件商品打折再打折，雖然能確實傳達其特別便宜的事實，但在消費者心裡遠不比贈品來得實在。舉例來說，若有一件二百元的商品，以八折價一百六十元出售時，買的人不僅無法明顯感到折扣四十元的好處，甚至有人不曾感到打過折扣。相對地，同樣的商品仍以二百元出售，但附贈價值四十元的商品，顧客雖然付了二百元，但卻能明顯地感覺到買了二百四十元的商品，此時心理上所獲得的滿足絕非單純的折扣價所能比擬。這種銷售策略能成功地營造出顧客「憑空獲得」的假像，使他們不但不感覺到吃虧，反而認為自己占到很大的便宜。

限量優惠，讓消費者以為占便宜

　　人們出國旅行時，最興奮的是逛街買東西，最煩惱的也是逛街買東西。因為人一到國外，看什麼都很新鮮，凡是自己國家沒有的東西都想買回去，即使平時沒有用的東西，也會買上一堆，心裡想「不乘這個機會買，下次不知道要等什麼時候」。這就是購買條件受到限制下產生的某種心態；換句話說，要買到數量多的東西，除非極有需要，否則激不起一絲購買意願。人們到了國外就要大肆採購一番，便是基於「只有在這裡才能買得到」的心態。

　　超級市場打折時，常設定時間限制，用擴音器告訴顧客，「本公司從 × 點到 × 點有限時採購活動，凡購買超過二百元者，就送 ×××，請把握機會，多買多送！」以此誘導顧客產生「這段時間不買就是吃虧」的錯覺。

　　反過來想，如果一家商店一年四季都在打折，顧客絕不會上門，道理很簡單，因為顧客沒辦法從該店折扣價中獲得「占便宜」的滿足感！由前可知，人們在感到購買條件受限，諸如「只有這麼多」、「只有現在」，其價值判斷與金錢觀和平時大不相同。所以如果你希望你的商品能熱賣，限時、限量、限價是最佳的手段！

 創造「一窩蜂」效應

　　在國外曾經發生過這樣一件事：有一輛載滿蘋果的卡車停在路

邊，司機下來辦事，一卡車的蘋果居然全被人拿光！先姑且不論人們這種行為的對錯，就心理學來說，這種眾多民眾的集體行為就是基於一種「一窩蜂」的心理所造成的——本來可能只是二、三個人上前去拿，結果造成其他人以為蘋果是「不要錢的」而通通跑過來搶。人性就是如此，他們這樣爭先恐後搶蘋果的動機純粹基於「別人有拿，我也要！」的心理。

這種情形在需要付錢的情況也是一樣的，百貨公司內的拍賣現場就是明顯的例子。雖然他們拍賣的商品本身並無特殊之處，但如果有人圍在旁邊看，其餘的人不僅想湊近一瞧究竟，購買衝動也會隨著好奇而逐漸增加。這就是人們看到許多人從事同一行為時，自己也想採取同一行為的心理，在心理學上稱為「從眾心理」。

「從眾心理」常易使人大把大把地花錢而不知節制。「大家都在買，一定不差」或「此時不買，更待何時」的心理會帶領人們從事搶購的行為。人們對滯銷商品皆不感興趣，他們喜歡以受歡迎的程度確認商品的好壞。舉例來說，路邊做生意的攤子喜歡找人捧場，在旁圍觀，以吸引別的顧客上門，就是這種心理運用的最佳例證。

$ 顧客一旦心生歉意就會掏錢買心安

對許多消費者而言，進入商店如果不買東西，他們就會產生心理負擔，覺得自己對不起人家。尤其是為了某種商品進入商店，最後卻因找不到而空手出來時，更是感到內心像做錯事般無比的愧疚。

其實很多顧客會感到進入一家商店後，如果只是看一看而沒有購

買，是很難為情的事。這種不願意「白看」的心理常誘使人們胡亂買下一些不必要的東西——譬如逛文具店，就買一些原子筆或信紙；逛服飾店便帶回一些手帕、頭巾；到運動器材行則買下一些護腕、鞋帶等小東西……類似的現象非常普遍，都只是為了想消除自己內在的歉疚而已。

由於對人們這種心態的了解，在日本東京有一家高級禮品店特將店內所賣幾十元左右的小東西陳放門外兩側，讓路過的人把玩，並吸引他們放棄戒心，進入店裡參觀其他的商品，結果收效頗佳。

此外，推銷業也常流行一句口頭禪——「雨天、颱風天才是我們的好日子。」指的就是他們特別喜歡挑這種日子前往客戶處拜訪，因為本來無意購買的人，一旦看到他們這種甘冒風吹雨打、向生活挑戰的堅毅精神，就會產生不買下他們的產品無以為報的感覺。聽說，推銷員們利用這種方法成交了不少生意。

💲 店員的生意辭令很重要

不知道你是否曾經有過原本只想吃一樣菜但結果卻點了好幾樣菜的經驗？筆者就曾有過這種經驗，我曾和朋友到牛排館吃牛排，碰到了為顧客點菜非常有技巧的服務生。

剛開始，我們向他點了二客牛排，他愉快地答應一聲後，溫和地問道：「二位客人要什麼樣的牛肉？像這種牛肉（手指著最貴的一種）十分鮮嫩多汁，咬下去滿嘴肉香，十分可口。二位要不要試試看？」

由於我們實在說不出口「還是吃便宜一點的好」這種話，更何況

也不知道哪種便宜，於是我們點了他手指著的那一種。但接著他又問了：「二位要什麼湯？本店特製的招牌濃湯相當入味，配牛排吃恰到好處，要不要叫一客來試試？」於是我們又叫了湯。接著他又說：「要沙拉嗎？吃牛排不吃沙拉總覺得少點滿足感？」於是，我們又點了沙拉……

對於原本不想要的東西、經人遊說後所以能接受，原因只有一個，就是人們缺乏說「不！」的勇氣。大凡人們都害怕因為說「不」而被人認為小氣或使對方感到不快，由於有這層不安，所以人們寧可多花冤枉錢讓自己的精神得到解放。若男性消費者的同伴為女性時，除了缺乏勇氣之外，更會為了維持自己的紳士風度而無法拒絕。

要他掏錢？就要滿足他的美夢

美國俄亥俄州的戰略地平線顧問公司的共同創辦人約瑟夫・派因與詹姆斯・吉爾摩在美國《哈佛商業評論》中指出：體驗式經濟（Experience Economy）時代已來臨。在體驗時代，消費者不再滿足於企業提供的產品，而是希望在產品中融入更多的自己的夢想。於是企業開始追上這個趨勢，就連樂團「五月天」的夢想行銷也讓年輕人體驗到一種實踐夢想的快樂，是體驗行銷的一次成功嘗試！

有一項研究指出，家庭主婦最喜歡的家事是烹飪，但最討厭做的事卻是事後洗碗收桌子。當然啦，吃完飯後，本應該安安穩穩地坐在沙發上看電視，與家人閒話家常，以享天倫之樂。此時任誰被叫去洗碗碟，心裡都會產生不悅。所以近年來發展出來的調理食品（回去只

要加熱就可食用），頗有愈來愈普遍的現象。

　　既然家庭主婦不喜歡洗碗，那麼能幫助她們減少這種麻煩的自動洗碗機應該銷路不錯囉？但事實卻又不盡然，原因何在呢？

　　曾經有一家廠商想推出一台功能齊全的自動洗碗機，但不知道婦女們的意向如何，因此就針對家庭主婦做了一次問卷調查。題目是：如果要在微波爐與自動洗碗機間做選擇，你會買哪一種？依照廠商原本的看法，微波爐對於設時間烹飪的人來說的確很方便，但對於非職業婦女的家庭主婦來說卻沒有必要，因此選擇自動洗碗機的人應該比較多才對。然而結果卻是家庭主婦們大部分選擇了微波爐，使得那家廠商取消了此這項商品的推出計畫。

　　為什麼呢？自動洗碗機固然很實用，能替家庭主婦減少不便，讓她們有較多休息的時間，但它無法為人製造美夢。所以很遺憾地，它在這場比賽中被淘汰了！而微波爐相較於洗碗機，較能滿足主婦們對烹飪時的幻想。它可以說是一種夢想的實現，魅力之大無與倫比。

　　人們這種對美夢的強烈需求也發生在許多其他事物上。譬如，許多年輕人可以忍受住在生活條件極差的公寓裡，但不能不買汽車。究其原因就是因為買了車既可以滿足美夢成真的樂趣，而生活條件則可以為了滿足這個美夢暫時忍一會兒。

　　要了解消費者的夢想是什麼，就必須經常與其溝通。當我們與消費者溝通愈多，產品添加入愈多消費者的成分，產品就不再僅是單方面的製作，而是企業與消費者共同創造的。在產品中，不僅有企業的汗水，也融入了消費者的情感！如此一來，銷售額一定大躍進，畢竟，誰會拒絕自己的夢想呢？

Have Your Thought !

🖊 你的商品有什麼特質？

....

....

....

....

🖊 你的商品能滿足顧客哪一方面的夢想？

....

....

....

....

🖊 寫下兩句你獨特招呼客人的辭令。

....

....

....

人要衣裝、佛要金裝,商品要包裝!

想在五花八門的商品中脫穎而出嗎?把你的產品重新「sedo」一下吧!好的商品包裝不但可以增加銷售量,還可以強化品牌的質感。著名的「杜邦定律」指出,大約 63％的消費者是根據商品的包裝和裝潢進行購買決策的。正是因為這樣,現在的市場經濟被稱為「眼球經濟」,只有吸引到消費者的注意,品牌才能被消費者接受,包裝已經決定著消費者購買與否的消費行為。其實我們每天都生活在包裝設計的氛圍之中而不自知,舉凡:柴、米、油、鹽、醬、醋、茶、食、衣、住、行,無處不是包裝、無處不需要包裝,只要有充分的理由,就是廉價品也能成為值得購買的商品!畢竟現在的選擇太多樣化、消費者也變得更精打細算。要在貨架上利用包裝吸引消費者目光,且利用包裝來讓消費者產生品牌聯想,讓他覺得「啊,這個牌子的產品雖然貴了點,但是品質好、有保障,而且還有附加價值」,才能夠在貨架的競爭中脫穎而出。所以我們應該藉由更多、更優質的包裝,讓消費者眼睛一亮,進而買單。

 ## 包裝對於人們的購買決定有重大影響力

根據 Forrester Research 和麥肯錫兩家公司的最新研究報告指出,

現在的消費者往往會在「到賣場要購買的那一刻」才決定要購買哪一家的產品。因此，產品包裝將是影響消費者最後決策的一項重要因素。在包裝上放上明確的「訊息」，這訊息包含品牌、品牌內涵在內，可以一下子就吸引住消費者的目光，同時回想起該品牌的特殊之處，將有助於消費者購買。根據研究顯示，通常消費者眼光掃過一排貨架的平均時間少於 18 秒，要在這短短時間之內利用包裝來吸引消費者目光，並且和消費者在那一瞬間溝通，將會決定消費者的購買意願。同樣一種商品，裝在超級市場附贈的塑膠袋中，與使用高級包裝紙包紮後，所帶給人的感覺可謂截然不同，後者無論是品質或價格方面看來都將比較高級。《韓非子・外儲說左上》記載著一則「買櫝還珠」的故事：一個鄭國人從楚國商人那裡買到一只有外飾漂亮木盒的珍珠，竟然將盒子留下，而將珍珠還給了楚國商人。從某種意義上來講，正是「精櫝配美珠」神奇的包裝效果招徠顧客，成功的引起消費者關注，並使顧客有了購買的衝動，假如這個珍珠被用平凡無奇的盒子包裝，珍珠再珍貴，相信也乏人問津。

對於某些商品如醫藥、化妝品等成本與售價差距甚大者，更特別需要包裝效果。事實上這類商品的價格若定得太低，反而會讓人懷疑它的品質，以致影響其銷路。因此業者常在包裝上費盡心思，希望能出奇制勝地捉住顧客的心，讓他們心甘情願地付錢。

就拿女用化妝品來說，除了有高級容器裝盛之外，凡品牌、商標、企業形象、生產地點等，皆為其所謂的包裝形象。

曾經一度風靡日本全國的「高級速食」，便是以包裝取勝。其實許多人吃過之後，都覺得沒什麼特別之處，頂多是調味上稍稍有變化

罷了。可是在包裝方面它卻花了比別人更多的心思，人們看到它的包裝，就會產生買回家的欲望。

當然，這種包裝戰略能出奇制勝，卻也帶來不少負作用。根據某調查顯示，人們看到包裝精美的東西時，直覺反應是「這個東西一定是中看不中用」，認為它花在包裝上的費用太高的人也不少，通常人們心理都會排斥這種東西。但是，如果把包裝很差和包裝很好的相同產品同時展示在人們眼前，並讓他們定其價格時，大家都會替後者定較高的價錢，所以人的理性能告訴自己不可相信包裝，可是一旦加上了包裝效果，感性還是超越了理性替他們做決定。

包裝設計對消費者心理的影響

一、引起人們的注意

「注意」是心理認識活動過程的一種特徵，是人對所認知事物的指向和集中。人們無論在知覺、記憶或思維時都會表現出注意的特徵。心理學研究分析，一件包裝設計要想使消費者注意並能理解、領會並形成鞏固的記憶，是和作用於人的五官所連結的。包裝中的文字、色彩、圖形以及聲音等各條件必須要能共同刺激消費者。商品包裝的文、圖、色及造型，對消費者來說都是一種視覺元素，而這些元素必須具備一定的個性特徵，才可能引起消費者的注意。

二、誘發情感與聯想

對包裝做到「醒目」並不太困難，但要做到與眾不同，又能體現

出商品文化內涵，則是設計過程中最為關鍵的。在商品包裝設計的諸多元素中，色彩的視覺衝擊力最強。商品包裝所使用的色彩，會使消費者產生聯想，誘發各種情感，使購買心理發生變化。另外，商品的包裝還要考慮與商品的市場定位、等級、價值、成本相匹配。消費者普遍認為包裝的好壞反映了產品的品質與形象，但也要注意避免過度包裝，以免消費者產生華而不實、上當受騙的感覺。

三、讓消費者「過目不忘」

記憶是人對過去經歷過的事物的重現，是心理認識過程的重要環節。商品包裝設計要想讓消費者牢記，就必須體現商品鮮明的個性特質，擁有簡潔明瞭的文字、圖像，同時還要反映商品文化特色和現代消費時尚。

包裝設計對消費者「三感」影響

一、滿足消費者的務實感

包裝的設計必須能夠滿足消費者的核心需求，也就是必須有實在的價值。雖然對於同品質的商品，包裝較精美的比起包裝較普通的更能引起消費者的購買欲望。但若過度強調包裝的作用，以致包裝超過品質的商品，對長遠的商品銷售是絕對不利的。另外特別需要注意的是，在所有年齡的文化群體中，年長者最講求質樸、實在。但現在五花八門的健康滋補品卻普遍是「形式大於內容」的過度包裝。這些產品即使能夠吸引到因禮品需求而購買的族群，卻也難以贏得消費者的

忠誠，缺乏長遠發展的動力。

二、消費者的信任感更重要

在產品上突顯你的品牌、商標，有助於減輕購買者對產品品質的懷疑心理。特別是有一定知名度的企業，這樣做對產品和企業的宣傳有一舉兩得之效。美國百威公司的「銀冰啤酒」包裝上有一個企鵝和廠牌圖案組成的品質標誌，只有當啤酒冷藏溫度最適宜的時候，活潑的小企鵝才會顯示出來，向消費者保證是貨真價實，風味最佳，以滿足他們的求信心理。

三、沒有美感無法吸引目光

商品的包裝設計是裝飾藝術的結晶。精美的包裝能激起消費者高層次的社會性需求，深具藝術魅力的包裝，對購買者而言是一種美的享受，是促使潛在消費者變為長久型、習慣型消費者的驅動力。大凡是世界名酒，其包裝都十分考究。從瓶到盒都煥發著藝術的光彩——這是一種優雅且成功的包裝促銷。

Have Your Thought !

🖊 什麼樣外觀的產品能勾起你的消費欲望？

....
....
....

🖊 如果改變你的產品外觀，你覺得從哪方面下手最容易？

....
....
....

🖊 可以跟你合作的包裝廠商（或友人）有哪些？

....
....
....

將你的商品、服務差異化

有個故事是這麼說的，從前有個乞丐，每天在廣場靠乞討為生，生活始終無法溫飽，有一天他聽說附近有一家專業行銷顧問公司，於是他就跑去拜訪那家行銷顧問公司的老闆，希望老闆能給他一些好的策略。

老闆問：「請問你真的想增加收入十倍以上嗎？」

乞丐說：「是的！我真的想要！」

老闆再問「請問你姓什麼？」

乞丐答道：「我姓李。」

「首先，你要有自己的品牌，所以從現在起，你就叫『叫化李』。然而有了自己的品牌後這還不夠，你的乞討方式與競爭者要區別開來，你必須『差異化經營』。讓別人覺得你有個性、有特色和與眾不同。」

「所以在你乞討時要放一個立牌，上面寫著：『只收五塊錢』以後不管什麼人給你多少，你只許收人家五塊錢。想做大生意，不要奢望把所有的人都變成你的顧客。記住了，我們只為一部分的人服務，要找到我們的目標客群。如果有人給你的是一塊錢，這時你要對人家說：『謝謝！我這裡只收五塊錢，一塊錢請拿回去。』如果有人給你十塊錢，你要對人家說：『謝謝！我這裡只收五塊錢，找你五塊錢。』

懂了嗎？」

叫化李有點不明白：「啊？！照你這個策略，人家給一塊，我不收，人家給超過五塊錢，我還不要，那我不是大失血了嗎？不行不行。」

行銷老闆又強調了一次：「叫化李，你聽我說，你想在乞討業有所突破，就必須按照我的話去做。」

抱著半信半疑的心情，隔天叫化李還是聽話照做了。放了立牌，上面寫著：「我只收五塊錢。」過了不久，有人丟了一百塊錢，叫化李心裡很掙扎地跟路人說：「謝謝！我這裡只收五塊錢，所以找給你九十五塊錢。」結果那個路人回到公司就和所有同事說：「我今天遇到了一個很特別的乞丐，不！他是個瘋子，我給他一百塊錢，他竟說他只收五塊錢，還找我九十五塊錢。我這輩子還真是第一次遇到被乞丐找錢這回事！」於是隔天，很多同事都跑去叫化李那邊瞧，看是不是真的只收五塊錢。很快地，叫化李只收五塊錢的事情就傳開了。

後來記者知道了這件事，也紛紛跑來試探他，果真只收五塊錢，於是記者還採訪他，叫化李也因此上了電視新聞，叫化李的名氣和人氣從此水漲船高，當然收入變得比以前好了十倍以上。

半年後的某一天，行銷顧問公司的老闆決定看看叫化李的績效表現，來到廣場看到現場人潮洶湧，這位行銷顧問公司的老闆好不容易擠進去一看。

「你說叫化李呀！他是我們的老闆，他在對面，現在這裡由我來負責。」

原來叫化李已經開始開放加盟連鎖了呀！

賺錢，就是這麼一回事，從「品牌」的差異化到「乞討方式」，
不！應該說「服務方式」的差異化，讓原本默默無名的乞丐起死回生，
甚至建立加盟連鎖系統，真令人拍案叫絕！

$ 差異化讓東芝電器起死回生

世界上生產的第一台電風扇是黑色的。電風扇剛問世初期著重在
實用，並不講究造型及色彩，一律是黑色鐵製的，之後竟也就形成了
一種慣例。每家公司生產的電風扇都是黑色的，似乎不是黑色，就不
能被稱為電風扇。長久以來，人們的認知中也就形成電風扇是黑色的
這個概念。

1952 年，日本東芝電器公司囤積了大量的電風扇，始終銷售不出
去。公司七萬多名員工為了打開銷路，想盡了辦法，可惜進展不大，
全公司陷入一片愁雲慘霧中。最後公司的董事長石阪先生宣布：「誰
能讓公司走出困境、打開銷路，就把公司百分之十的股份給他。」

這時，一個最基層的小員工向石阪先生提出，為什麼我們的電風
扇不能是別的顏色呢？石阪先生非常重視這個建議，特別為此召開了
董事會。大家都說這個建議很荒謬，如果換成了其他的顏色，那麼還
有人認為這是電風扇嗎？後來，石阪先生想不如就姑且一試，死馬當
活馬醫。經過一番認真討論與研究之後，第二年夏天，東芝公司就推
出了一系列的彩色電風扇。而這批電風扇一推出就在市場上掀起一陣
搶購熱潮，幾個月之內賣出了好幾萬台。結果彩色電風扇銷售奇佳，
扭轉了東芝的命運。

從此以後，世界上任何一個地方，電風扇都不再是一副黑色面孔了。小小的一個改變，使東芝公司大量庫存滯銷的黑色電風扇，一下子就成了搶手貨，企業也擺脫了困境，營收更是倍增成長。

$ 行銷手法也需要差異化

美國紐約有一家油漆店，生意做得並不理想。油漆商特利斯克為了吸引顧客購買油漆，左思右想，終於想出了一個主意。

首先，他到城市中進行市場調查，確定了一批有可能成為油漆店顧客的人，然後他將油漆刷子的木柄寄給其中的五百人，並附上一封商店的商品 DM，熱情洋溢地告訴他們，可憑此函來店免費領取刷子的另一半——刷毛頭。

結果呢？只有一百多人前來。其中大部分的人除了兌換刷毛頭外，也買了油漆，但並沒有達到引來大批人潮的原始理想。效果雖然不甚理想，但畢竟有一點成績。

「那怎樣才能吸引更多的客人前來消費呢？」特利斯克心想。

將油漆刷子的木柄扔掉，其實對很多人來說並不會覺可惜，對顧客的吸引力也不大，要顧客為此專門跑一趟，他們未必會認為值得。但如果是一把完整的刷子，大部分的人就不一定會捨得扔掉了。而且如果想買油漆的話，當然會想到贈刷子的油漆店。如果我再將油漆稍微降價，來購買的人肯定會比往日多。於是他改變銷售策略。

特利斯克給一千多個潛在客戶郵寄了油漆刷子，同時附上一封「朋友，您難道不想重新粉刷您的房子，讓貴宅換上新裝嗎？讓自己

有換新屋的感覺嗎？為此，本店特地贈送您一把油漆專用刷。並且，從今天起三個月內，為本店的特別優惠期。凡是拿著這封信前來本店消費的顧客，油漆一律八折優待。請大家一定要把握這次的良機！」

過沒不久，就有七百多人前來光顧並購買了油漆，他們也都成了特利斯克的老主顧。於是隨著愈來愈多人的光顧，油漆店的生意日益興盛，油漆商特利斯克也由此致富，成為遠近馳名的油漆經銷商。

$ 差異化，讓你的商品、服務「不一樣」

唯有讓你的產品與其他競爭者的產品產生差異化的效果，才能讓人有耳目一新的感覺，進而提高消費者心理占有率（Share of mind），引發消費者購買行動的動力，避免落入同質性過高所造成的削價競爭紅海當中。

差異化可從產品、形象、功能、服務、人員等方向著手，製造獨特性和銷售力。定位是指企業為產品、品牌、公司在目標市場上發展獨特銷售主張。公司在發展獨特銷售主張時，最重要的是必須具有獨特性及銷售性。定位良好的獨特銷售主張須能以簡易的方法和消費者溝通，以顧客的利益為優先考慮，而不是以產品本身為首要標的。換言之，公司必須具體塑造所期望的定位或獨特銷售主張，才能在面對顧客的選擇時脫穎而出，讓產品在消費者心中占一席之地引發消費者購買行動的動力。

一、概念差異化

　　獨特的產品概念可以創造獨樹一格的差異化效果，讓人有耳目一新的感覺，從競爭的角度而言，可有效避開競爭者干擾，突顯差異性。舉例來說，在汽水的市場當中，七喜汽水是一種透明的清涼飲料，就是為了和可口可樂、百事可樂競爭廣大的清涼飲料市場，巧妙塑造「非可樂」的產品定位，此一概念的改變，具有差異化的效果。而清潔劑生產廠商將合成清潔劑賦予非肥皂、皂粉、洗衣粉等新定位，有異曲同工之效。

二、形象差異化

　　這個方法是要讓消費者感受到公司的形象比競爭者更勝一籌。重點在於強調及傳達獨特的產品形象，不一定是強調產品的功能。形象雖然有抽象及摸不著邊際的感覺，但是用來做為產品定位的要素，除了具有加分效果之外，更重要的是不容易被競爭者模仿。聯邦快遞標榜「使命必達」為服務做了定位；Lexus 汽車傳達「追求完美，近乎苛求」的品質定位；萬寶龍的鋼筆塑造出「The art of writing」的絕佳定位。這些都是在產品形象上尋求差異化定位的案例。

三、功能差異化

　　利用產品的重要內涵、屬性、功能、用途等特徵，塑造與競爭者有明顯的正面差異，是產品差異化定位的有效途徑，也是消費者最容易感受產品差異化的方法。產品屬性包括產品多樣性、品質、設計、特徵、規格、保證等專案，都是廠商用來突顯產品差異化的要素。

保力達強調「漢藥底，固根本」，維士比標榜「採用人參、當歸、川芎等高貴藥材製造」，分別在勞動階層市場塑造「明天的氣力」及「健康，福氣啦」簡單明瞭的產品定位。而今天人們使用的手機不只是單純撥接，而是兼具傳簡訊、收發電子郵件、看電子新聞、照相、遠端遙控等功能，所以 LG 講「Life's Good」為產品找到定位。

四、服務差異化

紅花須有綠葉陪襯才足以凸顯，服務差異化是呈現產品附加價值的一種方法，許多廠商感受到產品同質性愈來愈高，紛紛轉向服務差異化。以台灣的披薩市場來說，達美樂披薩率先提供外送服務，「達美樂，打了沒」的差異化服務給人留下深刻印象。麥當勞也看准外送市場魅力，也開始搶攻此一市場。全國電子標榜一天之內到府安裝，支撐「足感心ㄟ」的形象。

五、人員差異化

事在人為，產品差異化就是人員差異化的結果。員工經過嚴謹訓練，不斷充實新知及實踐服務理念，可以培養出比競爭者更優秀的服務人員。金融業、保險業、資訊業、航空業、百貨公司、直效行銷業者，都在人力資源發展上投入可觀資源。

要使員工做到一致性的差異化相當不容易，這需透過企業文化的薰陶與理念的實踐，領先做到一致性差異化境界的公司，通常給人留下深刻的印象及讚賞。為了使旗下的員工能與其他同業有所區隔，王品集團每年耗資百萬，舉辦了 17 年的魔鬼訓練營，或許這正是王品一年營收突破百億背後不為人知的關鍵祕密。

Have Your Thought !

你的行業類別屬於哪一種？產品或服務有什麼與眾不同之處？

....

....

....

....

若要跟同領域做出差異化，你想從人事還是產品著手？

....

....

....

....

你的銷售手法是否一成不變呢？想想至少兩個與之前不同的行銷方式吧！

....

....

....

顧客買不買，價格很重要

傳統上，商品的行銷有四大要素（即行銷 4P），英國首席行為經濟學家與訂價大師李‧考德威爾（Leigh Caldwell）只用了一種，就替他的每個企業客戶平均增加20％毛利！那個要素就是：價格（Price）。

任何企業都需要給它生產的產品、提供的服務制定適當的價格，因為價格是影響市場需求和購買行為的主要決定因素。對許多公司來說，檢視成本結構就算是決定訂價策略。但這只是訂價策略的一個小環節，因為顧客怎麼想，比算成本重要，所以定價絕對不是「成本＋利潤」，而是一門「心理學」！若企業制定適當的價格，就能擴大銷售，提高市場占有率，增加獲利。

$ 價格與需求的關係

要了解價格如何影響銷售，必須先弄清價格與消費者需求之間的關係。在正常情況下，市場需求與價格成反比。價格提高，市場需求就會減少；價格降低，市場需求就會增加。但是也有例外情況，如炫耀性的消費品：這類的產品顯示消費者身分地位，所以賣的愈貴反而愈多人搶。例如名牌服飾提高價格後，其銷售量卻有可能增加。 當然，如果價格提得太高，其需求和銷售必定也會減少。

　　正因為價格會影響市場需求，所以企業所制定的價格高低會影響產品的銷售，並影響企業行銷目標的達成率。因此，企業在定價時必須知道需求的「價格彈性」，即了解市場需求對價格變動的反應。

一、替代品多寡

　　替代品愈多的商品，當其價格上漲，消費者可以選擇其他商品來取代購買這樣商品，而造成對這項商品需求量大量減少，因此此商品需求價格彈性大。反之亦然，一項商品的替代品愈少，當價格上漲，消費者可以選擇的替代品愈少，因此這項商品的需求量減少有限，因此此商品的需求價格彈性小。

二、消費占所得的比例

　　消費者對某一項特定商品的消費支出占所得比例愈大，當這項商品價格上漲，此商品需求量必定減少較多，因此此商品的需求價格彈性大。反過來說，某一商品占消費者所得支出比例小，當商品價格上漲時，這項商品減少幅度有限，因此此商品的需求價格彈性小。

三、商品本身的性質

　　對消費者而言屬於必需品的商品，當其價格變動後，消費者對其需求量的變動有限，因此必需品的需求價格彈性小。反而言之，當奢侈品價格變動後，消費者對其需求量則有顯著的改變，因此奢侈品的需求價格彈性大。

四、原本價位的高低

當一項商品價位愈高，價格變動後，消費者需求量會有巨大的變動，因此此商品的需求價格彈性大。反之，價位低的商品價格變動後，因消費者對其需求量的改變不明顯，因此此商品的需求價格彈性小。

 競爭者的價格與產品

從長期的觀點來看，產品的最終價格取決於該產品的市場需求，最低價格取決於該產品的變動成本。在這種最高價格和最低價格的幅度內，企業能把這種產品價格定多高，則取決於競爭者同種產品的價格水準。企業必須採取適當方式，了解競爭者所提供的產品品質和價格（如本書第 25 招所介紹的方法），透過與競爭產品的相互比較，然後更準確地制定自己產品的價格。如果二者品質差不多，則二者價格也不能相距太大，否則產品很難暢銷。如果你所生產的產品品質較高，則產品價格便可以定得較高；如果所生產的產品品質較低，那麼產品價格就應該定得低一點。值得注意的是，競爭者也可能隨機應變地調整其產品價格，所以企業的價格策略必須保持彈性，這就是所謂「動態定價法」。

 價格制定的基本法則

對每一家企業而言，制定價格是一項很複雜的工作，必須全面考

慮各方面的因素，採取一系列步驟和措施。

一、選擇目標定價

企業必須就目標市場策略及市場定位策略的要求來進行定價。比如當企業決定為高收入的消費者設計、生產一種豪華家具時，由於其目標市場和定位的關係，決定了該產品的價格就必須訂得較高。另外，企業的經營目標如：利潤額、銷售額、市場占有率等，都對定價具有重要影響。

二、選擇適當的定價方法

企業產品的價格高低受市場需求、成本和競爭情況等因素的影響和限制，所以企業制定價格時應全面考慮到這些因素。

大致上來說，企業定價有三種導向，即成本導向、需求導向和競爭導向。其中，成本導向包括成本加成定價法和目標定價法，需求導向包括認知價值定價法和需求差別定價法，競爭導向又包括隨行就市定價法和密封投標定價法等。

三、選定最後價格

企業選定最後價格時，還須考慮消費者的心理因素。企業可以利用消費者的心理，把某些實際上價值不大的商品價格定得很高（比如把實際上只值 500 元的名牌服飾價格定為 5,000 元），或者採取減 1 元定價法（如把一台桌上型電腦的價格定為 12,999 元），以促進銷售。企業選定最後價格時，還須考慮企業內部有關人員（如：行銷人員、廣告人員、會計人員等）、經銷商、供應商等對定價的意見，以及考

量競爭對手對所定價格的反應等。

 ## 修改定價的策略

　　當企業將同一種產品賣給不同地區的顧客、顧客付清貨款的速度、顧客購買數量和購買時間等不同情況下，為了促進和擴大銷售，提高經營效益，企業同一種產品的價格可以有所不同，因此企業的行銷人員必須依照現實狀況修改其產品的基本價格。例如以往台灣廠商同一產品的外銷報價大多都低於內銷報價便是一例。企業修改價格策略有下列四種：

一、地區性定價

　　一般而言，一個企業的產品，不僅賣給當地顧客，而且同時賣給外地顧客。而賣給外地顧客，把產品從產地運到顧客所在地，需要花一些裝運費。因此，所謂地區性定價策略，就是對賣給不同地區顧客的某種產品分別制定不同價格的策略。也就是說，企業要決定是否制定地區間的差價。

二、價格折扣和折讓

　　企業為了鼓勵顧客及早付清貨款、大量購買、淡季購買，可以降低其商品定價。這種價格折扣或折讓的方法有五種：

1. 現金折扣：對那些當場付清貨款的顧客所設計的減價方案。例如，顧客在 60 天必須付清貨款，如果當天付清貨款，則給予 5％ 的折扣。

Tips to Wealth!

逆向思考的紫牛式定價法

　　所謂「紫牛式定價法」，就是要以「獨特、與眾不同」的定價手法來銷售。舉筆者曾著的《紫牛學行銷》這本書為例，其價格策略是採取逆向思考。一般書籍在剛上市時的定價大致都是正常定價——軟精裝 400 頁左右，定價大概落在 350 ～ 399 元之間，推出後便以書的內容好壞來決定銷售量，但往往時間一久就漸漸乏人問津，甚至淪落到低於百元求售。反觀《紫牛學系列叢書》是首刷時直接以 99 元的特價推出，等到增修改版時再將價格提高到 199 元，出版套書時則再提高至 299 元，甚至 399 元。

　　很多人以為書店的銷售排行榜是根據每月出版新書的銷售量來排名，但事實上大部分的書在書店的進貨量甚小，就算全部賣完也未必上得了排行榜。一本書要賣得好，必須先引起書店店員的注意，消費者才有機會注意；如果連書店都不注意的話，它就更不可能受到讀者的注目了。一般說來，價格愈低愈容易擠進排行榜。《紫牛學系列叢書》採取中國大陸所流行的「徵訂法」（到各家書店詢問訂貨量，這也是引起書店注意的方法之一），第一刷特價 99 元，書店因為價格低，自然訂得多，而訂得多當然也賣得多，上了排行榜後要大家不注意也難了！

2. 數量折扣：這種折扣是對那些大量購買某種產品的顧客所設計的減價方案，目的在鼓勵顧客購買更多的商品。

3. 職能折扣：職能折扣又叫貿易折扣。職能折扣是製造商給某些批發商或零售商的一種額外折扣，促使他們願意執行某種行銷職能（如推銷、儲存、服務）。

4. 季節折扣：這種價格折扣是企業對那些購買過季商品或服務的顧客所提供的減價方案，例如羽絨大衣的製造商在春夏季給零售商季節折扣，以鼓勵零售商提前訂貨；旅館、航空公司等在旅遊淡季時給旅客季節折扣也是同樣的意思。

5. 折讓：一隻手機價值 12,000 元，顧客以舊手機折價 2,000 元購買，只須付 1 萬元，這叫做以舊換新的折讓。如果經銷商同意參加製造商的促銷活動，則製造商賣給經銷商的貨物可以再打折扣，這叫做促銷折讓。

三、促銷定價法

在短時間內，企業可以把產品價格調整到低於價目表價格，甚至低於成本費用，以促進銷售。這種促銷定價的形式有四種：

1. 超市、百貨公司降低少數幾種商品的價格，把這些商品作為招徠顧客而虧本出售的廉價商品，以吸引顧客來商店購買其他正常甚至加成價格的商品。

2. 企業在某些季節採取特殊事件定價，降低某些商品價格，以吸引更多的顧客。

3. 製造商在銷售困難時給消費者現金折扣，以清理存貨，減少庫存壓

力。

4. 心理折扣，即企業把某種產品的價格定得很高，然後大肆宣傳減價活動，例如「原價 699 元，現在特價只售 199 元」。

四、需求差別定價

所謂需求差別定價，又稱「價格歧視」，就是企業按照兩種或兩種以上不反映成本比例差異的價格銷售某種產品。需求差別的定價有三種形式：

1. 企業按照不同價格把同一種產品賣給不同的顧客。例如，某汽車經銷商按照價目表價格把某種型號汽車賣給顧客 A，同時按照較低價格把同一種型號汽車賣給顧客 B，其原因在於兩個顧客對該汽車的需求強度和對汽車的知識有所不同。

2. 企業對於處在不同位置的產品或服務分別制定不同的價格，即使這些產品或服務的成本費用沒有任何差異。例如電影院，雖然不同座位的成本費用都一樣，但是不同座位的票價有所不同，這是因為人們對電影院的不同座位的偏好有所差異。

3. 企業對於不同季節、不同時期甚至不同鐘點的產品或服務也分別制定相異的價格。例如，美國公用事業（水電業）對商業用戶（如旅館、飯店等）在一天中某些時間、週末和平日的收費標準有所不同。

但須特別注意的是，現今的資訊透明，消費者很容易取得企業在其他地區或領域所訂的價格，如果廠商的差別訂價讓消費者察覺，同時感覺到「受歧視」，那可能就未蒙其利，先受其害。舉例來說：2014 年初，華碩（ASUS）在台灣公布其新款手機 Zenfone 的規格與

價格，由於它的高規格、低價格贏得一致好評；但 3 天後，華碩在北京舉行同款手機的發表會，結果在中國以同樣價格買到的 Zenfone，其記憶體、儲存容量全部加倍，台灣網友得知這樣的資訊，在各大網路論壇與社群平台罵聲一片。其主因在於台灣的消費者對華碩賣到遠方的歐美、印度，甚至日本的價格高低，未必會非常介意，但對賣到一水之隔對岸的價格，卻相當敏感──其中或許牽涉到複雜的兩岸情緒，也有著同為本國廠商、產品，「我這麼挺你，你也該對我好一點吧」的心理。華碩忽視此一環節及差異，差別訂價是讓台灣消費者吃虧，消費者就會有被「背叛」的感覺，結果當然就被網友罵翻了。

$ 用「錨定效應」來影響定價！

經過上面的介紹，相信讀者很容易能夠理解，市場價格的高低絕非單純看供需來決定。心理學上有個名詞叫「錨定效應」（Anchoring Effect），是指當人們做決策時，思維往往不自覺地被第一個訊息所影響，就像沉入海底的錨一樣，把你的思維固定在某處。錨定效應應用範圍極廣，在商品定價中多數人會把過去的價格作為新價格的參考，如果商品的價值愈模糊，參考點就愈重要，錨定就可能是更重要的價格決定因素。購買者決定的錨定效應，常以「建議售價」為錨定點，估算跟實際售價的折扣，會有賺到的感覺，所以經常有賣場標高定價再打折促銷的手法。舉例來說，同樣是珍珠奶茶，50 嵐賣 45 元；而隔壁的清心福全卻賣 40 元，對此消費者就會產生「錨定效應」，但是他們不知道珍珠奶茶真正的價值在哪裡。你也可以這麼做，由於

一個較高的定價在消費者心中具有「錨定效應」，你可以將你的商品一開始訂定較高的「定價」，再以較便宜的「特價」、「優惠價」、「促銷價」、「回饋價」……來銷售。如此一來，消費者會覺得買這項商品非常划算，更能刺激他們的消費欲望。即使舉目所見「打折」已變成了常態，定價變成從來也沒有照定價賣過的虛擬價格，但那個「錨定效應」仍然一直存在於每個消費者的心中。

從另一個角度來說，同樣的商品，如果一開始的定價較低，後來漲價了，那麼原本的價格也必然會對消費者造成「錨定效應」，使他們對漲價後的價格產生排斥。業者在定價時，不可不察啊！

$ 不要害怕定高價，高價是對品質的肯定

許多企業的商業模式是薄利多銷，業主認為這樣消費者就會覺得很實惠，從而會廣開銷路。也有人認為這是加速資金週轉、累積利潤最有效的途徑。但成功的商人卻經常是「厚利適銷」。也就是說同樣的商品，他們以比其他商家高的價格銷售。人們普遍認為這樣會使商品更難賣出去，結果卻不然，因為這樣就使商品的檔次上升了，從而可以滿足人們對優質產品的需求。這就是所謂的「聲望定價法」，是一種有意識地給商品定高昂價格以提高商品地位的定價方法。即針對消費者價高質優的心理，對在消費者心目中享有一定聲望、具有較高信譽的產品制定高價。不少高級名牌產品和稀缺產品，如豪華轎車、名牌時裝、高檔手錶等，在消費者心中享有極高的聲望價值。「借聲望定高價，以高價揚聲望」是該定價方法的基本要領，這種定價方法，

除了提高產品形象，也能滿足某些消費者對地位和自我價值的欲望。

　　有一個故事是這樣說的，有一個貧窮的婦女到集市上去賣蘋果。雖然她的蘋果是集市上最好的蘋果，但是她沒有向路過的行人宣傳這一點，她不知道該如何為自己的蘋果吆喝。從上午一直到傍晚，沒有人來買她的蘋果。這時有位長者看到了這個情形，他俯下身子，仔細看了看她的蘋果。他發現她的蘋果是集市上最好的蘋果，於是他就站在一塊比較顯眼的石頭上，喊道：「有沒有人想要最好的蘋果？」他喊了三遍以後，人們紛紛向這邊湧來，婦人被包圍在一個小圈子裡，於是在人們的哄抬中，價格上漲了三倍，婦人的蘋果也全部售出。

　　於是，這位長者又在旁邊喊道：「善良的人啊，假如你們從商，你們的商品如果有缺陷，那你們要說出來，這樣人們就不會覺得你們是沒有誠信的人；同樣的道理，如果你們的商品是最好的，那也要說出來，因為如果你們不說出來，顧客又怎麼會知道你們的商品好在哪裡呢？」一位年輕人問道：「好就是好，為什麼還要說出來呢？這樣不就讓人覺得是在自誇嗎？」這位長者回答道：「如果你不說出來，顧客就會把品質差的商品買回家，你這就是在幫助奸商欺騙顧客，這樣你的商品也會因此受到影響賣不出去啊！」

Have Your Thought!

你認為你的產品好嗎？在消費者眼中值多少錢呢？

....

....

....

....

有什麼方法能再提高產品的價值？

....

....

....

你銷售的產品在市場上最大的競爭對手是誰？

....

....

....

讓銷售額暴增，你需要殺手級的文案

Idea **32**

　　不論你的事業是實體或網路，你一定都有撰寫行銷文案的經驗。因此文案的重要性不言可喻。好的文案不僅讓人看了你的文案就會對你的產品產生興趣或好奇，讓你更快成交生意；還可以擴大你的業務範圍，觸及更遠、更大的潛在顧客群。最重要的是，好的文案經得起考驗，可以影響各個世代的消費者。而銷售文案撰寫講究的是一種創意，好的銷售文案不僅是產品描述的核心，更是產品的賣點，只有用心去撰寫文案，才能讓產品描述更貼近消費者。

　　相信讀者不難發現街頭商場的廣告，只要創意好，就會吸引消費者的眼球，勾起他們的消費欲望與想像，自然提升銷售率；文案有衝擊力，就會打造出消費群眾的感染效果。擁有一個具銷售力的網頁文案，就如同擁有一台 24 小時不間斷的印鈔機，即使在你睡覺的時候，也自動幫你進行成交、持續為你帶來源源不絕的收入。但銷售文案的撰寫，是一門很大的學問，銷售文案真正的目的，就是要賣出你的產品與服務，但是如何讓一篇文案被反覆的討論，深值人心，就如同鉤在人們的大腦。究竟什麼樣的文案，才能算是一篇好的文案呢？要如何光憑文字就能說服別人購買你的產品呢？

銷售文案的魔法四力

一、文案撰寫要有吸引力

　　文案是產品描述的心臟，就如同飯店的招牌菜，作用舉足輕重。要想讓消費者在芸芸眾生的產品中選中自家的心血，那你的招牌就要打得響，文案就要描繪出你的產品與眾不同的氣勢，在你的文案當中，必須強調產品的好處而非功能性。用消費者聽得懂的話，細說每項功能所能帶給的優勢，引出他們對產品的購買慾，進而刺激他們消費。如果你是初試的新手，可依以下四步來撰寫：

　　第一步，列出產品的所有特色；

　　第二步，特色存在的理由是什麼；

　　第三步，特色帶給消費者的附加價值是什麼；

　　第四步，感性推薦商品，走近消費者心靈深處。

　　總之，你所撰寫的內容要有感染力，要有能留住客戶的誘惑，能打動消費者內心，唯有讓他們心動才能促使他們行動！

二、描述要有生命力

　　文案內的描述，是血與肉的關係，假設推薦對象為商務或高科技客群時，應當多強調產品功能更勝附加價值。尤其這類族群在選購商品時，偏好以實用性為主，傾向挑選需要的產品而非想要的產品；若是少女內衣銷售文案可以突出「情趣、情調、性感」等。如果你的文案缺乏生機，產品就會成了空殼；反之，離開了產品的實際內容，文案撰寫就失去了依託。要突出你的產品的消費群體，這就是要「量體

裁衣」；如果你的產品是放在網路平台上販賣，那麼商品的描述要盡量多元，增加消費者與商品相遇的機會，讓你的銷售如虎添翼。總之，你的產品描述既要吸引消費者的眼球，又要像觀察一個事物一樣由表及裡，自外而內，層次清晰，這樣才能勾著消費者一步步看下去，激起購買的欲望。

三、內容要有取信力

要想把商品賣得好，就要注意細節的描述，把自己當做消費者，想著如果自己就是這個商品的買家你會關注哪些內容，比如品牌、規格、品質、價格、材質等，這就要提升自己的判斷力，呈現在文案上，消費者看過文案之後，能得到想要的資訊、消除既有的疑慮。

另外，你的文案必須要包含一些已購買過的用戶發來的使用見證。如果你還沒有任何顧客見證，你可以把產品免費送給一些顧客，以換取他們的「見證語」。只要你開始銷售，就要經常要求新顧客反饋見證。如果你在文案中提供一個有力的退款保障，將降低顧客的心理抵抗。不用擔心顧客會退款，因為調查發現，即使是非常不滿意的顧客，其中也有 80%以上的人「懶」於退款。

四、突出商品賣點的精簡力

文案應該要寫的平易近人，就好像面對面和消費者說話一樣。不當使用艱深的字眼，只會拉大商品與顧客的距離。過多的贅字也會影響閱讀，造成消費者分心。建議在文案撰寫完畢後，重複多閱讀幾遍，甚至是大聲唸出來，看看順不順口，刪減不必要的文字，讓你的文案簡短有力。

Have Your Thought !

 你的銷售目標客戶是哪個族群，他們的購物偏好是什麼？

....

....

....

....

你的銷售文案是否有見證呢？至少找三個人來做你的產品見證。

....

....

....

....

你為你的產品所撰寫的文案吸引人嗎？請找五個以上的朋友看完之後，記錄下他們的意見。

....

....

....

撰寫無法讓人抗拒的文案九大魔法公式！

$ 公式 1：還有誰想要＿＿＿＿＿＿？

Ex：「還有誰想要《王道：創富 3.0》這本致富密集！」

Ex：「還有誰想知道我是如何在一年之內由處處負債變成為億萬富翁的？」

$ 公式 2：你是不是（有沒有）＿＿＿＿＿＿？

Ex：「你有沒有為你身體發出的氣味而感到不好意思呢？」

Ex：「你是不是比你的上司更聰明？」

$ 公式 3：他們覺得我做不成＿＿＿＿＿＿，但是我最後成功了。

Ex：「他們覺得我做不成台灣第一的房仲業務，但是我最後成功了。」

Ex：「他們覺得我做不成那個大戶的單，但是我最後成功了。」

$ 公式 4：如果你是＿＿＿＿＿＿的話，你就一定能＿＿＿＿＿＿了。

Ex：「如果你是一個會說話的人，你就一定能寫出完美的文案！」

Ex：「如果你是一個想致富的人，跟著這本書做，你就一定能創造你的自動財富系統！」

$ 公式 5：如何＿＿＿＿＿＿。

Ex：「如何在一年之內，輕鬆收入百萬？」

Ex：「如何在三個月內，重拾往日的頂上毛髮？」

$ 公式6：＿＿＿＿＿＿＿的祕訣！

Ex：「如何撰寫成功銷售信的祕訣！」

Ex：「有錢人躺著都能賺的祕訣！」

$ 公式7：警告：＿＿＿＿＿＿！

Ex：「警告：在你看完這篇文章之前，請不要在你的行銷上多花一分錢！」

Ex：「警告：本書所傳授的內容可能超過你的想像範圍！」

$ 公式8：給我＿＿＿＿＿＿，那麼我就＿＿＿＿＿＿。

Ex：「給我2天的時間，八大明師就會向你揭示零成本、零風險快速創業的祕訣！」

Ex：「給我一個回答你的機會，那麼我就可以向你證明，你在行銷方面花了冤枉錢！」

$ 公式9：97％的人認為＿＿＿＿＿＿，那是因為他們不了解＿＿＿＿＿＿。

Ex：「97％的人認為賺錢是需要時間的、是需要資本的、是需要承擔風險的，那是因為他們不了解如何巧妙地使用槓桿借力這一強大的賺錢工具……」

Ex：「97％的人認為再生新髮毫無可能，那是因為他們沒用過○○生髮液。」

PART 3

Wealth

創富 3.0
隨心駕馭財富的魔法棒

財富不會憑空增加，想要擁有金錢自由的人生，必須具備他人所不知的「know-how」！大膽創新、追求卓越、與時俱進，在不斷超越自我中前進，讓新科技、新知識成為你的財富原動力，迎向富裕、享受人生。

Wang's Golden Rules:
Wealth 3.0

免費，讓投資者無法抗拒的募資模式

向親友借錢要巴結、向銀行貸款要面談、向創投籌資要簡報⋯⋯創業募資的每種方法，幾乎都需要口若懸河的表達能力。許多人天性害羞、不善口語表達，在老一輩的人眼裡看來，就等於沒有生意頭腦。你是否想過，除了前篇所述的傳統方式以外，你還可以有其他條路？

如今，我們活在一個「人人皆是媒體」（Everyone is media）的年代。社群媒體的興起讓每個人都有發聲的機會，以前的媒體注重傳播（Broadcasting）、內容控制（Content control）；現在的社群媒體則是分散（Distributed）、去中心化（Decentralized）。我們可以仰賴無遠弗屆的網際網路，便利的網站平台所帶來的「線上募資」功能，讓創作者無須站到第一線，就能和潛在的投資者、消費者面對面，傳遞一切想表達的訊息，為創業募資開出另一條康莊大道。

籌多少算多少的直接線上募資

線上募資分為兩類，其一為「直接線上募資」，另一個則是「間接線上募資」。顧名思義，「直接線上募資」就是直接將你的專案，不論是產品或者服務，不假他人之手，直接丟上自己經營的社群媒體，如：專屬官方網站、部落格、Facebook、Twitter、Plurk⋯⋯號召

粉絲群以資金支持這項專案。相較於「間接線上募資」，「直接線上募資」最大的好處就是無須支付平台交易手續費，而且籌到多少算多少（絕大多數間接線上募資平台以籌到 100％目標金額為撥款前提，若未達成則將款項退予投資者），不失為籌資的一大良方。

　　但直接線上募資也有缺點，這種方式要能成功，最大的前提是自營社群媒體已有為數廣大的粉絲群與支持者，不然釋放出的籌資訊息，觀眾只有小貓兩三隻，必然無法達到預計的成效。那麼要怎麼做才能讓吸引的人潮達到最大值，進而成功募資呢？

　　人是趨利逐弊的動物，如果你能在你的平台提供給觀眾好處，他們當然樂於走進你的平台，與你共襄盛舉。提供好處的方法有很多，你可以像許多部落客一樣，定期寫文章，分享你的專長，不論是實用法律常識、投資的技巧竅門、美味養生食譜……文筆好一點的，甚至可寫簡單的旅遊札記、閱讀心得、影視評論、生活點滴等，長時間經營，都可以吸引到不少死忠的粉絲。但如果短時間內就要見效，「免費」是一劑快速的特效藥。

　　在行銷學上，「免費」作為一種吸引消費者的手法，與其他推銷方式有著巨大的區別。其他方式只是進入了另一個市場，免費則能開創一個新的市場。在大多數交易中，消費者都能感受到好處和壞處，但是當某樣商品免費時，你就忘記它的壞處了。免費能讓我們的情感迅速充電，讓我們感覺到這項東西比實際上要值錢得多。因為人們有害怕吃虧的本能，免費的魅力是直接和這種本能聯繫在一起的。但記得，免費僅是手段，目標當然還是要在線上籌到創業的資金。因此「免費」必須搭配著另一個選項──「捐贈」。

在美國科羅拉多州有一家叫做「同一餐館」（Same Café）的餐廳，是由一對夫妻檔所經營，主人是伯納德和妻子莉比。這個餐廳就是使用我所提到的 Business Model，它的招牌上醒目地寫著：「所有的食品都免費供應。」餐廳裡沒有收銀台，也沒有收銀員，每種食品都不標價。顧客完全根據自己的需要來點餐，吃完之後則根據自己認為所獲得的價值「捐助」一筆金額給餐廳。沒有人強迫你一定要付錢，任何人完全可以在用餐完畢後毫無阻擋地拍拍屁股走人。

餐廳剛開幕時，方圓數里有不少人慕名前來，想來一探真假。有些人在餐廳高興地用餐，悠閒自得地品嘗著那傳說中的「免費午餐」。伯納德不斷地捧出精心準備的美味佳餚，見顧客如此開心，他也笑臉如花。有一名顧客進餐廳之前就對伯納德說：「真的免費嗎？我吃完可不會付錢。」伯納德笑容可掬的說：「歡迎光臨！當然沒問題！」然後很意外地，這名顧客在用完餐後卻反而給了價值數倍的款項。伯納德納悶了，趨前詢問這名顧客。這名顧客眉飛色舞地解釋道：「我吃過無數餐廳，可從來沒有一餐這麼開心過……我以前去的餐館總是變著法子要我多消費，即使餐點真的很可口，內心卻總是不舒服。」

這家餐廳開業以來至今，尚未因為這樣的經營策略而虧損，收入反而比預期還要多。有的人不僅付了自己的帳單，甚至還在餐廳裡的募捐箱裡捐了不少錢。因此，儘管餐廳所在的街區較為偏僻，但它獨特的經營方式卻吸引了各色人等，不僅包括販夫走卒，也吸引了教師、銀行家等白領階級。伯納德夫妻獲得了快樂，也贏得了源源不絕的財富。

出版界的「免費——捐贈」模式

　　除了實體的店面以外，出版業更在虛擬的網路平台將同樣的經營策略運用得淋漓盡致。知名的美國恐怖小說大師史蒂芬‧金（Stephen King）在學生時代，就自編自印一本恐怖小說賺了一筆錢。後來他更直接在網路上販賣《植物》（*The Plant*）一書，該書的第一部分讓讀者自由下載，但之後的內容是否繼續寫下去則視全體下載讀者憑良心捐贈的比例是否超過 70％來決定。另一位全世界超級暢銷書《心靈雞湯》作者馬克‧韓森亦採用相似的模式出版獲取豐厚的利潤。該書在全球 56 個國家發行，銷售約一億五千萬餘冊，翻譯成四十多種語言。

　　你或許會懷疑這種商業模式是否只能在國外行得通。其實，這種「免費——捐贈」的模式，在台灣也有一個很好的例子。在國內線上書店排名第三的「新絲路電子書城」從 2008 年開始提供了讀者大量免費下載電子書的服務。2010年更建置完成電子書原創作品的 e化技術工具及服務平台，提升電子書出版之質與量。已成功發行上千本電子書，建檔於各大圖書館、知識交流平台、電信業者下載平台。這個網路平台提供許多優質的電子書，讓讀者無論在電腦

新絲路電子書城提供大量各類免費電子書供網友下載

（Windows、iOS、Linux） 或手持式設備（iPhone、iPad、Android、Windows phone、BlackBerry……）上，達到跨平台、跨載具、無接縫的雲端閱讀經驗。短短幾年來，受到廣大的會員讀者熱烈迴響，已累計數萬次電子書下載記錄。其中平台的營運資金來源之一，便是仰賴讀者免費閱讀電子書過後的「捐助」。

　　看了這麼多的例子，你還在等什麼呢？許多事都是這樣，「吃虧就是占便宜」，創業初期，凡事都需要外在力量的協助，尤其是資金。許多創業主會覺得籌資困難，那是因為沒有從投資者的角度來想。我在 1.0 曾提到「酒香也怕巷子深」的概念，好的產品、好的公司要成功引來投資者的注意就必須做好傳播，否則無人知曉的結果自然是無人問津，很難獲得成功。想像一下自己是投資者，為什麼不願意投資呢？事實上投資者之所以不願意投資的最大因素就是害怕上當受騙，損失無謂的金錢，但你若願意事先提供免費的產品讓他們「試用」，藉此加強他們對你、你的公司、你的產品產生信心，相信他們也很願意與優良的企業成為夥伴。其實只要秉持著「將心比心」這一項法則，先給他們甜美的果實，當他們感受到你的誠意的時候，必定對你投桃報李，還以豐碩的報酬。

讓線上群眾募資挺你的創業夢

許多人都曾有透過創業來實現夢想、改變世界的想法，但要把腦海中的構想化為現實，不論是懷有創新的專利研發、想要開一家個性咖啡店，還是像當初的魏德聖導演一樣，想拍攝一部動人的台灣原住民史詩電影，總歸需要一筆為數可觀的資金。這樣的夢想，你認為要先砸錢才能達成嗎？那已經是舊石器時代的思維了！眼巴巴的等著銀行貸款？小心長江後浪推前浪，最佳的創業時機就被你這樣蹉跎浪費，再也「回不去了」！現在的你可以有另一個選擇，藉由「團結力量大」的概念，跟上這波「線上群眾募資」的潮流，用別人口袋裡的錢，來幫自己達成夢想。集結網友的小額捐助，為創業者募到實踐創意的第一桶金。

$ 線上群眾募資的四大性質

「線上群眾募資」（Online Crowd-funding），又稱「間接線上募資」，可說是新一波創業時代最受到矚目的募資模式。第一次接觸到這個名詞的朋友，千萬別還沒嘗試就說不可能。其實「群眾募資」這樣的概念已行之有年，最早的群眾募資應該是中國人發明的；在 18 世紀貝多芬也運用此方式向他人募集到作曲的資金，再以完成的譜曲

回贈；而台灣早期的「標會」，藉由同事、鄰居或親朋好友的資金相助，就是群眾募資的雛型。

　　現代的群眾募資說穿了，就只是過去的借貸模式加上科技化後的網路平台，透過這個網路平台能夠讓創意發想者展示、宣傳計畫內容、原生設計與創意作品，並向廣大網友解釋如何讓這個構想、作品量產或實現的計畫。你的計畫放上募資平台後，交由網友來給分，評分的方式就是實際掏錢贊助。只要在限定時間內募到目標金額，提案者就能拿著這筆錢達成夢想。現代化的網路平台連結起支持者與提案者雙方，讓願意支持計畫的投資者最大化，讓募資觸角無遠弗屆。支持者能輕易在網站上看見提案者的創新構想，進而以資金支持他的活動，讓此計畫、設計或夢想實現。目前全世界施行的群眾募資可概括分為以下四種：

一、捐贈性質

　　台灣目前的群眾募資平台，皆屬此類。贊助者投入資金後，可以獲得提案者承諾的回饋品（或以優惠券的形式來回饋）。這屬於附條件式的捐贈，價值可能和當初捐助的金額有相當大的懸殊；若提案者並無承諾回饋，那麼贊助者投入資金就只是單純的捐贈。

二、預購性質

　　這種方式是屬於具有對價的方式，如同預售屋一般，贊助者出資就等同於事先預購該產品或服務，在未來商品上市後，出資者可以用較優惠的價格或是優先使用到該項商品。

三、債權性質

債權性質與向銀行借錢沒有兩樣，提案者向個人或組織募集資金，並在未來某個承諾的時間點償付本金與利息。對贊助者來說，等於是借錢給計畫發起人，專案提出者必須證明自身的信用及還款能力，以取得他人的信任。

四、股權性質

這種模式跟出資成立公司也很類似，贊助者投入資金後，獲得提案者公司的股權，成為新創公司的股東。若未來該公司營運狀況良好，有賺錢，則贊助者獲得的股權價值也相對提高。但目前台灣的法令並不允許提案者以現金紅利或有價證券作為線上募資的回饋方式，需特別注意。

 五花八門的群募提案

放上線上募資平台的案子還真的是「什麼都有，什麼都來，什麼都不奇怪！」被投資的專案可以是創業募資、文化創作、自由軟體、設計發明、科學研究以及各類型的公共專案等。有些成功集資的案例更是跌破眾人的眼鏡，讓人不禁驚呼：「啥？這個也能募到錢！」

對於這種現象，哈佛商學院教授克里斯丁森（Clayton Christensen）認為：「群眾募資是種標準的『破壞式創新』，隨著這種新形態的經濟活動竄起，將破壞傳統做生意的方式，甚至會顛覆創投業的營運生態。」

全球產業正從過去大量、低價製造的獲利模式，走向小量、客製化的「長尾模式」。而支撐這種營運模式的資金來源，正是這樣以網路為平台的新興募資形式，這種積沙成塔、集眾網友之力以成其大的運作方式，讓初出茅廬的素人在眾多大企業環伺的環境下，也能找到成長的縫隙，走出屬於自己的成功之路。

全世界第一筆利用「群眾募資」的案例可以追溯到 1997 年英國的 Marillion 樂團，他們從廣大的群眾募集了 6 萬美金，成功地完成了美國巡迴演出。往後至今，群眾募資風潮在國際上如火如荼的發展。而首先將這個點子搬到網路上的，則是 2007 年出現的提案網站，包括以電影工作者為目標的 IndieGoGo，以及以教師教案設計為目標的 DonorsChoose。但是將群眾集資模式帶到主流，並確立領導地位的，則是 2009 年方始成立的 Kickstarter，其 2012 全年所完成的募資金額就高達 3.19 億美元，為目前全球募資金額最大的網站，被《紐約時報》譽為「培育文創業的民間搖籃」。

Kickstarter 這個網站由年輕的華裔青年陳佩里（Perry Chen）所打造，據說他當年做 Kickstarter 的緣由，就是因為他自己年輕時有過一段破碎的音樂夢。他當時想參加美國南方紐奧良爵士嘉年華的表演，卻籌不到活動所需的資金。這段遺憾促成了後來 Kickstarter 平台的誕生。

Kickstarter 成立至今已成功為全球近五萬個提案募到資金。其中最著名的就是「Pebble 智慧型手錶」這個案例，Pebble 智慧型手錶締造出了募資逾 1,026 萬美元的最高額紀錄。另外，因募資平台上而高價脫手的案例非虛擬實境裝置商 Oculus VR 莫屬了。在 2014 年初，

Facebook 繼收購 WhatsApp 之後，再度以迅雷不及掩耳之勢出手，買下了 Oculus VR。這家公司最初即誕生於線上群眾募資計畫。2012 年，它在 Kickstarter 上發表產品 Oculus Rift 的計畫，並開始群眾募資，最後於 Kickstarter 上募得 243.7 萬美元，但這部分屬於預售性質不算股權，而這次網路群眾募資後，也引起許多創投的興趣，因而另外於 2013 年 6 月舉行另一輪募資，得到 1,600 萬美元。2013 年 12 月，又再度自創投取得 7,500 萬美元投資，合計自創投的總投資金額共 9,100 萬美元。而 Oculus VR 創立才 18 個月，產品還沒上市，甚至規格都還未定！就被 Facebook 相中，以 20 億美元的價格買下它，也就是說，平均而言，每個創投股東獲利達 20 倍！

另外要注意的是，能在線上群眾募資成功的案例，決不僅限於「開發產品」。其實，任何能吸引人心的活動或構想，都能受到網友的青睞。

舉例來說，紀錄片《新郎》是一個在 Youtube 點擊超過 300 萬人次的故事，主角 Tom 跟 Shane 是一對不被法律承認的同性戀，相戀了六年卻因現實因素無法論及婚嫁，進而引發了悲劇。在 Tom 因故離開人世後，Shane 無法保留 Tom 的遺物，在法律上他們的關係只是同居人，所有關於 Tom 的個人訊息 Shane 全都無權過問，因此無法以家屬身分詢問相關事宜，甚至連喪禮都不能參加。只因為沒有法律保護的婚姻，讓 Shane 完全被 Tom 的家人排斥及隔絕，像是他們相互扶持的六年不曾存在一般。

Tom 過世一年後，Shane 決定要挺身而出，將他們的故事製成影片放上 Youtube，希望看到影片的人不論本身是否為同性戀，都能為

同性戀發聲。導演 Linda 決定將他們充滿愛與承諾的關係，拍成紀錄片《新郎》，讓更多人聽到。為了成功讓《新郎》這部紀錄片在美國上映，Linda 利用群眾募資網站在一個月內募得了 30 萬美元，有高達 6,500 位的支持者，創下該網站電影募資的新紀錄。

$ 台灣的群眾募資平台

　　群眾募資在台灣雖然起步較為緩慢，但也在 2011 年底由優質新聞發展協會成立了「WeReport 調查報導公眾委製平台」，可以說是國內群眾募資平台的濫觴。2012 年興起了一波開設群眾集資平台的浪潮。這一波開設的群眾集資平台有嘖嘖 zeczec、flyingV、weReport、We-project（已停止服務）。隨後陸續成軍的有 HereO、Limitstyle、Opusgogo、104 夢想搖籃等平台。聯合報集團更在 2014 年 7 月上線了「有‧設計 uDesign」平台。這個平台集結 120 個台灣設計師品牌、超過 3,600 件優質設計商品。平台四大功能除了可以了解設計、購買商品之外，還包括「募資預購」、「設計大道」開創電子商務平台先例，前者讓設計者預先掌握市場反應與購買比例，並替打樣、開模、最低生產等花費籌募資金，讓設計師沒有資金壓力，進行創意設計、生產；後者讓設計師傳達自己的設計理念與精神跟消費者溝通。隨著平台的上線，聯合報集團啟動首屆「聯合文創設計獎」，以總獎金百萬挖掘未來新星，廣邀國內設計好手加入，並建立文創經濟人的制度，扮演活化、整合各界資源的角色，扶植更多華人圈優秀的設計師，讓設計走出台灣，在國際上發光發熱，持續產生正向的產業循環。

　　而目前 flyingV 是台灣最大的募資平台，flyingV 於 2013 年 8 月與金管會櫃買中心簽訂合作合約，合作推出「創意集資資訊專區」平台，是全世界第一個與主管單位簽訂合作的群眾集資平台。此舉不但代表政府積極採行國際間已風行多年的群眾集資模式作為協助新創事業募資的管道，更代表政府將創意、創新與創業三創最後一哩的關鍵核心，也就是資金血脈的罩門補上，讓素人也能借力創富！至今，線上募資的風潮方興未艾，已累積了不少成功的案例。

　　近來，最著名的群眾募資案例非《看見台灣》莫屬。這一部上映時造成全台轟動的紀錄片，是由導演齊柏林計畫拍攝的。2009 年初，齊導演耗資近 300 萬元的積蓄，從國外租用專業空拍設備，總共花了 30 個小時環台一圈，從空中拍攝台灣動態的影像紀錄。八八風災後，台灣山林受到極為嚴重的創傷，齊柏林乘著直升機飛入災區拍照，看見滿目瘡痍的景象，讓他深深感受到只有平面的影像不足以讓觀眾真實地感受到台灣正在面臨的危機。

　　雖然已繞著台灣飛行一圈，但齊導演仍然認為還有更多地方是值得被記錄下來的，因此下定決心扮演大家的眼睛，引進專業空拍設備，開始了台灣首部空拍電影紀錄片《看見台灣》的計畫。他花了將近 3 年的時間拍攝，在全台灣的上空飛行。為了讓更多人都能看見各式各樣的地貌，美麗的、感動的、生態的、開發的、建設的甚至是天然災害的台灣。這部紀錄片的首映會募款目標 200 萬台幣，最後在 flyingV 成功募得了近 250 萬。另一個著名的案例是「進擊的太白粉（ATTACK ON FLOUR!）」路跑活動。由一群熱愛路跑、熱愛台灣這塊土地的青年發起。志在要讓想熱血運動的人，都有機會享受健

康、快樂、神奇的灑粉派對！這場「台式」的彩色路跑活動，原本募資目標為 150 萬台幣，最後募得了 630 萬，完成率 400％以上！同時也成為素人崛起的里程碑，顯示大型的主題活動不再需由財團、企業主辦，素人也可以做得到。

不僅限於創業，線上募資平台更能完成你所有的夢想。曾有人因為憧憬成為拯救世界的超級英雄，以回收鋁罐、漆包線等五金材料，打造一款仿鋼鐵人的「超能心臟」為號召，沒想到竟獲得廣大迴響。最後獲得近兩百人贊助、成功募得 12 萬元，是原本設定金額的四倍，連計畫發起者自己都嚇了一大跳！

看了上述國內外的線上募資案例，好像都是新潮的玩意，可別就以為群眾募資只有年輕人才玩得起！事實上，只要你的構想找到與你「心有戚戚焉」的同好，就能集資成功。就有這麼一位年逾六十歲的爺爺級人物，也透過線上募資平台，完成自己的願望。

銘傳大學中文系教授徐福全，他專精於台灣禮俗文化研究，畢生心願就是修正錯誤百出的《家禮大成》一書，讓後世能使用正確的婚喪喜慶禮俗。徐教授的故事讓網友大為感動，短短三天就募到目標金額，最後共有 150 位網友捐款支持，幫助他完成夢想！

台灣著名線上募資平台一覽 (1)

名稱	flyingV	嘖嘖 zeczec	weReport
收費	8％	8％	10％
贊助者清單	公開	公開	公開
募資制度	All or nothing 制（未達募資目標則全額退還）	All or nothing 制	超過募資目標一半以上則視為成功（專案募資金額可在提案審核期間調整）
特色	1. 綜合性的群眾募資平台 2. 創辦人為無名小站創辦人之一林弘全 3. 所有專案（包含成功及失敗）均永久可閱覽 4. 全世界第一個與政府主管單位簽訂合作的群眾集資平台	1. 以設計、文創產品為主的平台 2. 失敗案件不可被閱覽	1. 募資製作報導新聞為主的平台 2. 失敗案件亦不退款而由平台統籌分配於其他專案 3. 所有專案（包含成功及失敗）均永久保留
知名成功案例	1. 台灣需要白色的力量（柯文哲等醫師發起） 2. 「進擊的太白粉」路跑活動 3. 超電能飛行腕錶	1. UPUP 舉牌加油小人產生器 2. 「你好！台灣當代首飾創作聯展」赴德國慕尼黑展覽計畫 3. ATOM 3D 印表機	1. 《那些年，他們一起搞垮了公共電視！》紀錄片 2. 《不能戳的祕密》紀錄片 3. 《孩子的未來，碗中的現在》校園午餐調查報導

台灣著名線上募資平台一覽 (2)

名稱	HereO	Limitstyle	104 ＋夢想搖籃
收費	8%	根據服務項目不同收取不等的手續費用	服務費 5 ％ ＋ 金流處理費 3.2 ％ ～ 3.9%
贊助者清單	公開	不公開	不公開
募資制度	All or nothing 制	All or nothing 制（專案募資目標不可下修）	All or nothing 制
特色	1. 以設計、音樂與表演為主的群眾集資平台 2. 所有專案（包含成功及失敗）均永久保留 3. 協助提案者進行拍攝集資影片	1. 以商品預購為主的平台 2. 結案案件不可被閱覽	1. 主打群眾募資與人才募集 2. 結案案件可被閱覽 3. 除了現金贊助，提供募資者服務者亦可能得到回饋
知名成功案例	1. 《BadAmis 壞阿美人》首張 EP 發行 2. 《Urban Soul》鄭雙雙個人首張黑膠 EP 發行	1. 階梯肥皂盒 2. 鵝卵石行動電源	1. 「鐵人一哥」謝昇諺，力拼 2016 巴西奧運 2. 熱血威爾《跟著戰國武將玩日本》預購

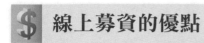

線上募資的優點

　　首先，顯而易見的，創意能夠獲得網友青睞的創業者，能從這類平台中獲得資金。以前還沒有這種平台時，傳統的創業者只能從銀行、天使、創投等專業投資單位來募資。這些募資方式不是門檻相當高，就是需要提供嚴實的營運模式、財報、評估……這對許多初出茅廬創業的朋友來說，簡直是一項「不可能的任務」。更不用說透過這個平台來募資，無須提供股權，能夠維持公司股權的完整性、運作上的獨立性，在營運與創意發想上不為股東所制肘，不用擔心外力介入而失去主導權。而且可以用「贈送實體產品」的方式來回饋投資者，更靈活的資產利用模式，大大降低了創業者所需面臨的風險。

　　其次，群眾募資平台提供產品一個絕佳的「試水溫」場域。在國外，這個模式已有不少的成功案例，用圖文或影音的方式將產品展現給網友（投資者）看的同時，也等於是將未上市的產品丟給未來的消費者檢驗。能藉此測試市場對產品或服務的反應和它受歡迎的程度，在產品上市前驗證你的創意是否可行。「最嚴格的審核者絕對是消費者」，網友們在網路上按「讚」或留言支持都很容易，但真要掏錢出來的那一刻，個個可是相當精明！一定要有足夠的資訊來說服他們，這是一個有發展性、前瞻性的案件。因此會對你的產品投資的人，必然認同你的理念，肯定會是未來的消費者。尤其以「贈送實體產品」的方式來回饋投資者這個模式，根本就是辦了一場「預售發表會」。經過這個關卡洗禮獲得資助的案件一推上市，多頗獲好評，這功能可說比起「市場問卷調查」還精準。

此外，藉由群眾募資平台來曝光的方式，可以和網友直接互動，取得他們對產品或服務的意見和回應，進而修改發展方向，讓產品更趨完美。而且投資者對透過 Facebook、LINE、Google+ 及口耳相傳，這群「螞蟻雄兵」為產品做的一切推廣來自於本身對產品產生的認同感，絲毫分文不取，替你的產品達到免費宣傳與行銷的效果。況且成功的案件還可能引起媒體的興趣，得到更大量的曝光機會。

群眾募資前這些一定要準備好！

一、規劃好你的募資進程

大眾集資活動就像是出版一本書一樣，有前置作業、編製期，和上市期。你必須盡其所能的在你的專案推上募資平台前籌備好準備給大家看到的那一面，並且預先規劃好一切可能發生的事情。舉例來說，你必須事先計畫好所需的成本，撰寫文案、拍攝影片、繪製成品模擬圖⋯⋯都需要耗費時間與金錢。如果在成功獲得資金前你就燒光了「小朋友」，那麼一切努力也是枉然。

另外，找找和你性質相似，並且已經成功獲得大眾資金的專案團隊，仔細研究，和失敗的做比較。想想成功的專案是哪些特點獲得網友的青睞；失敗的又是缺少了什麼？然後再反過來思考自己的專案是否有這些優缺點。由於募資平台的受眾大多為年輕族群，因此過程中要不斷的問自己，我的構想是否已經是陳腔濫調呢？是否能讓大眾耳目一新？唯有不斷透過這樣問題來檢視自己的專案，不斷的修正，才

能讓它在大家的眼前盡善盡美。

二、一定要製作專屬於你的影片

在將自己的創業構想推上平台之前，你必須至少拍攝一部影片來說明你的點子。有影音短片而成功募資的專案是沒有影音的兩倍，因此若是沒有完成這個步驟，集資的活動很難引起眾人的注目，非常容易失敗。在製作影音之前，建議先看過至少十部已成功募資的影音短片，截取他人的優點，加入自己的專案中。這個影片需要包含兩件重要的事：

第一，你必須證明這些資金可以完成你的目的。許多時候，募資失敗並不是網友不認同你的構想，而是對於你的構想了解還不夠徹底，導致信心不足。記住，投資者都希望自己所投資的事業能夠成功，而非石沉大海。因此你必須在影片中充分展現你的技術和特色，讓他們認為這是一項有前瞻性、值得一試的提案。

第二，你必須更體貼的對待你的潛在客戶。在影片中你必須展現你的熱情。人都喜歡有活力、有熱情的感覺。讓你的場子熱起來，並且用八歲到八十歲都能看得懂的方式呈現，這樣更有可能達到病毒式行銷的效果。

三、建構你的社群網路

在將你的專案推上募資平台前半年，你就應該在 Facebook、Twitter、Google+、Plurk 等社群網站建立起你的聯絡人網絡。此外，與你這項專案有關的任何網站也不能忽略。舉例來說，如果你要募資的專案是有關食品安全的領域，那麼你必須和食品製作的上中下游、

相關的檢測儀器廠商，以及這個領域的民間團體成為好朋友。甚至是建立相關的記者清單，這清單應該包括報導群募產業和與你專案相關的記者。特別是與你專案相關文章的撰文者與採訪者都應該設法與他聯絡，這對行銷你的專案會有很大的幫助。

另外，自己身邊的親朋好友也是不能少的，研究顯示超過 30%資金來自你前三層關係的社群網絡；若是和個人需求相關的群募專案，這個比例甚至會超過 70%。

四、擊中要害，你需要了解投資者心理的「小聲音」

其實，最成功的產品不一定來自最棒的創意，但是它們都有一個共通點：可以用一句話來概括描述。就拿 Twitter 發文來說，如果你可以在 140 字以內表達你的點子，你就成功了。因此募資平台要成功，「易於理解」是最基本的要件。你必須設法讓你的想法容易被大眾記得，因為短而有力的敘述，將會是你在大眾的腦海中留下印象的最佳利器。若你做得很成功、容易傳達，人們自然會幫你宣傳。相反的，若是你的點子難以表達，那麼即使你的構想被觀眾接受後，他們也難以幫你傳播。

除了容易理解之外，我們還必須研究觀眾的喜好，並不是酷炫的廣告就會吸引投資者的目光，更重要的是要適合他們的品味。在回應每一則提問、每一則留言之前，務必花一些時間來了解觀眾的價值觀是什麼。雖然這方面的努力不一定能直接轉化成投資者的金錢挹注。但你會有更高的機率取得認同，這是對觀眾的基本尊重，如果你打算要玩這個遊戲，你必需學會尊重和替你的觀眾們著想。

五、讓你的專案透明化

在撰寫專案時，你需要詳細的說明關於專案本身的各個面向，包含專案的期程、經費的使用流向、參與人員……除了專案的本身以外，其實觀眾也會對發起專案的「你」感到好奇。你需要給群眾一個故事，他們會想知道為什麼你會發起這個專案？為什麼你的專案有機會成功？為什麼要支持你的專案？除了理性層面的「成功」之外，要讓觀眾支持你，你還必須訴諸「感性層次」。藉由一個好的故事讓觀眾感受到，你正在做的事很「不一樣」！並不是所有同領域的人都能夠做到的。

六、經營起這項事業——你必須工作，工作，再工作

除非你的名氣已經超過周董或林志玲，否則千萬不要預期你只要秀出專案，錢就會滾滾而入、從天而降。況且就連周董或林志玲成功的原因也是因為他們不斷地投入時間，年復一年地經營他們的支持者，直到他們的名氣響徹雲霄，才得以嘗到甜美的果實。美國一份調查顯示：成功募集超過 10,000 美元的案例，平均每天都必須投入將近十個小時；而即使每天平均投入超過五小時，大多還是只能淪為失敗的案例。從這項數據中我們可以想像得到，投入大眾集資活動將會耗費你這段時間絕大部分的光陰，因此事先的計畫和持續不斷的工作是非常重要的。你可能會問，不是將專案放上平台之後就開始「靜候佳音」了嗎？其實勝敗的關鍵就在這一個觀念，在你的專案曝光後，你還必須「時時更新」內容。更新代表集資者花了更多的心力。這麼做能讓已經知道這項訊息的人持續收到通知，感受到你的誠意；另外，

你需要走出你的舒適圈,向外尋求更多人的注意力和支持,告訴更多人:「嘿,我在這裡!」以增加成功的可能性。

 ## 為什麼群眾募資平台上募不到錢?

上面細數的種種優點聽起來很美好,對創業者來說,群眾募資完全顛覆了傳統募集資金的遊戲規則。但現實總有它的殘酷面,群眾募資只有當創業者在時間限制內 100% 募到目標款項時才算成功。所以為了免於募款失敗,千萬別犯以下這些錯誤:

一、沒有告訴網友「為什麼」要投資你

創業者最常犯的毛病就是「直線式」思考,只專注於自己要做的事。但在募資平台上看見你構想的人大多是一般社會大眾,引起他們興趣的不只是投資之後會拿到什麼成品、得到多少回報等「理性面」的訴求,我們還必須告訴支持者「為什麼要做這些事?」及「為什麼你應該在意?」支持者願意投入金錢來資助一個構想,通常還帶有「感性面」的成分。我們需要告訴支持者計畫背後的來龍去脈,跟他們細述一則則這個計畫的故事,讓他們感到這個計畫不只是機械式的投入與產出,更富有暖呼呼的人情關懷與生命力。

二、過度依賴「文字」來表達你的訴求

科學研究已證實,人類實際上能夠專注的時間很短,因此「TED」演說限制每位講者的發表時間只有 18 分鐘。要引起觀眾的注意,一

張圖片勝過千言萬語，一個影片又勝過千百張圖片。要成功獲得支持者的青睞，吸引他打開荷包掏出鈔票，「圖像化」的功夫不可省。適時的將你的構想、成果乃至於團隊成員化諸影像與圖片，可以讓你的計畫更具體、更真實，當然也更能受到支持者的喜愛。

三、你需要有領頭羊拋磚引玉

　　好的開始是成功的一半，當募資活動開始，絕不能讓網友覺得這個活動人氣低落，因為人們總是比較喜歡錦上添花，願意雪中送炭的人非常的少。所以當你將案件放上平台後，一定要先拉一些身邊的親朋好友來支持，確認至少一定有支持者是跟你站在同一陣線，以竟「拋磚引玉」之功。如此一來，不認識你以及你的事業體的網友在網路上看到你的企劃時，絕不會是「淒淒慘慘戚戚」的光景。他們會看到已有人捐款，而不是一個大鴨蛋。你絕對沒看過任何一個乞丐或是街頭藝人收錢的帽子裡是空空如也的，對吧？這樣的道理顯而易見，你應該能夠了解！

四、你沒有讓支持者看懂錢的用途

　　作戰時絕對不能失去明確的目標，同樣的道理，商場如戰場，群眾募資在訴求相當明確的時候，才能達到最大的成效。投資者需要知道如果募資達標後，將會完成某件具體且明確的事情。一開始就說清楚你要做什麼，這是一個讓人們可以了解你的企業，感覺成為其中一分子的重要機會，尤其是當人們在你的願景上下了賭注。所以讓一切變得透明是很重要的，包括將如何使用這筆資金，以及你會遇到哪些挑戰。

五、丟訊息、發廣告，曝光度這回事一定要多多益善

　　試著回想一下你每天都會逛的入口網站，頁面上有哪些廣告呢？一定無法一一說出，對吧？雖然你可能覺得繁複的發出同樣的訊息是在騷擾接受者，但事實上有許多人其實要到三次以上才會真的注意到你的請求。所以如果你只對網友送出一次的訊息來推薦自己的計畫，結果必然是石沉大海！還有創業者也要盡量最大化自己計畫訊息的能見度。不同年齡、不同領域的人習慣接收到訊息的媒介不同，每個人對於不同的媒體有不同的反應，所以不論是實體或虛擬的媒介，都要盡力尋求曝光機會。

六、亂打「名人牌」

　　許多人為了讓自己的計畫有亮點，會使用訴諸名人推薦的模式。但這一招不是萬靈丹，有時甚至會帶來反效果。這其間的差異在於你要確認你請求的那個名人與你的募資計畫主題是有關連性的。如果找到的名人是這個領域的負面指標，那麼絕對是「請鬼拿藥單」，花了錢還得不到效果。如果你的計畫是追蹤與研究核電廠對環境所造成的影響，或是研發相關抗輻射產品，那可以向該領域學者或關心環境的作家、部落客尋求幫助，而不是去找羅志祥或蔡依林。

$ 籌到資金之後……

　　只要是人都喜歡得到他人的關懷與問候，付了錢的金主更是希望他所付出的金錢不會石沉大海，那樣只會讓他感到失望並且對計畫的

進行產生疑竇。所以希望事業穩定成長、受到投資者的肯定，你必須經常和他們 Keep in touch。舉例來說，每週發一封 Email 給支持你的人，表達出你誠摯的謝意，並且也讓他們知道計畫的進度。甚至可以在這封信中夾帶一些廣告與進一步的援助計畫。讓支援你的人感到窩心，進而持續支持你的計畫。

這個方法也可以在你的 Facebook、Plurk、Twitter、Google+ 等其他介面同步進行，別忘了，我前面已經提過，投資你的人通常也是最樂意替你傳播廣告訊息的人，你可以請他們協助將你的產品、服務以口語或在各自的平台，分享給他們的朋友，讓你的事業幅員擴散到世界每一個角落！

然而，網路募資可以算是另類的「民氣可用」，但「水可載舟，亦可覆舟！」對投資者的承諾必須要致力去兌現，不然小心「民氣反撲」！支持你的人，當你的承諾無法兌現時，會是被你傷得最深的那一群。舉例來說，著名的「進擊的太白粉」路跑活動，計畫發起人聽到質疑彩色路跑粉末造成環境汙染的聲音，隨即在其官方 Facebook 上探詢是否路跑不灑太白粉，此舉立即引發眾多網友大罵詐欺，並要求退費。最後折衷是減少用量與改變噴灑方式，但已造成贊助者的不悅，為其後各地路跑的籌資蒙上陰影。

Have Your Thought !

 你曾經線上募資過嗎？如果沒有，請參考前面的線上募資平台一覽表，記錄下每個平台的特色。

前述募資平台，哪一個與你事業特性相符呢？

你的公司或你的創業歷程是否有能與網友分享的小故事？

借他人之力，創造自己的財富

借力為什麼重要？有個故事是這麼說的：

有一個老爸，跟他的兒子說：「我已經幫你找好了一個女孩，我希望你娶她為妻。」

兒子說：「現在是自由戀愛的時代，我想要自己找我的伴侶。」

老爸說：「對方可是比爾‧蓋茲的女兒。」

兒子經過一番考量後答應了他老爸。

老爸找了比爾‧蓋茲，說：「我幫你介紹一位年輕有為的青年人給你女兒。」

比爾‧蓋茲：「我女兒還沒有想結婚。」

老爸說：「可他是世界銀行的副總裁。」

比爾‧蓋茲考慮再三後也應許了那個老爸。

老爸後來找了世界銀行的總裁，說：「我幫你找了一個有利你的人來做副總裁。」

總裁：「我們副總裁已經很多了，不需要再增加一位。」

老爸：「可他是比爾‧蓋茲的女婿。」

總裁一聽也認真的將這個老爸的建議納入考量。

不久後，這老爸的兒子娶了比爾‧蓋茲的女兒，而且還當了世界銀行的副總裁。

　　瞧！誰說一定要手中握有資源才能做生意？只要善於借力，生意也一樣能談成！

　　對於上一則故事，你可能會想又不是每個人都能與比爾‧蓋茲或是世界銀行總裁見上一面，怎麼可能那麼容易就借到力呢？的確，故事只是故事，若非手中已經握有龐大資源，要與「大咖」級的貴人見上一面，通常只有吃上一頓閉門羹，但這個故事要告訴我們一個更重要的觀念是：「手中沒有資源，其實也能借力！」而這樣的概念我們仍可以應用在生活中，讓我們的工作、事業如虎添翼！

　　舉例來說，在我「借力致富三部曲」的課程中有一位女學員是國內知名網路行銷業的總裁祕書，在課程前，總裁讓這位祕書去參加一個貿易展，要她去現場蒐集 500 張名片，這位女學員對這項任務十分困擾，天性害羞的她在課堂間的休息時間私下向我提出了這個問題。她說：「這麼多，我要怎樣才能蒐集全呢？」

　　我回答她說：「非常簡單啊！我問妳，在那個展覽會上，是不是也會有人想蒐集名片？」

　　她答道：「是啊！」

　　我便跟她說：「妳在現場找來另一個也在蒐集名片的人，然後對他說：『把你所蒐集到的名片全部複印一份給我，三天後，我就會給你兩倍的名單。』」

　　她皺了皺眉，然後說：「我應該蒐集不到對方的兩倍的名單。」

　　我對她說：「妳不需要蒐集任何名片，妳只需要在現場找到十個同樣在蒐集名片的人，把同樣的話講給他們聽就好了。」

　　她在當下非常滿意的點了點頭，並在課後立即加入了我所主持的

「王道增智會」。「借力」就是這麼一回事，並不是手中已經握有資源才能做。只要你有想法，無須勞動就能創造價值，最後你得到了你想要的，別人也得到了他想要的，攜手共創雙贏（win win）的局面！

$ 借力，讓你運用資金如魚得水

美國有一家私人圖書館因為舊了，重建了一棟新的館後要搬家，可是圖書館的圖書太多了，如果請搬家公司，約莫要花上 200 萬元美金費用，可是重建新館已耗費甚鉅，已經沒有那麼多的經費，怎麼辦呢？後來請了高人指點，方法是：圖書館在報紙上發布一則廣告，從現在起全市人民可以在舊的圖書館裡免費借 10 本書，唯一的條件是還書時需還到新的圖書館去。就這樣，這家圖書館節省了搬家的八成支出，這就是借力的魔力。

關於借力，還有一個故事是這麼說的，有一對父子倆在沙灘上玩，父親讓兒子搬一塊石頭，兒子太小，怎麼也搬不動。父親問他說：「你用盡全力了嗎？」。「用盡了。」兒子回答道。父親用非常嚴肅的語氣告訴兒子：「你沒有用盡，還有一種力量你沒有用，這個力量就是你為什麼不請我幫忙呢？」這一則簡單的故事，包含了深刻的道理。它告訴我們：每個人的力量中，還包含著借用他人之力！對於想要創業致富的人更是如此，俗話說：「一個好漢三個幫，一個籬笆三個樁。」人要成就一番事業，光靠自己孤軍奮戰是行不通的，還必須懂得借助別人的力量。現今餐飲業的第一品牌——王品集團，董事長戴勝益就曾經創業失敗了 9 次，卻又能屢敗屢戰，20 年來的成功之路，

靠的就是「借力」。1993 年，戴勝益離開家族企業自行創業時，手頭沒錢的他，在毫無抵押品的情況下，就靠著強而有力的人際網絡，找到 66 個人借錢，籌到了 1.6 億元創業。

$ 危機處理，更需要借力

每個創業歷程必然會遇到危機，而危機處理的方式不同，結果也必然不相同。美國一間位於沙加緬度市的高級餐廳，就曾遇到餐廳最怕碰到的事：有一位在當地頗具盛名的美食家來到這間餐廳用餐，然後在他的美食部落格發表了洋洋灑灑一大篇的負面評論！

這個美食家，顯然對這家餐廳的食物非常不滿意，他把每一道菜都批評得體無完膚，「這家的雞翅，好像在超市試吃的一樣；所謂五分熟的漢堡，吃到中間，竟然是冰的、全部都是血色的肉；肋排雖然還算溫熱但幾乎都沒有味道，連披薩的醬和它的麵包都是非常速食的口味，讓我認為這家高級餐館的東西應該是買冷凍食品直接加熱食用的……」

把一家餐廳批評成這樣，聽起來好像美食家和這間餐館有仇似的，試想如果這是你的餐廳，你會冷處理還是熱處理？

這篇評論於發布出來幾天後，這家餐廳什麼都沒有回應，只是推出了一場簡單的「行銷活動」──只要這位美食家提到過的食物，通通都「半價優待」，歡迎所有市民前來嘗嘗看！

過了一個月，因為這個大降價的促銷方式，這間餐館的名氣竟然比以前更大了，客戶也比以前更多，所有的媒體已經不是在報導當初

的那位美食家的負評，而是這家餐廳的「好康優惠」！

 ## 借力，從這一步開始

　　看完上面的例子，你是否有體悟到，其實借力就是一種「資源整合」。而整合成功的前提是，你要清楚的知道，自己到底需要的是什麼？也就是你的目的和目標要搞清楚。而借力的對象又想要什麼？

　　資源整合就像結婚生子一樣，要懷上孩子一個人必定做不到。但若懂得技巧，資源整合不需要像經過十月懷胎才能生子，可以整合一個現成的，除了省去了十個月的辛苦煎熬，更高竿的，可以直接整合一個 20 歲成人，省去了二十年來的打拚，撫養、教育小孩……這些過程所需投入的資源！

　　在歷史上成就一番大事業的人，不一定都是本身能力高強的人；反過來說，這些人的共通點，其實就是「整合能力」極高。以唐朝的西進取經的唐三藏為例，他其實並非整個取經團裡能力最強的一員，但他很清楚自己要什麼、有什麼資源。為了達到目標，現在還差什麼資源。讓手下為己所用，最終成就了這一番千餘年前的壯遊，為中國帶回傳世千古的不朽經典。而企業創業之初，這個生存階段，什麼都缺，因此最重要的是資源整合的工夫，也就是「借力」。創業最缺資金，由於借資金的竅門眾多，已在本書的其他篇章分述。除此之外，我們再來看看，還能借些什麼，成就自己的財富地圖。

一、文案影片借力術：向媒體借力

　　如果你已經有產品了，但是苦惱於賣不出去，那們你應該做的就是這一步。首先，找尋適合的媒介載體，持續注意你的焦點客戶會觀察的媒體、書籍、網站、關鍵字、議題。不管自己要賣什麼東西，都要先了解客戶的興趣，以客戶的興趣來吸引他們的目光，再透過溝通來銷售產品。而媒體只是媒介，是訴求內容的載體。媒體就是傳播內容的地方，主體是內容，使用媒體時，標題要引起注意，內容要簡單。重點是要引起客戶興趣，並使他留下「名單」。若向媒體購買廣告應注意標題要下對，並清楚知道應該導入什麼樣的訴求網頁。這個引起注意的標題，不能只是賣商品，最好能夠跟上流行與社會議題的風潮，再逐步導引至要販售的商品。以下提供幾種吸引媒體的方法：

1. 超級貴、超級便宜、超級好康：這類特性的銷售模式都可以吸引很多人潮，進而吸引電視媒體的採訪。

2. 設計爭議性話題：引發部落客及社群造成口碑效應。譬如藍綠兩黨這種有兩派人馬，只要透過一句話便可造成雙方騷動的議題，他們為了證明自己是對的，就會號召更多人來支持這個議題。用在商業上，假如有兩家漢堡店，一家位於東邊，一家位於西邊，兩家漢堡店都說自己的最好吃，一直爭執不下，最後辦了一場大型比賽，比賽的結果則是皆大歡喜：東漢堡店的 A 口味漢堡最好吃，西漢堡店的 B 口味漢堡也獲得高人氣支持。只要將市場切割，就是一個雙贏的結果，後來東漢堡店成為東邊所有漢堡店的第一品牌，西漢堡店亦然。

3. 為你的產品出一本書：書籍能夠在人的心中塑造權威感，進而在客

戶需求時找上你。另外，實體書籍後幾頁通常會有「讀者回函」，讓你能藉此與潛在的消費者互動，獲取名單。你也可以在書籍中留下網址，吸引讀者至網站註冊，留下名單。

二、以「免費試用的贈品」（或免費電子書）換取宣傳

將你的部分商品免費提供給具有流量的媒體。讓對方把該商品放上他們自己的平台吸引流量，或是提升銷售的一個工具，對方可以利用你所提供的免費贈品換取客戶註冊。而你則能在你所提供的商品上置入你的聯絡方式。若你的文筆不錯，那麼提供免費的電子書作為贈品，更是能大大降低你的宣傳成本。你可以在該電子書裡，加上自己的產品銷售連結，即可促使閱讀此書的客戶來購買你的產品。

三、向相關行業借力的曝光點

整合的過程就是槓桿借力的過程，所以資源整合就是一個工具，資源整合運用得好，螞蟻也能搬動大象。槓桿借力就是四兩撥千斤，古往今來，借船出海，孔明借東風，草船借箭，借刀殺人……。在商場上，最厲害的整合就是整合價值觀、整合平台，最核心的就是使命遠景是否一致，如果不一致，這個團隊未來就會有巨大的危機。你要向相關的行業借力，首先列出這個領域的名單，找出各種相關行業的最大品牌，稱之為標竿，並複製這些標竿業者的手法。找出這些相關行業的聚集平台，通常是工會、協會等，到這些地方留言，吸引相關業者的興趣。並列出這些相關行業的客戶族群集中地以及這些客戶所關注的媒體。借力的第一步是「列名單」，接著再評估比較有效率以及容易實現的產業，並向其借力。

$ 借力之前要注意

一、讓別人容易做

　　由於筆者事業旗下有行銷與業務部門，所以有很多人想要跟我合作，也有很多人跟我說：「王博士，我們的商品很好，如果你跟我們合作，一定可以成功。」每個人都希望我幫他賣商品，因為我有流量。但最後卻只有極少數人與我合作成功，這是為什麼？因為「資源有限」，我沒有多餘的時間幫「別人」賣商品，賣自己的商品都自顧不暇，尤其一百個來談合作的人，會有90％不符合我們需要的條件，所以無法合作。相反的，若知道對方需要什麼樣的條件，就容易談成功。通常需要的條件是「讓別人容易做」，例如要別人花錢很容易，但要別人花時間很困難，尤其手中擁有平台、資源的企業主都是很忙的！

　　此外，借力必須清楚讓對方知道「他該做什麼」，許多有機會與你合作的老闆，在合作前的優先考量並非金錢，而是「時間」。若我方產品對方認同，則必須「能讓對方簡單做」，絕不能讓對方感到這個合作會消耗到花在原本事業的時間。這有幾個步驟：

1. 幫對方準備好文案、商品文宣。
2. 使用對方的客戶名單，對方僅須將我方的文宣寄出。
3. 提供對方人手（以不消耗對方時間為首要任務）。
4. 提供必要資金、贈品。

　　那麼該如何寫這封文宣呢？以《王道：創富3.0》這本書為例，可以這麼寫：「感謝您多年來支持王道系列叢書，我們現在有一項很

棒的商品要送給您，請至 www.silkbook.com 索取贈品。」短短一句話，便非常容易吸引顧客上門。

二、借力要有籌碼

這很容易理解，沒有籌碼就無法得到金主的青睞。例如，行銷專家本身手中擁有銷售資源、曾出書、有知名度，這就等於擁有籌碼。若沒有這些籌碼，就要有方法建立籌碼。舉例來說，王建民或林書豪與廠商合作開設體育用品店，他們已經擁有的名氣，就是他們的籌碼，合作過程中他們自然不需花一毛錢；如果你想與周杰倫合作開 KTV 也是如此。所以打造你的商業模式（Business Model），就是你的籌碼。而這個商業模式包含一張能創造價值的名單、擁有良好的人脈管道……，總之唯有讓對方認知到與你合作能夠創造「雙贏」的局面，他才有可能願意推你一把。

三、借力要找夠有力、夠精準的人

這點至關重要，他們有能力製造媒體傳播，這時候有沒有向他們銷售產品已經不重要了。我在 2014 年 6 月應「中華華人講師聯盟」之邀，開了一場「世界華人八大明師」的課程。這個聯盟中有一個老師，他曾經在北大演講，下面的聽眾是 500 位大企業老闆，這些老闆對他的演講非常滿意，因此中國石油便請這位老師當顧問，其他客戶也隨之紛紛到來。這個案例中，夠有力、夠精準的並非中國石油，而是北大，因為北大有能力召集 500 位大企業老闆，而這些老闆也都是很有影響力的人。

關於借力的對象這點歷史上有另一個故事，在 20 世紀 70 年代的

石油危機影響了世界經濟的發展，但美國卻在德克薩斯州發現了一塊儲量豐富的油田。當時美國聯邦政府要拍賣這塊油田的開採權，各石油公司聞風而動，他們紛紛籌措資金，大家都知道誰能得到這塊油田的開採權，誰就能在今後的幾十年守著一個金礦，豐厚的利潤將會源源不斷地流入腰包。謨克石油公司也對這塊肥肉垂涎欲滴，可是僅憑自己上百萬元的資產，怎麼和那些石油大亨競爭呢？

謨克公司的董事長道格拉斯陷入了沉思。忽然他想到：「我們公司是花旗銀行的老客戶，所有的資金都存在該銀行，能不能請銀行的總裁鐘斯出面，將這塊肥肉拿下呢？」鐘斯是美國無人不知、無人不曉的銀行大王。在與鐘斯通過電話後，鐘斯答應他。鐘斯問他最多能出多少錢，道格拉斯表示自己最多只能出 100 萬美元，無法再多了。於是鐘斯就告訴他會幫助他，但是成功與否，就只能看天意了。

拍賣的那天，所有知名石油公司的老闆紛紛到場，大有志在必得的勢頭，謨克石油公司是最小的一家公司。拍賣會快開始的時候，鐘斯姍姍來遲，石油大亨們看見鐘斯到場，都感到非常驚訝，難道銀行巨頭也要投資石油？所有的競爭者都亂了陣腳，因為如果鐘斯想買這塊油田，恐怕大家都不是他的競爭對手。拍賣會開始了，主持人報出底價：50 萬美元，每個拍賣檔的價格是 5 萬美元。也就是說，誰想報價，只需舉一下牌子，就會在原價格的基礎上增加 5 萬美元。主持人剛報出價，鐘斯就舉起牌子：「我出 100 萬美元。」所有的人都震驚了，銀行巨頭如此財大氣粗，直接就將價格喊道 100 萬美元。其他人都不敢出價了。「100 萬美元，7 號報價 100 萬美元，還有沒有報價的？」主持人連喊三遍之後，鄭重宣布，油田的開採權歸謨克石油公

司所有，整個拍賣會只進行了五分鐘。

　　謨克石油公司最終得到了油田的開採權，就是因為他借了銀行總裁的力，才得以獲得這筆開採權。

四、要從對方立場來說話

　　凡事都是一體兩面的，因此你希望別人來讓你借力，絕對不能開宗明義的向對方說：「我要來借你的力。」這麼說絕對對方理都不理你！俗話說的好：「話有三說，巧說為妙」，借力更是如此，如果說得不到位就借不到力。

　　舉例來說，你對鄰居說：「我家有一盆花，你幫我修剪一下吧！」對方一定不可能幫你，他心裡會想：「哼，要我給你賣體力，門都沒有！」但如果你換一種說法：「我發現你家的花修剪得特別漂亮，你在這方面造詣很高。哎，我家有一盆花，你能不能教教我，看怎麼剪才漂亮？」對方一定會高高興興地幫你剪花了。

　　有一個「向和尚賣梳子」的故事，更是巧妙地掌握了說話的技巧，成功在「和尚」這個看似毫無賣梳子潛力的對象上借力，讓自己的梳子大賣。故事是這麼說的，有 3 個賣梳子的人，他們都向和尚推銷梳子：

　　第一個賣梳的人，找到和尚說：「大師啊，你買把梳子吧！」和尚一聽，說：「我沒頭髮要梳子幹什麼？」他說：「你雖然沒頭髮，但可以用它來刮刮頭皮，撓撓癢，既舒服又疏通經絡，經常梳也是種鍛煉，腦子清醒，背經文記性好啊。」和尚一聽，心想：買把梳子有這麼多好處，反正不貴就買一把吧！

第二個賣梳的人，找到和尚說：「大師啊，買把梳子吧！」和尚說：「我沒頭髮要梳子幹什麼？」他說：「梳子不僅可以鍛煉身體，清醒頭腦，而且你在拜佛的時候，梳梳頭表示修整儀容，表示你對佛的尊重，如果讓你的弟子在每天朝拜佛祖的時候刮刮頭皮，表示眾弟子對佛的虔誠，更表示你大師對佛的一片深情厚誼。」和尚一想，對呀！於是就給他的 10 個弟子每人買了一把。

第三個賣梳的人，找到和尚說：「大師啊，你買把梳子吧！」和尚說：「我沒頭髮要梳子幹什麼？」他說：「你雖然沒有頭髮，但到你廟裡燒香拜佛的信徒很多，你在梳子上寫上廟的名字，再寫上三個字『積善梳』，說可以保佑對方，這樣可以作為禮品放在廟裡，香客來了就送，保證廟裡香火更旺！」和尚一聽，覺得甚有道理，馬上買了 1,000 把！

這個故事說明，你若要借力他人，一定得從他的角度來思考，言語也必須讓對方覺得有利，才有可能成功。做生意更是這樣，大家都要有利。你想賺，別人也想賺，如果你想要獨占利益，那麼誰都不願跟你合作。

五、借力要有信譽

借力既然是「借」，那麼俗話說：「有借有還，再借不難。」是必須遵守的箴言。如果你是個借了不還，借了就賴，借了就虧，「肉包子打狗有去無回」的人，誰敢借錢給你，誰借你誰倒楣。一個人信譽不好，就要付出很大的成本。你所維持的信譽能夠讓困難的事變得很簡單；換言之，如果對方不信任你，就會搞得很複雜，要防這防那，

搞出很多條條框框，成本就很大。

借力創業的正確思維

　　筆者由於工作的關係，常常須到中國大陸洽公，曾在深圳發現其經濟轉型有所謂的「三來一補」政策。「三來一補」的「三來」是指來料加工、來樣加工、來件裝配，而「一補」是指補償貿易。這個政策講的就是借用內地省分的廉價勞動力、優惠的稅收政策、水電資源等從事生產，產品生產出來以後，貼上企業自己的標籤，就成了該企業的產品，甚至是進口產品，再返銷回內地，價格上翻了好幾倍。

　　曾有位與筆者合作過企業家這麼對我說：「利用別人賺錢的人，才能賺大錢。我佩服那些憑真刀真槍自己幹出來的人，他們是條漢子；但我更佩服那些會利用別人發展起來的人。你有本事，我利用你的本事，你聰明，我用你的聰明。」是啊！漢高祖劉邦，帶兵打仗，不如韓信；運籌帷幄、決勝千里，不如張良；治國安邦，不如蕭何，真本事沒有一項比過別人，但他照樣獲得了成功。人生成功的捷徑，就是將別人的長處最大限度地變為己用，這就是借力的精髓。

　　沒有人可以獨自成功，要想有所成就，要想擁有自己的事業，就必須懂得如何與他人合作，借助他人的智慧、借助朋友的關係，塑造一個易為他人接受的自我事業，讓任何人都能成為你人生啟航的港灣，讓朋友助你成就大業，集眾人的力量成就你輝煌的財富！

Have Your Thought !

 回想一下你的上下游廠商有哪些？他們有哪些你沒有的資源？

....

....

....

....

 你有哪些他們想要的資源做為籌碼？

....

....

....

....

 思考一下，你該怎麼說，讓對方認為與你合作對他們有利？

....

....

....

....

籌資的關鍵因素：創業計畫書

Idea 36

　　創業籌資的管道有很多種，但萬變不離其宗，相信眼尖的讀者一定有發現，在前面提到的各種籌資方法中，除了「向親友借貸」以外，所有籌資管道的關鍵影響因素都指向同一件事——你的「創業計畫書」。其實，創業就像一場充滿冒險與驚奇的尋寶歷險記，而「創業計畫書」就是那張尋寶圖，只不過這張尋寶圖不只是展現夢想而已，還必須能夠讓你按圖索驥、實現夢想。更重要的是，這張藏寶圖的用處絕非敝帚自珍，而是需要讓它在大眾面前曝光，作為向外界籌資溝通的工具。幾乎所有的專業投資者與融資機構都必須要看到一份確切可行的執行計畫以後，才會評估是否值得投資。因此不管是向銀行、創投或政府機關提案，創業計畫書都是必須事前準備的重要事項。

　　創業計畫書的本意，就是要讓創業主清楚的了解，你的創業是否具可行性，是否真的需要這筆錢，是否了解未來公司該怎麼運作。而撰寫創業計畫書的過程，正好能夠幫你好好檢視自己一番，也是幫助自己在事業上能夠更明白怎麼走。當然最重要的，是能夠藉著這份計畫書，讓創業主展現自己的公司、團隊與創新概念，以募得創業所需資金。

$ 創業計畫書——速成篇

　　創業這檔事，真是千頭萬緒，尤其是募資所需的「創業計畫書」，每個提案的創業主都給出厚厚的一本，密密麻麻的條目一大堆、要檢附的資料更是多如牛毛，真不知道創業主要如何「生」出來。

　　其實會這麼想是正常的，尤其是第一次創業的「首創族」，對自己的公司定位尚未明朗，在尋求募資管道之前也從沒聽過創業需要寫什麼計畫書。其實不管有沒有募資這個目的，筆者建議每一個想要成功創業的朋友，都應該寫出一份創業計畫書。因為當你寫下你的創業計畫，你會在自己的事業上做研究，進而獲取在該產業上的知識，知道自己在做什麼。寫計畫書時，就如同在做一項完整的「產業分析」，可以幫助你釐清顧客的習性、了解自己所在的市場的情況如何，以及競爭者的能力。如此你將能看清楚自己需要建立什麼優勢，也能先看到自己的弱點。

　　那麼，一份好的企畫書，到底該怎麼下手呢？

　　雖然企畫書沒有一定的頁數，也沒有規定的格式，但還是有一定的資訊必須提供給創投、評委看到，以利他們做決定。尤其有的創投公司每年所審的 Case 可能多達數千件，直接寫對方想看的，絕對是對彼此都有利的策略。如果你是沒有向創投提案經驗的人，那麼以下的架構能讓你切中核心，精準回答創投業者想看的、想知道的問題。看完之後多想、多動筆，保證讓你一回生、二回熟、三回成高手！

一、摘要（Business Overview）

　　須包含創業動機、計畫目標、公司團隊簡介等三個部分。在撰寫這個段落時須強調計畫的重要性，你可以在此簡述公司成立時間、形式與創立者；參與人員的學經歷與專長；因為什麼契機或看到了哪些發展的可能性讓你起心動念想創業。並在最後以結論總結摘要。

二、產品或服務的介紹（Product or Service）

　　這個段落要正式介紹你所端出來的「菜」是什麼。可以提出你的產品或服務在這個市場上的定位，以及詳細敘述產品或服務的內容。以內容介紹來說，可以用以下架構來描述你的產品與服務：

1. 產品的原生概念。

2. 性能及特性。

3. 產品的附加價值具有的核心競爭優勢。

4. 產品的研究和開發過程。

5. 發展新產品的計畫和成本分析。

　　另外，請務必附上產品原型與照片（或繪圖）。若你的產品已取得專利或建立品牌，那麼更是需要強調的重點。另外，你的說明要準確，也要通俗易懂，使不是這個領域的專業人員（即投資者）也能明白。

三、產業研究與市場分析（Market Analysis）

　　除了介紹你的產品優點之外，創投重視的當然是未來能獲利與否。所以你必須告訴他，你的產品或服務，並非「叫好不叫座」。因

此，首先你必須分析這個領域的產業概況與背景，讓對方了解你在這個市場並非一無所知就要跳進去做；其次，你需要分析你的目標顧客、市場規模與趨勢，以及你的競爭優勢，然後再依此預測市場占有率與銷售額。除此之外，還可以依以下各項逐條分析：

1. 該行業發展程度如何？現在的發展動態如何？（至少要讓對方認為你的事業並非「夕陽產業」，不至於走入削價競爭的血海戰場啊！）

2. 創新和技術進步在該行業扮演著一個怎樣的角色？

3. 該行業的總銷售額有多少？總收入為多少？發展趨勢怎麼樣？

4. 是什麼因素決定著它的發展？

5. 競爭的本質是什麼？你有哪些競爭者？你又將採取什麼樣的戰略？（如果你的商品和別家賣的一樣，那我為什麼要和你買呢？）

6. 經濟發展對該行業的影響程度如何？是否有政府的相關輔導與政策協助？

7. 進入該行業的障礙是什麼（資本、技術、銷售通路或是經濟規模……）？你有什麼克服的方法？該行業典型的投資報酬率有多少？

8. 市場上有什麼功能相似的產品或服務？（除了 UPS、DHL 這種快遞業，連 Email 這種「非同業」也著實搶走了郵局不少生意！）在這個分析中，如果發現市場進入障礙高、替代產品少，則有利於創業主進入這個產業；反之，創業主就必須說明為何自己的技術、產品或服務，能夠在激烈競爭中存活下來。另外，創業主也應說明自己的事業如何在市場中占有一席之地。對這份專案的分析方法很多，有些企業會採取 SWOT 分析，找出公司的競爭優勢（Strength）、

劣勢（Weakness）、機會（Opportunity）、威脅（Threat），以擬訂經營策略供其參考。

以華碩電腦為例，其在創業初期，童子賢等四位創辦者因其生產主機板技術領先他國各廠（優勢），鎖定了主機板的研發。在創業策略上，考量到當時台灣電腦業者在規格制訂上並不具有發言權（劣勢），甚至中國與韓國的生產技術已急起直追台灣不放（威脅），為了降低風險，他們制訂了「緊隨半導體龍頭英特爾」（機會）的創業策略。

這種追隨老大的結盟方式，使得華碩能夠在短期內隨著全球領導品牌打入各個市場，帶來高成長與高獲利，讓華碩能夠在創業初期急速擴張，站穩在資訊產業的立足點。

你可能會想，這些比較、分析的東西，我連資料都沒辦法找到，怎麼可能寫得出來呢？別慌！其實以上所需的資料，我們可以利用政府的出版品、大學的論文、公會資訊……這些圖書館都可以找得到的資料，其中就有很多現成的分析。如果希望能夠有更精闢的觀點，你還可以直接打電話到該行公司詢問，或問該行的親朋好友。經過這樣的過程，相信你的創業之路不再是「摸著石頭過河」，通往成功的道路已儼然成形！

四、行銷計畫（Promotion）

行銷計畫指的是你整體的行銷策略，通常你的產品賣得好或不好，並不完全取決於產品本身，更大的影響因素在於跟產品搭配的行銷計畫。通常會以行銷學上的 4P 著手：「產品（Product）」、「價

格（Price）」、「促銷方式（Promotion）」及「通路（Place）」。藉由上述的觀念，你可以在這裡敘述你對產品的定價、未來的服務與品質保證、廣告與促銷方式、通路與產品的行銷。

五、管理團隊（Management Team）

這部分你可以寫公司的組織系統、職掌、主要投資人、投資金額、比例以及董監事與顧問。現代的公司組織已打破過去金字塔式或傳統式工作分類，所以，可能出現扁平式組織、工作外包或分包等新的工作模式。

六、財務規劃與公司報酬計畫（Financial Overview）

包含成本控制、預計的損益表、預計資產負債表、預計的現金流量表、損益平衡圖表與計算。對這部分不熟悉的創業主可主動請教會計師，讓他們來為你的公司財務管理做一次完整的健檢！

七、結論與願景的期許（Conclusion）

綜合前面的分析與計畫，說明你的事業整體競爭優勢，並指出整個經營計畫的利基（Niche）所在。期許你的事業未來能夠藉由對方的投資之力，尤其強調投資案可預期的遠大市場前景，這項投資能讓你的事業從良好到卓越（Good to Great），使彼此邁向雙贏（WinWin）的局面。

八、附錄（Appendix）

附上能夠證實前述各項計畫的資料、詳細的製造流程與技術方面

資料、各種具有公信力來源的佐證資料、創業家詳細經歷與自傳等。

 創業計畫書——精進篇

　　看過上面對創業計畫書的介紹，相信讀者已經對一份完整的創業計畫書該有的架構與格式有清楚的了解。但要獲得創投的青睞，光只是結構完整、內容精確還不夠，這樣只有讓投資人或銀行了解創業者的狀況及需求，並未能夠達到讓投資者見到就愛不釋手的程度。畢竟「架構是死的，必須有靈魂才行！」究竟要有怎麼樣的靈魂，才能吸引投資者的目光呢？

一、量身訂做，對審核者投其所好

　　有些創業主的創業計畫書不受金主青睞，最主要是因為他們的計畫書太過以自我為出發點，內容寫得紮實卻非對方想要的。創業計畫書可能用於申請政府專案貸款、向創投公司集資募款，既然是向外籌資，你必須以對方的思路來思考，為什麼他們要投資你？他們需要什麼樣的提案來得到效益？對象不同，撰寫內容與重點也略有不同。

　　舉例來說，給貸款銀行和給創投公司的創業計畫書，重點就不盡相同。銀行借錢給創業者，回收本金遠比能不能從這個創業案賺取高額報酬來得重要；因此，創業計畫書的可行性、創業者的個性穩健與還款能力，是銀行在審核時的重點。太先進、太獨特的產品對銀行來說，反而風險較高，會降低他們的投資意願。因此在創業計畫書中應多強調創業主穩健踏實的一面。

對創投公司來說則正好相反，他們希望創業者的技術、產品具有獨特性，以獲得未來爆發性的報酬。因此，創業計畫書要以獨特的技術、產品、專利以及將來的獲利來說服創投公司。

二、不要刻意隱瞞弱點

不管多有自信，絕不能在創業計畫書中說自己沒有競爭對手。對你來說，這可能是你的「第一次」，但卻可能是貸款銀行或創投公司這星期看到第二個或第三個類似產品或服務的提案了！創業主在撰寫計畫書時，最容易犯的毛病是過分強調自己所熟悉的業務，而刻意忽略不熟悉的部分。一位技術背景出身的創業主，可能花費一半以上的篇幅描述技術功能，以為這樣子就能迷倒一票金主，卻用不到一頁來說明市場行銷。

所以當你撰寫創業計畫書時，除了清楚告知投資者有關事業經營的過程與結果，還是要努力做足功課，明確地將公司內部競爭劣勢、外部機會威脅與可能遭遇到的問題找出來，有可能是優勢相當的同行，也有可能是類似的產品，卻對你的產品有取代性。如果你將經營遠景及市場評估描繪得過於樂觀，只會損及投資者眼中對你的信任度，對吸引金主毫無助益。

三、數字、金額要合理

籌資就是找錢，說到錢，最重要的不外乎「金額」。投資者通常都會請創業主評估他們需要多少錢，其實在投資者的眼中，也就等於他們的公司或產品「值多少錢」。所以創業主在撰寫計畫書時，就應該要先做好基本的功課，提供投資者詳細的投資報酬分析。在計畫書

裡的任何金額，必須明確地說明所採用的任何假設、財務預估方法
與會計方法，同時也應說明市場需求分析所依據的調查方法與事實證
據，並事先找好資料來佐證自己的計畫案。如果你過於高估獲利，卻
低估成本支出，即使募資成功，在後續的實際執行過程，還是很有可
能會遭遇資金週轉不靈的窘境。

　　除了資金的需求與報酬金額之外，募資金額運用的占比也必須合
理。曾有一份向創投公司提出的創業計畫書中，創業主很自豪的指出
將運用營業額的 35％來從事研究開發，這個比例遠較同業平均水準高
出了近 10 倍。或許創業主對其技術研發有遠大的理想，但創投公司
等金主看到的卻是其行銷等方面的資金遭到嚴重排擠，不知一旦投入
資金，何年何月才有機會回收？

$ 募資成功後的創業計畫書

　　好的開始是成功一半，花了許多時間與精力完成的創業計畫書，
在成功募得資金之後，是否還需奉為圭臬一字不變地比照辦理，還是
從那一刻起就已功成身退了呢？

　　我們藉由世界軟體巨擘 Adobe 來看看他們是怎麼運用創業計畫書
的。Adobe 創辦人 Geschke 和夥伴提出了創業計畫書，想把印表機跟
軟體整合在一起，在當時這個構想很新穎，許多創投都對他押寶，於
是成功募到了 250 萬美金。

　　這時 Digital 的高登・貝爾（Gordon Bell）找上了 Geschke 說：「我
不需要你的印表機，因為我已經有印表機了，但我需要你的軟體，你

是否願意把正在開發的軟體賣給我們？」Geschke 回答：「喔，不，我們的創業計畫不是這樣，我們是要結合印表機和軟體。」所以貝爾很失望的離開。

後來 Apple 的賈伯斯也來問他要不要把公司賣給他，他說不。賈伯斯又說：「那你把軟體賣給我使用好了。」Geschke 依然拒絕賈伯斯，並說：「那不是我們的計畫，我們已經募資，為了按照公司計畫執行，我們要結合印表機和軟體。」賈伯斯說：「喔！你們一定是瘋了。」

後來 Geschke 向董事會主席威爾斯說明這兩次拒絕合作的經驗，經過威爾斯的建議，才明白創業計畫書的目的只是用來募資，於是在這之後，他們依照客戶的需求重新規劃，不到一年就開始獲利了。

創業是一種高風險的挑戰，如果沒有任何依循的方向，很容易就在市場上的眾說紛紜中迷失。而創業計畫書，正是扮演著指引創業主方向的明燈，絕非籌資成功後就可以束之高閣。但創業初期的構想只是一項新事業的開始，好的創意也只是個開端，計畫書的內容再完美都只是假設。外部環境在變，遇到的機會也在變，好的創意不見得在任何時間、任何地點皆一體適用。創業者一開始擁有的資訊不足，經驗也不夠，所以不可能一次就做出正確的決策。應該隨時檢視計畫書的構想，從客戶給的反應來檢討，不斷反覆質疑與驗證之後，再系統地調整內容，適時添加新的元素，才能夠釐清創業路上的每一步，讓你的創業計畫書與時俱進，也讓你的事業逐步成長茁壯、蓬勃發展。

Have Your Thought !

 你是否動手寫過「創業計畫書」呢？其中最困難的是哪一個部分？

....

....

....

 請寫出你的事業的S（優勢）、W（劣勢）、O（機會）、T（威脅）各是什麼？

....

....

....

....

 請針對你的產品，寫出至少三個行銷方案。

....

....

....

Idea 37　微創業當道，誰說要很多錢才能當老闆！

　　西裝筆挺的上班族，不是你想要的生涯？你天生反骨，不願做一般的朝九晚五的工作？人生想自由自在，還是你不想再過著只領 22K 的生活？被老闆辭退了、需要在家帶小孩⋯⋯，迫於無奈。不論是什麼樣的原因，許多人腦海裡一定都曾浮現過「創業」一途。尤其新世代的年輕人有創意、有想法，愈來愈多人希望憑藉自己的能力，投入創造自己的事業，掌握自己的人生。但是一想到需要大筆的金錢投資，動輒數十萬、上百萬，對於那些沒有大額資本當本錢的人來說，這一切似乎仍然是十分遙遠的，絕大多數的人也因此卻步。沒有大額的資金當本錢就難以致富了嗎？

　　其實不然，任何事業都是由小到大，在不斷總結經驗、積累資金的過程中，慢慢發展起來的。東京著衣、Lativ 這些公司一開始就是用很小的資本，創造巨大的成果，顯示著「資本密集」的工業革命時代正在落日，取而代之的是「知識密集」的網路革命時代。因此，創業關鍵是選好項目，沒有資本，靠著好點子一樣可以圓自己的創富夢。更何況一生下來就擁有財富的人畢竟是少數，與其臨淵羨魚，不如退而結網，如果你做好足夠的市場分析，腦海中的想法只要能夠切中消費者需求、產生物超所值觀感的產品，利用現在便利的資源與無遠弗屆的網路系統，能幫助你用「微小的資金」，一圓創業的美夢。

$ 微創業的思惟

　　既然口袋裡「麥可麥可」沒那麼多，那麼走上創業一途，勢必要當省則省，校長兼撞鐘！「微創業」的意思就是用微小的成本進行創業，它的核心思維就是「從點做起」，你要說這種創業類型是 Small Business 或是 Micro Business 都可以。摩爾定律說：「每一次晶片的技術革新間隔約 18 個月，每革新一次，晶片的運轉速度就提高一倍，但價格不變。」這種成本愈來愈小，容量卻愈來愈大，功能愈來愈強的特性，正是微創業的最佳寫照。而個性化、創新化、技術化是關鍵。通常這種創業模式是在細微的領域中進行，利基在於發現尚未發展的藍海市場。

　　事實上，這種「沉睡中的商機」依然無所不在，就等你去發現，將它喚醒，為你帶來源源不絕的財富。多年前，曾有一個美國旅行團到澳洲旅遊，飛機降落時，其中一個旅客注意到當地幾乎每家每戶的居民家門口都有一堆堆黑壓壓的東西。他抱著好奇心，下飛機後就去問個究竟。向當地居民詢問後，他得知這些是 400 多年前歐洲移民用來圈地用的朽木，現在由於政府都市重劃而被大量挖出。當地人把這些東西當成垃圾，對處理它們是一籌莫展。但這位遊客很快意識到有一個巨大商機就在面前：只要稍加處理，這些朽木就可以成為工藝品，而且一定能贏得美國人的青睞。

　　於是，他開始他的「微創業」行動：首先與當地居民簽訂朽木的統一處理協定，向當地的居民說他願意免費協助清除這些垃圾。接著又公開招標，請木器加工廠進行加工製作。第三步即向各地召開銷售

訂貨會，結果訂貨商趨之若鶩，這些產品以每個約 15 美元的價格被訂購一空。這位旅行者從手中沒資金、沒商品的一介平民，幾乎沒花到什麼成本就淨賺了 1,000 多萬美元。靠的就是他能夠迅速整合資源的能力，進而實現資源利用的最大化。

這樣的概念不只是在國際上，在台灣，用微小成本創業的方式一直以來就存在於各個行業，但是受限於傳統的創業觀念，一直沒有被明確的提出來。直到近年來開始流行起「微」字當頭的風潮，除了「微網誌」、「微博」、「微信」、「微電影」……，「微創業」這一詞彙才冒出頭來，它的特點是：投資小、見效快、可大量複製或拓展。而能夠達成這樣的功效，當然是以網路為主要的平台。

$ 萬丈高樓平地起

但，在現在這個萬物價格飛漲的年代，要用微小的資金來創業，就得減縮一切的開支，盡量留出多的現金作為創業的儲備力量。如果不是非常必要，那麼空間與設備能用租的就不要花巨資購買。那麼，如何進行低成本的創業呢？

現在有許多業者模仿美國矽谷年輕人在車庫創業，提供了一種「小桌創業」的服務。初出茅廬的「首創族」只要負擔每個月四位數的租金，就能打造專屬的辦公空間，成了經濟不景氣下的另類創業術。初次創業，你應該省下一切的開銷來研發，一定要提供稀缺的、別人沒有提供的服務和價值。愈是微，愈要創造具有附加價值的產品與服務，聚合周邊的力量，愈要有黏度，讓客戶離不開。

Have Your Thought！

 形容一下你的商品或服務是什麼？有什麼特性？

....

....

....

....

 你估計將你的構想化為具體，創業需要多少資金？

....

....

....

....

....

 思考一下，如何將你的商品朝個性化、創新化、技術化
發展出商業利基呢？

....

....

....

當你一旦決定要用手中為數不多的資金來創業，首先必須要有心理準備，要有吃苦和百折不撓的精神、要有正確的方向和方法以及良好的規劃。除此之外，你要充分利用現有的資源，發揮自己的專長與優勢，揚長避短、要善於借勢。下以列舉幾個低成本創業的途徑：

一、知識型產業

這些產業裡，有特殊知識或技能的人可以用低成本來創業，不需要大筆的資金投入，只需要智力投資，包括特有專長，某方面的專長，如管理才能、行銷才能、專利等。這方面的例子很多，如著作家、律師、高級工程師、職業經理人，甚至是發明家等。實際上，身為微創業家的你，個人的智能和專長就是一種值得開發與善加利用的資源。

二、勞動密集型服務產業

這些行業主要依靠出賣勞動力，資本方面的投入非常少。如搬家公司、家政服務等。尤其在全球皆處於金融海嘯與經濟衰退的寒冬下，網路購物業績不但未見衰退，反而逆勢成長。上班族無薪假期間主要規劃待在家裡的比率高達47％，將近半數成為「御宅族」，這波網拍「宅經濟」興起，造就了許多人憑著專長成立「一人公司」，在網路上兜售個人服務，也造就了新興行業「跑腿幫」。其餘如幫忙排隊、蹓狗照顧寵物、倒垃圾廚餘、修電腦等樣樣不缺，可說是「0元創業」的無本生意。

三、資源整合產業

能充分挖掘和利用、整合資源和信息的人，其實就是一些善於借

勢的人。這裡的重點是利用別人的資源，成就自己的事業。如風險投資，就是一些人的智力資源和別人的資本資源的結合。這裡的智力資源範圍很廣，如專利、創新研發等。如果你尚未累積充分的資源，筆者建議你不論在打工或上班的過程中創造個人品牌，如一些有名的職業經理人、行銷專家等，然後利用自己的無形資產和別人的有形資產結合，達到無本創業的目的。

個人微創業致富有哪些竅門？

$ 你要學習銷售自己，身為一個企業經營者，只要你知道如何銷售自己，便能容易吸引他人的投資。

$ 新創事業不宜對顧客收費過高，甚至要懂得為顧客提供免費服務，「放小魚釣大魚」讓他們為你介紹其他的客戶。

$ 微創業宜物質從簡，切莫因排場而擴大開銷。

$ 將一切程序電腦化，有助於你未來利用過往的資訊。

$ 把會計、書信等行政工作留到夜晚。這些事絕對不能占用白天的黃金時段。這個黃金時段只能用來建立人際關係、作簡報、與客戶面對面交談，晚上才從事不會產生收入的工作。

$ 不論他們有時多麼令你生氣，依然永遠有禮貌地和顧客說話。記住，顧客不僅是上帝，還是獨裁者！

Idea 38 營造好氛圍，讓消費者在歡愉的心情中買單

　　「銷售是感覺的傳遞」這句話一點也不錯，想像一下，一個小嬰兒第一次拿到一樣陌生的物品時，除了看一看，觀察它的外觀之外，還會將它用手拿起來摸一摸、靠近鼻子聞一聞，甚至塞入嘴裡嘗一嘗！其實這點當人長大了後並沒有改變多少，當消費者接觸到一個新品牌時，依然會透過多重感官來認識它。

　　尤其如今的銷售模式早已邁入「體驗經濟」時代，即使經濟不景氣，消費也不再是只求溫飽的基本需求，分化市場的情形也愈來愈明顯。為了讓消費者甘願掏錢，產品的功能品質已是基本要求了！現在除了賣功能，還必須賣質感、賣美感，讓感覺成為推波助瀾的利器。產品本身固然重要，但由於競爭者眾多，往往能受到消費者青睞的是那些富含體驗價值在其中的產品。

　　一般的行銷人在做行銷時只會強調圖文效果，最多加上聲光的催化，但近年來的研究，觸覺、味覺、嗅覺這些較易被人所忽略的行銷手段其實更為重要。整體愉悅的消費經驗，嗅、視、味、聽、觸五種感官知覺的滿足，更是新世紀的行銷模式。當人們與外界接觸時，經常會使用這五種感官來感受外界的事物，從而對是否購買產生了決定性的影響。將五感的概念延伸到品牌管理、行銷中，就是所謂的「五感行銷」，這個概念是由美國著名行銷大師馬汀．林斯壯（Martin

Lindstorm）首先提出。政治大學企管所教授洪順慶也強調：「最佳的品牌管理，應將觸覺、味覺、聽覺、視覺、嗅覺全數囊括。」

舉例來說，星巴克從平凡的咖啡店，變成有獨特文化的品牌，就是強調星巴克賣的不只是一杯咖啡，而是賣沉浸在咖啡店裡的這段時光。星巴克執行長霍華・舒茲說：「除了味覺，滿足人類其他四種感官，正是星巴克使命。」除了視覺上將整個店內布置得十分雅致且窗明几淨；在店內播放柔和的音樂也滿足顧客的聽覺；另外，濃郁的咖啡香更是帶給消費者一場高品質的嗅覺饗宴。從這點看來，星巴克不用花錢打廣告就能打出品牌知名度，還擺脫低價微利的宿命，祕密就在於能將五感行銷發揮得淋漓盡致。

我們可以再試著想像一下，假如在買衣服時，銷售人員對我們這麼說，是否感受會完全不同，更願意買單：

「這件衣服的圖案是各種各樣的花，穿著它有一種置身大自然的感覺，妳的家人跟朋友仿佛能聞到野花的清香。」

「妳和先生穿著這樣的情侶裝一起上街購物、在社區散步或者是一起去做健身運動，感覺多幸福啊！真讓人羨慕！」

「像這種質料穿在身上皮膚會有一種涼涼的感覺，而且它的絲質特別細滑柔軟，穿在身上，你會感覺自己的皮膚回到嬰兒時期！」

消費者的感覺來自於他們的五官的感受與大腦的記憶。只是用言語形容的感覺，就能帶給消費者心曠神怡的感受，更何況是經過設計後的一場「心靈層次」的感官饗宴呢？

視覺行銷：讓消費者第一眼就著迷

法國哲學家亨利・柏格森（Henri Bergson）曾這麼說：「人類的眼睛只會看到內心願意理解的事情。」視覺為五感行銷當中的第一步驟，為的是捕捉顧客的目光，當顧客踏進一家店內，第一眼印象就會決定他的注意，店內產品的擺設是否美觀、位置是否符合人體工學或者商品陳列是否整齊等。除了店面之外，舉凡品牌 logo 的設計、產品的外觀等，都是需要深入琢磨的地方。Google 簡約而色彩活潑的網站設計，經營上締造出卓越、優質且熱賣商品或服務的最佳佐證！試想，如果 iPhone 沒有那麼時尚的設計，即使功能仍舊相同，它還能依舊受到消費者那麼大程度的青睞嗎？

各種感官之間也會互相影響，其中尤以視覺影響力最大。例如顏色對飲料的口味會有影響，消費者會覺得加了食用色素後，更深色的檸檬汁更酸（雖然其實一樣酸）。曾有一項實驗指出，在更改櫻桃口味飲料的顏色後，高達 70%的消費者無法正確辨識這項飲料是櫻桃的口味。

不只產品本身的顏色會產生差異，包裝容器的外觀也會造成對產品不同的偏好。研究也指出，相同的咖啡，以紅色杯子中的咖啡最香。除了顏色之外，形狀、質感也對人造成特定印象或暗示。人們普遍從高瘦型的酒杯中喝的酒量比從矮寬型的酒杯中的酒量多。

除了產品之外，視覺行銷也普遍應用於服務業。因為工作的關係，我常跑東南亞一帶。在搭乘新加坡航空時，我注意到了聞名遐邇的新加坡空姐。她們除了親切的服務外，繽紛多彩的制服更是一大特

色，在詢問後我才得知，新航 1972 年公司成立之時，就聘請了法國高級時裝設計師 Pierre Balmain 為他們的空姐設計了一款獨特的馬來沙龍可芭雅服裝作為空姐的制服，這款服裝後來也成為新航最著名的公司標誌。這鮮豔的制服讓「新航空姐」成為代表亞洲價值觀和盛情的象徵，讓乘客感到她們的親切、熱情、溫和以及優雅，也創造出新航品牌中獨特的視覺體驗。

誘發感官上的弦外之音：聽覺行銷

在古印度，人們通過吹奏特製的笛子，從而用聲音控制兇猛的毒蛇，甚至連蛇也不清楚什麼東西令自己翩翩起舞，而不知不覺就受笛聲所操控，這就是聲音具有的神奇力量！根據一份最新發表的研究結果指出，夜店裡音樂的聲音愈大，會讓顧客喝得多又快。法國南布瑞塔尼大學行為科學教授，同時也是這項研究的負責人基昆表示：「過去的研究已經證實，快節奏的音樂會讓人喝得快；在一個有音樂的地方，客人比較待得久。」

人類對聲音的敏銳度其實比我們想像得還要高，不論是酒吧中乾杯時的碰撞聲，或者是走路時腳步發出的聲響，都會刺激到人腦不同的部位，讓人產生各式各樣的反應。事實上，聲音訊號可以傳遞特定的資訊，帶給消費者不同的感受，耳朵也有自己的審美觀與品味，就像男人聽到跑車引擎的聲音會特別興奮。而女人是更是聽覺的動物，在柔和性感的嗓音與甜言蜜語的攻勢下，很少有人不買單。因此，一項產品發出的聲音如果不夠誘人，絕對會影響消費者的購買意願。因

此，人的聽覺可以決定其對特定事物的感覺，進而影響到購物欲望，悅耳的聲波足以作為廠商行銷的祕密武器。

消費者可以不看你的廣告，卻無法關起耳朵不聽音樂，將聲音用於行銷你的事業，有以下五個特點：

一、營造良好的購物氛圍

美好的音樂對人體能產生放鬆身心、振作精神等實效。而隨著人們生活水平的提高和體驗經濟的到來，人們的購買行為也常常受心情的影響，在優美的音樂中，人的心情就會得到放鬆，也就不自覺的在商場里留連往返，顧客待在商場的時間愈長，商場的人氣就愈好，購物氛圍也就愈好。

二、增加銷售的數量

優美的音樂除了能讓顧客在心情舒暢的情形下購買商品外，在特別銷售活動或銷售展示中還利用音樂來吸引參與者的目光，把消費者吸引到展示台前，能產生預想不到的效果。心理學家認為，用恰當的音樂能有效提高人們對該種貨品的購買欲。他們發現，在法、德兩國紅酒擺放的地方播放法國手風琴曲，法國紅酒的銷量比德國的多了五瓶；但若播放德國音樂的話，德國紅酒則比法國的多賣一半。可見，在商場播放合適的音樂也能增加商品的銷售量。

三、與顧客溝通情感

由於音樂的包容性和情感性，每個人都能聽懂音樂，並與音樂產生一種共鳴，企業可以利用音樂的這個特性，通過音樂與顧客的情感

溝通，拉近了彼此的距離，從而適時地達成交易。有一個白酒品牌專門從藝術院校招聘會演奏薩克斯、長笛、鋼琴等樂器的在校學生利用課餘做促銷員。引導客人坐定後，促銷員向客人自我介紹後，就會說：「為感謝各位光臨本店，我代表某某酒店和某某酒送大家一曲。」然後根據客人就餐類型不同送不同的曲子。然後再推介自己的產品，結果大部分客人都會非常樂意點這一品牌的白酒。

四、有效進行產品介紹

　　新產品引進費用是很高昂的，但是一張小小的音樂 CD 卻可以幫助你獲得消費者的注意力，並且創造出卓越的銷售業績。以香水品牌 Donna Karan 來說，其研發了一種新的系列──「喧鬧」，以吸引對潮流具有敏銳感覺的時髦的消費者。香水的定價、包裝、通過特定百貨公司和專賣店來限量銷售等營銷組合都顯示出該品牌的獨特性。公司發起了一個銷售促進活動，要用禮物來獎勵消費者，並且該禮物能在消費者心中喚起一種同使用「喧鬧」香水相似的感覺。於是，公司選擇了名為「純粹的寧靜」的 CD 唱片，作為獎勵購買的禮物。這項活動大大地促進了新產品銷售，成功地幫助了新產品市場引進。

五、增強品牌形象

　　音樂所傳達的感情雖然很抽象，但它仍然是有引導性的，消費者在聽音樂時，音樂總是帶有一定的感情定向。專門針對目標市場消費者的特徵而特別挑選的音樂，能幫助你建立你的品牌形象。

💲 味道對了決定一切：嗅覺行銷

根據 *Scent Marketing*，早在遠古的巴比倫人與埃及人便有將香氣添加於乳液和化妝品內，以吸引更多顧客的記載。在科學上也已證實，人類的嗅覺有直接通往中腦的邊緣系統（Limbic System）的通路，而這個部位處理著人類的情感和記憶，所以特定的味道能夠引發個人強烈的情緒與回憶。而人腦內對於當下的感官與下決定的功能，亦是由邊緣系統來處理。因此，人類是會不自覺的被氣味影響到潛意識和消費行為。這種自然的反射作用無法完全以理性來控制。英國牛津大學的研究顯示，人會把氣味與特定的經驗或物品聯想在一起。人們以往以為自己嗅覺不發達，但其實氣味對人類的生活影響甚大，味覺行銷一被推出，淡淡的香味如同標籤一樣，讓消費者一聞就想起特定的品牌。

「香味的存在」的確可以提高金錢的花費，當顧客因聞到香氣而開心時，通常心情也被帶往正向發展。消費者在決定是否購買這項產品時往往取決顧客的兩種因素：「情感」與「認知」。情感的運作往往是不自覺的，因此通常作用的比認知快，由於情感容易受香氣影響，因此香氣在態度的影響上扮演著迅速且關鍵的角色。現下已有許多業者因此利用合適的香味搭配對應的場景、商品或者畫面，來增強顧客對於商品或是品牌的刺激。

現在許多產業都已將嗅覺用於行銷上，舉例來說三星電子就在他們紐約的旗艦店噴放品牌識別香氛；高檔襯衫品牌湯瑪斯品克（Thomas Pinks）在自己的專櫃散播剛燙過的亞麻布味。目的皆是為

了提供更迷人的購物體驗，以對銷售額、顧客滿意度與品牌形象有所
助益。氣味在無形中產生的體驗，使消費者感受到情緒而產生衝動，
吸引其前往消費，甚至與品牌聯結，並更進一步產生情感共鳴。合適
舒緩的香味則延長顧客購物時間，增加收益。在所有的產業當中，使
用嗅覺行銷的應屬旅館飯店業，藉由施放特殊的香氣，營造出顧客尊
爵不凡的品味。

飯店嗅覺行銷應用

企業	具體作法
威斯汀酒店 （Westin Hotel）	在全世界的連鎖飯店使用白茶的味道，做為品牌的象徵。
喜達屋集團 （Starwoods Hotel）	旗下的九個品牌各自有不同的品牌香味。
台北國賓大飯店	在一樓大廳及九、十、十一樓新裝潢的行政樓層噴放國賓專屬的香氛。
高雄金典酒店	在大廳噴放 White Tea & Ginger 香氛。
墾丁凱薩大飯店	於飯店大廳及通往 Villa 的走道分別噴放森林木質香氛。
寒舍艾美酒店	為了強調的「抵達十分鐘體驗」中，特請香氛藝術家特地為艾美調製的「舊圖書館」氣味。
雲品集團	聘請法國有機香精師傅調製三種木果香。
礁溪老爺大酒店	在迎賓大廳內噴放百合蓮花香氛。

觸覺新體驗：讓顧客掏錢於體驗之中

可口可樂為什麼是曲線瓶裝？各大品牌的香水為什麼瓶身總是強調設計感？這些產品包裝的目的，都是在尋找全球人類共通的語言——觸覺。希望能夠透過不同的觸碰體驗，引發更多的購買行為。除了產品的質感之外，現在聰明的業者將觸覺行銷發揮的淋漓盡致，把腦筋動到了「觸控」行銷當中，現在觸控不只可以用在智慧型手機上，更可以和廣告做結合。

在消費者領導的趨勢下，在這個科技求新求變的時代裡，為了進一步滿足閱聽眾對媒體和產品也愈趨成長的自主性，行銷手法日益精進，而「觸控」就是一種高主導性的科技行銷新手法。利用觸控驅動程式不同的設計，可以有多種變化和功能，運用這種技術，現在不論是風景區的介紹、3C 賣場、百貨公司⋯⋯，都讓消費者透過這樣的體驗，加強對產品與服務的感受，影響他們對品牌的印象和購買的決定。

舉例來說，美國服裝品牌 Ralph Lauren 就在麥迪遜大道商店街安裝了 67 英寸觸控螢幕，讓顧客站立在商店之外從倒映著紐約市景的玻璃櫥窗中購物。Ralph Lauren 副總裁認為：「購買服飾是一項非常衝動的交易。如果無法吸引我的客戶走過來，那麼要如何將商品轉化為收益？」經由互動的技術能夠更吸引顧客，而產生有別於舊櫥窗的行銷效益。事實上，當數位化、影音視訊和無線網路技術，這三件重要的技術發展，將重新給予觸控式媒體全新的應用風貌。當你的競爭對手已經跟上這股潮流，你，還在等什麼呢？

銷售滿足五感，帶來源源財富

　　瑞士心理學家榮格（Carl Jung）認為：人類的行為模式可以依照他們如何體察事物，以及他們對於那些事物作出價值判斷的方式，加以分類。他表示，體察事物的「知覺」（perception）可能是有意識（conscious），也可能是無意識（unconscious）；而做出「判斷」的依據則往往是感受（feeling）超越理性思考（thinking）。因此當人民的生活不虞匱乏，即使經濟不景氣，消費也不再是只求溫飽的基本需求，分眾市場的情形也愈來愈明顯。為了讓消費者掏錢，賣商品，功能品質已是基本配備了，因此除了賣功能，還必須賣質感、賣美感、賣嗅覺、賣觸覺……愈來愈多的消費產品開始玩這樣「感官遊戲」，包括居家用品、傢俱、紡織品、化妝品、保養品、印刷品，甚至家電產品都開始投入這個行銷手法的研究及運用。甚至連筆者所處的出版業也開始向五官出擊，結合聽覺的聲音小說、結合嗅覺製造書籍的意境：包括特定氣味的印刷油墨或香水書籤……；結合視覺的版面／顏色／插圖的設計。我們可以利用五感營造或加速消費者需求，利用五感塑造價值，利用五感進行溝通。因此，五感行銷不只是可以利用在行銷的單一點上，其實不論從品牌、需求、價值、產品或與顧客溝通等等的行銷過程，都可以運用五感行銷的概念，而找出五感行銷的切入點。利用給消費者的五種感官感受，建立形象、印象、情緒、情境等等的感覺，進而帶動顧客對於提供的產品或服務的需求、決定購買及持續購買，為你的產品、品牌開創無限的商機。

Have Your Thought !

你的產品或服務是否有規劃顧客體驗的管道？是什麼？

請訪問至少 10 位朋友，如果要在你的產品或服務新增聽覺與嗅覺上的體驗，何者為佳？

請參考本書第 209 頁，將你提供給顧客的體驗做結合，推出更具有特色的體驗模式。

利用科技讓你的財富值一飛衝天！

Microsoft 的比爾‧蓋茲、Facebook 的祖克伯、創辦 Yahoo 的楊致遠……，你是否曾想過：「為什麼這些有錢人都是科技人？」沒錯，如今是一個高科技的時代，科技革命繼續蓬勃發展，科技創新浪潮此起彼伏，科技成果推陳出新，科技的使用降低創業巨大的成本、創造顧客的消費潮流……，與高科技有關的專案總是能夠給人帶來很大的獲利。帶領中國大陸走向經濟改革開放、兩度入選《時代》雜誌「年度風雲人物」的前中國領導人鄧小平曾言：「科技是第一生產力」。但「內行人看門道，外行人看熱鬧」，唯有真正了解門路，才能抓住「科技」這塊帶領無數人成為億萬富翁的敲門磚！就讓我們一起來看看現今還有什麼尚待開發的處女地，站在「科技」這位巨人的肩膀上，讓財富值一飛衝天！

達康（.com）退潮，SoLoMo 才是王道

在科技發展的滾滾洪流中，「摩爾定律」已不足以對現代科技「更新換代」的速度一言以蔽之。在現今的科技突飛猛進，十幾年前被科技圈、投資圈譽為「當紅炸子雞」的達康（.com）已開枝散葉、走進每一家戶的日常生活中，擁有網路與各自的平台網站已顯稀鬆平

常。隨著近年來社交網路和移動通訊的急速發展，一個新名詞——「SoLoMo」誕生了！

隨著網路世界與消費市場的融合，使單一的消費者角色漸趨消失，在社會化媒體的推波助瀾下，消費者也化身為資訊的生產者、資源的共用者，同一個體在三種身分間不停的轉變。因此，被譽為風險投資之王的美國創投家約翰·杜爾（John Doerr）首次提出「SoLoMo」的概念。

「SoLoMo」指的是 Social（社交的）、Local（本地的）、Mobile（移動的）三種概念的結合，也稱「社交本地移動」，它代表著未來網路與消費結合的必然發展趨勢。我們可以看到近年來從 Facebook、Twitter、Plurk 到中國大陸的人人網，代表社交的「So」已經無處不在，人人都可以隨心所欲的開創暢所欲言的個人舞台；而「Lo」所指的是以 LBS（Location Based Service）為基礎的定位和打卡的服務，使用者可以即時透過手機（iPhone/Android/Blackberry）將其所在的地點發布到網路上，甚至是你每到一個定點，比如說一家餐廳、商店、電影院，或是每個捷運站，你就可以 check-in 這個定點，然後發布到網路上之後，你就可以看到同一個地點有哪些人也曾經 check-in。「Mo」則涵蓋了智慧型手機帶來的各種網路移動功能。

SoLoMo 概念的提出，順應了品牌傳播從企業單方面計畫、推動，轉移到與目標消費群共同協作的潮流。現在品牌為目標消費者所熟知的過程，已從單一的資訊傳播、訴求傳達中走出，開始深度融入消費者的日常生活之中。品牌在傳播的過程中，借助此類社群平台的幫助，使消費者藉由參與，對品牌從單純物質需求依賴過渡到情感認

同，並實現對品牌商業價值的回饋。

正如杜爾所言：「我們正處於一個新時代的開始，社交網路的技術創新正為消費者重新定義一個網路，這一網路超越了平面的廣告和網站所能提供的功能。在這個顛覆性變革的時機，隨著資本在移動網路市場的布局，SoLoMo 給予創業者的不是一個概念，而是一個明確的方向。」因此，毫無疑問地，媒體的社會化（Social）已成潮流，社交平台在當下乃至未來很長時間內，都將成為品牌傳播矩陣中不可或缺的一部分。「Lo」和「Mo」依託「So」而發展，借助社交平台的成長，得到持續且深入的發展。

就筆者的觀點來看，SoLoMo 創造了小企業茁壯的大機會。小企業能夠借助 SoLoMo 三者的結合，幫品牌主建立起立體化的傳播模式。在此趨勢之下，小企業所缺乏的就是資金，尤其在過去，因資金的缺乏對自家產品、服務的行銷完全無法與大企業比擬。而現今小企業能藉由科技所帶來的效益，從用戶的行為中找出跟品牌或中小企業匹配的接觸點，行銷機會就存在於這些地方。這使行銷從虛擬世界走進了真實的街坊巷弄之中，變得讓消費者更易接近、參與。

想像一下，當消費者單獨一人逛街走進你的服飾店，在這兒打了卡，左翻右試你架上一件又一件的服飾，久久苦於無法決定購買哪件衣服，此時可以拿起手機拍個照片，進入你的社交網站粉絲群，這時「掛」在這個平台上的「搭配達人」會隨時給她建議，除了解決女性穿衣搭配的難題外，更藉由消費者分享的形式，抓住的是一批精準度高的女性用戶。社群的分享刺激了用戶更多的購買欲望，同時也讓業者掌握住大量使用者消費的資料，提供內容讓業者整理成庫，依靠這

些資訊與使用者之間達成進一步的互動。

如此品牌傳播層級的提升，使目標消費群逐漸從被動接受轉為主動加入，對於創業者來說，借助社交平台移動化的行銷模式在各自的專業領域，選擇一個擅長點迅速切入，已經成為未來行銷的趨勢。而這樣的改變對小公司與新創業者更為有利，因為組織龐大的大企業最怕的就是改變，好比身形巨大的恐龍害怕溫度驟變一般！

未來還有什麼不能「印」出來？

電影中一只手提箱就可以印出仿真皮膚的面具，在現今已經不再是科幻的劇情！這就是最近正「夯」的科學新技術——3D 列印。

相信各位讀者或多或少都有聽過「3D 列印」這個名詞，但對於這究竟是什麼樣的技術，又該如何利用這樣新科技來創造財富不甚了解，那麼就讓我們一起來一探這 2014 年的最新科技吧！

「3D 列印」屬於快速成形技術的一種，它是一種以數位模型檔案為基礎，運用粉末狀的金屬或塑料等具有粘合性的材料，透過逐層堆疊累積的方式來塑造物體的技術。過去這種技術常在工業設計等領域被用於製造模型，而隨著技術的精進，現在已經可以用來直接製造產品。在珠寶、工業設計、建築工程與施工、汽車、航太、牙科和醫療產業、教育等領域都已有所應用。

而目前已有一些機構與公司正努力開發一般家庭就可負擔得起的 3D 列印機，其中尤以「RepRap」為執行時間最長的專案。這個專案具有開放原始碼軟體的目的，許多相關的專案都從它的設計中獲得技

術與靈感，因此發明 3D 列印機的研發與應用變得很容易。據了解，澳大利亞 Invetech 公司和美國 Organovo 公司研製出的全球首台商業化 3D 生物印表機已可以形成靜脈；而加拿大一所大學目前正在研發「骨骼印表機」，這種「骨骼印表機」產生的人造骨骼，除了精確模擬破損的骨骼區塊，植入人體以後還能幫助受損的骨骼修補癒合，甚至能促使血管再生，作用類似橋樑。HP 的執行長梅格・惠特曼（Meg Whitman） 更在 2014 年的 3 月宣布，將於近期進軍 3D 列印市場，並表示已克服 3D 列印現有的兩大技術問題；其勁敵 Epson 也不約而同的在國際綠色商品展中，透露在 3D 列印領域，Epson 也絕對不會缺席。

　　除了研發打得火熱，相關供應鏈的股價也呈現「一尾活龍」，日前公布 2013 年第 4 季財報，美國 3D 列印廠 Proto Labs 營收年增 31％至歷史新高 4,400 萬美元，淨利也年增 29％至歷史高點 9,500 萬美元；另外德國 3D 印表機生產商 Voxeljet 也於 2013 年底在美國上市，順利 IPO 籌資到 8,450 萬美元，上市首日更飆升 122％，帶動美股、陸股的 3D 概念股全面走揚。另外像 3D System 與 Stratasys 也靠著賣 3D 印表機，讓兩家公司股價狂飆，現掌握住七成市場，2013 年甚至還一舉拿走十億美元的訂單。我們可以確信這項技術一旦普及並運用於家庭，讓消費者也能夠直接生產出終端產品，將影響整個生產型態，顛覆現有的產業鏈！

　　在以前，你想要創業生產產品，需要準備一筆資金來買機台、開模……，甚至還有最低生產量的限制。但 3D 列印讓小企業有訂單再生產，不必背庫存，也沒有廢料。唯一的庫存，就是存在電腦裡的

3D 設計圖。更重要的是，大量客製化將進入市場主流。愛迪達評估，利用 3D 列印，新款鞋子原型製作時間，將從五週縮短為兩天。原本由十二名技師手工打造鞋底，有了 3D 列印，只需兩位技師。說了這麼多，你可能會想，我又不是製造 3D 列印機的廠商，我要如何靠著這項技術來賺一筆？朋友，創富除了趨吉之外，還要懂得避凶啊！「新科技」除了帶來「新商機」之外，也同時會加速「新失業」！這點從三百年前工業革命「珍妮紡織機」與「蒸汽機」的發明，造成大量的人員失業，一直至今天，ETC 的上路也造成了部分的人必須另謀生機一樣。不久後，消費者如果想要添購一顆昂貴的單眼相機鏡頭，他大可以自己印一個；如果不滿意現在身上穿的衣服，也可以自己印一件獨一無二的衣服，還能夠大大減少撞衫的機會啊！

　　技術的發展始終為人類服務，消費者想要的是什麼？個性、實用功能、收藏、時尚……。製造業的服務對象是人，作為一個創業者，你必須思考在這樣的潮流下，究竟消費者想要的是什麼？ 3D 列印的技術，將製造權回歸消費者手裡，他們已經有能力把自己的想法變成現實。那麼你的產業還不需要轉型嗎？製造方式的改變，可能真的就是整個製造業的改變。這確確實實是一項「顛覆現有的產業鏈」的科技改變。就算你不是相關行業的圈內人，還是可以積極投資相關產業；即使不願意在這個領域冒風險，那麼，至少得好好思考在這一波的3D 列印潮中，要做什麼樣的轉型來讓自身的事業立於不敗之地！

「挖礦」正夯，你還能不懂比特幣嗎？

一直以來「比特幣」（Bitcoin）在大眾的印象裡都被一層厚厚的面紗所矇住，直至近期它的市價直逼金價，才開始吸引全球投資人目光，如果你還在想：「比特幣是什麼玩意？」那你就真的落伍囉！

要徹底了解比特幣，我們必須回顧歷史，早在 1982 年一個叫 David Chaum 的人提出一種不可追蹤以密碼學為基礎來形成一套「網路支付系統」的構想。到了 1990 年 Chaum 將他的想法擴展為最初的密碼學匿名現金系統，這個系統就是所謂的 e-cash。

到了 2008 年，一個名叫中本聰（Satoshi Nakamoto）的日本人發表一篇論文，內容描述一種叫作「比特幣」的電子現金系統。2009 年 1 月 3 日，比特幣誕生，中本聰本人發布第一版的比特幣客戶端。中本聰認為：「傳統貨幣存在著一個根本的問題——信任。各國的中央銀行必須讓人相信貨幣不會貶值，但事實上貶值的現象經常出現。銀行本應該幫我們保管好錢財，並讓這些錢財以電子化的形式流通，但是他們卻隨意放貸，讓這些財富淹沒在泡沫中。」2010 年，比特幣的第一個公定匯率誕生，來源是相關論壇上用戶之間自發產生的交易。第一筆交易是一名用戶用 10,000 比特幣購買了一個 Pizza！目前比特幣最為主要的參考匯率是 Mtgox 交易所內比特幣與美元的成交匯率。

你大可以簡單地把它當作一堆虛擬遊戲幣，但更正確的來看，應該把它視為一個金流。簡單的說，比特幣就是全世界眾多網路使用者用電腦網路 P2P（peer-to-peer，點對點技術）共同架構出來的交易系統。任何人都可以下載到 Bitcoin 的錢包軟體，接上網路、安裝完之後，

花些時間再下載過去的交易資料，就可以開始使用。

在做完上一步後，每個人的錢包軟體都會由系統自動配發無限組的錢包位址，可作為交易的帳號；它利用電子簽名的方式來實現流通，通過 P2P 分布式網路來核查重複消費。如果你已經有虛擬幣，就可以發到他人的錢包位址；若沒有虛擬幣，那麼你可以接收他人的虛擬幣，或是自己用電腦去「挖礦」取得。

那什麼是「挖礦」呢？此礦非彼礦，挖掘它不需要戴起安全帽拿鐵鍬，更不需要把自己弄得灰頭土臉！說白了，我們可以把比特幣理解成金子——它的總量有限（到 2140 年之前，比特幣的總量為 2,100 萬個）、流通量不斷增多（不斷被「挖」出來）而且還全球通行，因此在價值上與黃金並無二致。既然沒什麼不同，那麼我們就可以把比特幣看做是一種有價的通貨。就像我們可以拿黃金去換東西一樣，我們可以拿比特幣來消費，它和傳統貨幣最大的不同是，比特幣沒有一個中央發行機構，生產地在虛擬的網路世界，人們只需要運行比特幣的程式，就可以參與比特幣的製造，這種方式稱為「挖礦」。也因為它的這個特性，讓它成為人類歷史上第一次進行去中心化的貨幣系統。

而這個「挖礦」的過程，本質上有點類似數學家在「找質數」的過程，使用者以 CPU、顯示卡等硬體通過計算來「挖」比特幣。理論上，用 CPU 或者顯示卡來挖礦都可以，但是由於顯卡進行相關計算的速度要比 CPU 更快，而且計算系統會根據硬體性能調整計算難度來控制生產的速度，使得用 CPU 來挖礦成為「不可能的任務」！因此現在的比特幣「礦工」都會用顯示卡而不是 CPU 去「挖礦」！

　　數量有限，並且去中心化，讓比特幣作為貨幣似乎具備很高的「抗通膨」能力。這是比特幣作為「貨幣」方面的屬性，除此之外，比特幣還有另一個面向——作為「投資品」的屬性。比特幣與其他的投資產品相似，它能夠兌換成美元等貨幣，但這個兌換值是一直在變化的，投資者趁低買進，然後高價脫手，就可以賺到錢。而且由於長期來看比特幣升值幅度相當大（由於它的稀缺性），因此受到了很多投資者關注。此外，比特幣存在電子錢包中，轉帳時交易會被加上電子簽證，幾分鐘內這筆交易會被挖礦者所驗證，且永久匿名存於網路中，而比特幣的軟體原始碼是開放的，任何人都可檢視原始碼。

　　現今國際上已有很多網上的比特幣交易機構，接受比特幣與法定貨幣的兌換。其中 2010 年成立於日本的 Mt.Gox 是最早的比特幣交易平台。Bitstamp 和 BTC-e 是另外兩個國外較大的交易所。在中國也出現了大量的交易平台，比如 BTCChina（比特幣中國）、BTC360（比特幣 360）、52BTC、OKCoin、fxbtc……此類平台已如雨後春筍般迅速發展。有人認為比特幣會影響金融市場，然而當所有人都在市場使用比特幣時，會產生更多交易應用，例如買遊戲點數、禮物、書籍，目前已有美元、歐元可兌換，未來甚至有可能因比特幣經濟體系而出現愈來愈多的工作機會，你，還能對這股風潮無動於衷嗎？

比特幣入門 DIY

\$ 步驟一：安裝比特幣的本地用戶端（在地錢包），並註冊一個線上錢包，可到 Bitcoin 的官網 http://bitcoin.org 選擇你的錢包。

\$ 步驟二：加入礦池（工會）。個人可利用顯示卡挖礦，但效益不如加入集體挖礦，藉此獲取穩定小額比特幣。

\$ 步驟三：使用挖礦軟體生產比特幣。主要用 p2pool 軟體挖礦。

\$ 步驟四：可以在各地交易所進行兌換或買賣。如：Mt.Gox、BTCChina、BitMit 等。

\$ 步驟五：可購買、交換、捐獻及上比特幣二手跳蚤市場，累積並持有比特幣。

故事，讓你的產品價格水漲船高

有了資金，產品確實成功研發出來之後，你必須開拓你產品的藍海前景，把你的產品賣出去，才能真正為你帶來財富。「故事行銷」是行銷手法中最獨特的一種。據統計，美國每一年都有超過三兆美元產值的生意和「如何讓顧客心動」有關。曾有一份哈佛大學的研究報告指出：「說故事可以讓行銷獲利八倍以上！」一旦你的產品有故事，便具有了它的獨一性，無可取代。

故事就是品牌的靈魂，隱藏在故事裡所傳達的觀念，比較容易被消費者吸收。一樣產品有了故事，消費者看到的不再是冷冰冰的商品，與消費者的交流，不再只是外觀、價格⋯⋯。消費者接觸到這樣商品，腦海中浮現著一幅幅故事的情景，這時你賣的產品已經讓他產生熱呼呼「情感」，那麼價值當然也不可同等而語。幫產品創造一個感動人心的故事，勝過花費鉅資宣傳費用的廣告，那麼我們該如何挖掘，甚至創造出一個好故事呢？

在進入正題之前，先講個親身的經歷。2013 年某次工作的緣故，我曾飛了一趟馬來西亞。公餘，在當地友人盛邀之下，順道在近郊的景點逛逛。那兒攤商眾多，但或因非當地假日緣故，人氣稀稀落落；唯獨一不起眼的小攤門庭若市、遊客絡繹不絕。那小攤什麼也不賣，就賣一不知名的木條，我好奇，豎起耳朵聽那攤商的解說，攤商細細

道來：「馬來西亞是這個世界上少數幾個一夫多妻制的國家之一，通常一個男人可以娶兩個以上的老婆，有錢人甚至可以娶四到八個老婆！」「而且，馬來西亞家庭和睦，從未有老婆間爭風吃醋的情事發生！」當場遊客無不譁然。

攤商繼續說：「我手上拿的木條，就是馬來西亞男人可以每天照顧到每個老婆需求的祕密武器，這是一種只有在馬來西亞才能生長的寶樹，是馬來西亞的國寶。」攤商拿出了樹木的圖片，供現場的遊客傳閱。接著又說：「這些木條只要拿回家裡，用熱水泡來喝，就可以和馬來西亞的男人一樣。」這攤商滔滔不絕，只差沒有脫下褲子現場示範。儘管價格昂貴，遊客們仍紛紛掏錢購買，深怕跟不上大家的腳步。

在友人的解說之下，我才了解到這小木條名為「東革阿里」，的確是當地的壯陽藥，但其具有壯陽效果的部分在根部，這種樹枝做成的木條是沒有什麼效果的，但在攤商的三吋不爛之舌下，掏錢買單的遊客居然也川流不息。

故事最驚人的力量發生在故事說完後，隨著故事在聽眾心中迴盪、發酵，並在聽眾心中烙下難以抹滅的印記。說故事來做行銷的方法有很多種，其中大致可分為以下三類：

1. 產品的成分和功能。

2. 創辦人的生平與心路歷程。

3. 使用者的見證。

產品的成分和功能

　　一個好的品牌故事，大多從一個點出發，逐步勾勒出一個符合品牌定位的立體形象呈現給消費者。告訴你的目標群體，你品牌所不為人知的但是又需要為人所知的點，傳達品牌的精神和價值，獲得受眾認同。以商品來說，多數消費者最在意的還是產品能夠為他們帶來什麼好處，也就是產品的成分與功能。

　　本文一開始我所講的親身經歷，其實就是一個關於產品的成分和功能故事行銷很好的例子。當地的攤商靠著帶有當地奇風異俗的故事，要讓消費者相信「東革阿里」的成分，確有令男性「一振雄風」的功能。也讓他們聯想到買了這樣產品，就會因此家庭幸福美滿。有了故事，消費者不再把這項商品當成一種藥物來看，反而比較像是一種「寶物」。而除了這種沒有品牌的產品之外，許多享譽國際的知名品牌，更是靠著故事在消費者間傳頌不絕、津津樂道。

　　國際精品 LV 除了早期創辦人路易‧威登在世時，因為歐洲各國皇室的愛用，已發展出富有傳奇色彩的故事外，眾所皆知的「鐵達尼號」（TITANIC）事件所帶出的故事，更是深植人心。

　　電影《鐵達尼號》裡，傑克與蘿絲浪漫的愛情故事感動了全球無數觀眾，為劇組賺進「億」級票房收入，演員也名利雙收。但鏡頭之外的另一個真實故事也同樣讓另一組人荷包滿滿。這艘英國豪華郵輪沉沒海底八十餘年後的一次探勘行動，科學家從海底打撈起一件那些富豪們帶著家當飄洋過海的 LV 硬皮箱，撬開一看，裡面竟然連一滴海水都沒有滲進去。這個故事讓 LV 包除了時尚之外，更加深了在消

費者心目中的信賴感與實用性，讓 LV 穩居精品龍頭的寶座。

除了奢侈品之外，講究實用功效的產品更是需要故事來作為產品的見證。距今四十多年前，一位任職於美國 NASA 太空總署的科學家，在一場實驗爆炸意外中，灼傷了自己的臉，嚴重程度幾近毀容，就連專業的皮膚科醫生也無能為力。

後來這位科學家決定自救，遍尋各種藥方，好不容易找到海底深處的海藻嫩芽有重新活化肌膚的功能，歷經 12 年近萬次的實驗，想方設法讓海藻仍以為存活在深海中，終於成功開發出燒燙傷乳霜海洋拉娜（LA MER），治好了自己的疤痕。這樣的故事活化了消費者腦海中的幻想，賦予品牌生命力，讓一瓶毫不起眼的乳霜，一躍成為世界級的醫美聖品。

創辦人的生平與心路歷程

在產品行銷上，故事的重要性絕對是必要的，即使產品本身已具有名人的光環加持，也不可輕忽「故事行銷」所帶來的加分效應。一個引人入勝的故事，能夠減斷消費者心中將產品與價格連結的那條鎖鏈，在聽完故事後，他也會對這個品牌印象深刻。舉例來說，曾在 2008 年及 2010 年法國世界盃麵包大賽奪下金牌的吳寶春先生，推出了一款「無嫌鳳梨酥」，餅盒裡就藏著這麼一則感人的故事：

> 「無嫌」是我母親的名字，「無嫌」也是不嫌棄的意思
> 在台灣 50 年代，盼望子女好扶養的農業社會

無嫌與罔腰、罔市等命名同樣充滿時代情感

當時正值台灣鳳梨加工業崛起，中南部處處可見鳳梨田

而我的母親陳無嫌女士，艱苦養育八個孩子

靠著在屏東大武山下採收鳳梨、打零工養家

生活困難時，晚餐配菜常常只有被淘汰的鳳梨

後來母親不在了，鳳梨的氣味慢慢轉化為對母親的思念

我決定重新詮釋

「不管多苦，仍樂觀向前」的台灣母親精神

將伴隨自己長大的鳳梨，化為顆顆飽滿的鳳梨酥

邀您感受酸中帶甜的台灣滋味

　　有了故事，鳳梨酥已不僅只是好吃的點心而已，更勾起了人們對土地的懷念與記憶，這樣的鳳梨酥可以聯繫人們的情感。人們購買產品時，面對的不再是冷冰冰的產品與價格，而是打從心裡的感動。鳳梨酥的原料裡，所包含的不只是吳寶春對母親的感念，更重要的是，同屬於那個時代的共同回憶。酸酸甜甜的口味，正是那個經濟起飛、胼手胝足打拼的寫照。像這樣的一個好故事讓人們樂於分享與傳遞，在每一次傳遞的過程中，都是一次免費的廣告，能夠把你的產品傳播到更遠的地方去。

Have Your Thought !

✏️ 你創業的過程是否曾有意外的小插曲？

....

....

....

....

✏️ 什麼是你的產品或服務絕無僅有、無法被模仿的獨特性？

....

....

....

....

✏️ 你的產品與服務是否能結合當地的產業發展，創造出自己的故事？

....

....

....

　　創辦人的故事除了能為產品注入生命力之外，更能為一家企業帶來鮮明、正面的形象。提到最令人印象深刻的企業創辦人非蘋果的賈伯斯（Steven Paul Jobs）莫屬了。狂妄、自戀、完美主義加上超級精英論，賈伯斯所獨有的強烈個人特質，讓人們只要談到蘋果電腦，他就是人們想到的第一個名字，也是唯一的名字。他的家世背景、黑T-shirt 與牛仔褲的招牌裝扮，在里德學院學習到美麗的字體，如何創辦了蘋果這家公司，爾後又被自己所創的公司踢了出來……，因為有這些故事，賈伯斯常常被人看作是一個夢想家。蘋果電腦的產品永遠代表了「酷」和創新，在眾多科技產品中引領風潮。這些關於他的一切，至今賈伯斯過世了，仍為人津津樂道，賈伯斯的形象儼然就是蘋果公司的招牌。

　　對愛美的年輕男女來說，牛爾這個名字一定不陌生，稱他為「新一代美容教主」絲毫不過分，他的名字甚至已經等於保養的代名詞，而他所創的品牌 NARUKO 更是在兩岸熱銷的美容聖品。但他的事業成功，除了本人學有專精，致力專研化妝保養、芳香療法等美容專業知識外，他自身的故事也對這項美容事業貢獻良多。

　　牛爾受母親從事化妝品業的影響，從小就非常的愛美，12 歲就在廚房自製面膜，開始了他對美容事業的不解之緣。但他高中時，父母親經商失敗。龐大的課業與家庭壓力讓他一個愛美的男孩，卻成了一個滿臉痘疤的醜小鴨。甚至連他的同學也嘲笑他：「你的毛孔大到連螞蟻都爬得進去！」對外表沒有自信與害羞的談吐更讓他愈發自卑。

　　因此，牛爾自醫學院畢業後選擇一腳踏進美容圈，從小業務幹起。這時的他一個月領著不到兩萬元的薪水，連一件稱頭的衣服也買

不起。直至有一天，公司內部剛好缺美容講師，醫學系背景加上向來積極汲取美容資訊與同僚分享的牛爾，獲得教學部門主管賞識，提拔他升任這一懸缺，牛爾在當時成了國內第一位「男性」美容講師。

不斷克服害羞天性，在一路堅持與努力下，從一個默默無名的小業務，變身成為國際知名美妝品牌的創辦人，締造年破 12 億網路美妝商品業績。牛爾現在無人能及的美容教主身分，他過往的經歷故事功不可沒。

$ 使用者的見證

除了述說創辦者、產品的成分與效果外，使用者的見證是最大眾化、貼近民心的故事行銷方式。

以「使用者見證」來作為故事行銷近年來最成功的案例非「全聯福利中心」的廣告莫屬了。廣告中常用消費者提出的負面觀點，如「新店的張先生指出，全聯販售的米果比較不脆」，再以「全聯先生」詼諧幽默的手法，透過兩位牙齒咬合強健的老先生做實驗，測量聲音分貝，來證實全聯的商品品質，澄清消費者的疑慮。如此站在消費者立場的故事，大量運用日常生活的經驗，打造了全聯的優質形象。而全聯先生在故事中的形象建構所扮演之角色，既是指導者同時也是背書者，除了帶給消費者這個品牌的生命力，更讓消費者對全聯的產品充滿信心。

品牌專家、品牌理論創始人杜納‧科耐普曾說：「品牌故事賦予品牌以生機，增加了人性化的感覺，也把品牌融入了顧客的生活……

因為，人們都青睞真實，真實就是真品牌得以成功的祕笈。」任何品牌都需要故事，就像一個有魅力的人需要傳奇經歷一樣。一個適當合理的品牌故事被一而再、再而三地傳播時，無疑增加了消費者對品牌的正面認知，增加了品牌的說服力和親和力。沒有故事，品牌展現不出它的獨特性，毫無生命力可言。你的產品，生產過程歷經了哪些心路歷程，什麼樣的情況下讓你有了開發產品的念頭？每個人一定都擁有自己的故事，把你的故事說出來，也就是勇敢展現出你的產品的靈魂。一旦能夠善用故事行銷，你的產品將可由實際的「商品」，提升抽象的「情感」層次，如果沒有把這種抽象的美感透過故事表達出來，人們永遠不會認識這個品牌。一旦訴諸情感，除了有其不可取代性之外，其所產生的價值，更能以數倍，甚至百倍計。比起踏入降價、促銷等紅海戰場更加有效。

　　占領消費者的腦袋就是占領消費者的口袋，想要成為第二個LV、蘋果還是 NARUKO 嗎？就從說出屬於你的品牌故事開始！

Have Your Thought !

✏️ 你自己、你的公司、團隊有什麼故事？

....

....

....

....

✏️ 你會怎麼告訴你的消費者「我們是誰？來自何處？未來
要將他們帶到哪裡去？」

....

....

....

....

✏️ 你的產品有見證嗎？你要怎麼讓顧客相信它確實有效
呢？

....

....

....

Tips to Wealth!

挖掘最好的品牌故事，從這一步開始

$ 多走動，深入研究開發人員、品牌管理者、品牌創始人、銷售人員中去，從品牌本身出發，深入了解挖掘有價值的素材，傾聽有關能夠體現品牌特性的故事。

$ 從所見所聞中遴選，最後確定企業最想讓消費者知道的訊息。

$ 品牌故事也需要「5W1H」，即人物、時間、地點、事件、原因和結果。在講述品牌故事之前，必須了解品牌最想讓消費者知道什麼？這個故事要向消費者表達什麼？是技術先進、材質特殊，還是品牌創立者或領導者的精神？

$ 主題確定，就沿著一條主線進行講述，不蔓不枝，圍繞主題，一一道來。

$ 在適當的時機進行傳播，大聲講、反覆講，直到目標消費群認同，在受眾心目中留下深刻印象。

Idea 41　品牌鑄就你的輝煌事業！

　　一個好的品牌能夠吸引一批死忠的消費者，為企業帶來長久而穩定的利潤。如果你想要你的事業如蘋果、微軟般輝煌，那麼打造你的獨特「品牌」絕對是必經之路。善於行銷與打造品牌有著根本上的區別，舉個例子來說：有一個男生正在猛烈追求一位心儀的女生，如果是以下的情況：

　　男生對女生說：「我是最棒的，我保證讓你幸福，跟我在一起吧！」──這是推銷。

　　男生對女生說：「我老爸有 3 棟透天厝，跟我在一起，以後全都是你的！」──這是促銷。

　　男生根本不對女生表白，但女生被男生的氣質和風度所迷倒。──這是行銷。

　　女生不認識男生，但她的所有朋友都對那個男生誇讚不已。──這就是品牌。

　　明眼人都看的出來，上面四個狀況何者為優、何者為劣。而從這個例子可知，你的商品想要不費力就炙手可熱，就得從打造你的品牌著手！

好品牌的五大特點

　　品牌是製造商或經銷商加在商品上用以區別其他企業商品的標誌，以免與其同類產品發生混淆。例如，美國米高梅電影公司以一隻怒吼的獅子作為品牌標誌。美國《商業週刊》連續五年與著名的國際品牌顧問公司 Interbrand 聯手調查評估，按照品牌價值推出「全球百大品牌」榜單，第一名以蘋果公司（Apple）居冠，其品牌的價值為 983.15 億美元，比 2012 年增加 28％。居第二位的是谷歌（Google）公司，其品牌價值為 932.91 億美元，比 2012 年增加 34％。從這個排行榜可看出，一個好的品牌對事業所帶來的價值，為企業提供了許多競爭優勢，其主要效果包含下列五項：

1. 由於其高水準的消費者品牌知名度和忠誠度，企業行銷成本將隨之降低。

2. 由於顧客希望經銷商與零售商經營並銷售這些品牌，使企業在價格上可採取較強勢的態度，利潤空間也就較高。

3. 由於該品牌有更高的認知品質，企業可比競爭者賣更高的價格。

4. 由於該品牌具有較高信譽，企業可在該品牌旗下拓展新的品牌線及拓展新系列。

5. 在激烈的價格競爭中，品牌將會為企業提供相當程度的保護作用。

$ 品牌名稱的作用

一般認為，不論何種品牌名稱都應具有如下五個方面的作用：

1. 它必須與眾不同。
2. 它應暗示出使用該產品的利益。
3. 它應暗示出產品的特質與特色。
4. 它必須易於發音、好讀、好記憶，且名字宜短。
5. 它在其他的國家或語言中不能有不好的意義。

舉例來說，雖然在英文中，Nova 是「新星」之意，有蓄勢待發的意味；但對於講西班牙語的國家而言，Nova 是一個糟糕的名稱，因為它的意思是「動不了」。

品牌名稱是個性化品牌的基礎，是品牌的外在表現，其優劣會直接影響品牌形象及其市場表現。例如可口可樂公司在 Coca-Cola 系列產品的中文譯名上就可以說是煞費苦心。可口可樂進入中國市場時，為了能使產品為中國人所接受，該企業特請在倫敦任教職並精通語言文字、諳熟消費者心理的華裔設計師構思中文譯名，苦思良久後譯成了經典的「可口可樂」。該譯名採取了雙聲疊韻方式，音意俱佳，不僅唸起來朗朗上口，同時又顯示了飲料的功效和消費者的心理需求。這個備受翻譯界人士讚賞的中文名字，甚至被認為是比原名更美的翻譯。可口可樂在中國迅速發展，這個名字功不可沒。

而「Sprite」飲料的翻譯也屬上乘之作，「Sprite」意思是「魔鬼」、「妖精」。可口可樂的經營者們深知中國傳統文化，懂得中國人對「魔鬼」「妖精」的反感和憎惡。經過幾個方案的比較，決定將「Sprite」

的譯為為「雪碧」，以此作為這種飲料的華文名稱和廣告宣傳的重點。「雪碧」這兩個字含有純潔、清涼的意思，自然深受人們的歡迎，因而也就能走俏華人市場。

$ 建立優質品牌的五大面向

要想為品牌建立多元的正面聯想性，企業應該考慮以下五個方面：

一、與眾不同的特質

一個好的品牌應能在顧客心中勾繪出某些特質。賓士汽車勾勒出的是一幅經久耐用、昂貴且機械精良的汽車圖像。假如一個汽車品牌未能勾勒出任何與眾不同的特質，那麼這個品牌肯定會是一個差勁的品牌。

二、帶給消費者的利益

一個好的品牌應暗示消費者將獲得的利益，而不僅僅是特色。麥當勞能夠使人聯想到令人滿意的供餐速度和實惠的價格；7-11 的便利如同在家、窗明几淨所帶來的安全感，都是帶給消費者感官或實質上的利益，藉以深入人心。

三、明確彰顯企業價值

一個好的品牌應能暗示出該企業明確擁有的價值感。賓士能暗示出該企業擁有一流工程師、最新的科技與汽車安全的技術，而且在營

運上也十分有條理並具有效率。

四、具有鮮明獨特的個性

　　一個好的品牌應能展現一些個性上的特點。我們可以想像，假如賓士是一個人的話，我們會認為他是一個中等年紀、不苟言笑、條理分明甚至帶了點獨裁作風的專業人士；而 Nike 的年輕、有活力更是其對消費族群所欲表現的訴求。

五、顯示消費者區隔

　　一個好的品牌應能暗示出購買該品牌的顧客屬於哪一類人，而不是一味的想要「全體通吃」。我們可預期賓士所吸引的車主是那些年紀稍大、經濟寬裕的專業人士，而不包含年輕的毛頭小夥子或朝九晚五的上班族。

 ## 如何樹立良好的品牌形象？

　　假如某個品牌能在消費者心中與其他品牌形成差異，而且此種差異與消費者的需求有關，該品牌便可以說具有品牌活力。成功的品牌有兩種特質：品牌活力和品牌地位。假如某個品牌能在消費者心中與其他品牌形成差異，而且此種差異與消費者的需求有關，那麼便可以說該品牌具有品牌活力。如果該品牌能在目標市場為廣大消費者所熟悉並且擁有正面形象，那麼該品牌便具有品牌地位。一個大家都很熟悉但卻沒有正面形象的品牌，只不過是個前途堪憂的品牌罷了，根本

算不上強勢品牌。在為品牌打廣告之前，首先要做的就是改善它背後的品質與特色。為一個沒有正面形象的品牌密集地大做廣告，反而會使消費者產生厭惡心理，從而加速它的滅亡。

對於一個很討人喜歡但熟悉度並不高的品牌，要想使它成為一個強勢品牌，企業值得投入更多的廣告宣傳費用。一個具有高度品牌活力但品牌地位並不高的品牌，企業也應該為它多做廣告。當一個品牌的獨特性能正逐步被顧客淡忘時，此品牌將會開始喪失原本所獲得的尊敬，然後被顧客慢慢遺忘。在打造一個品牌時，企業要遵循以下幾個原則：

一、造型美觀、構思新穎

這樣的品牌不僅能給人一種美的享受，而且能使顧客產生信任感。如果品牌的外形是粗糙、醜陋或是庸俗的，那麼顧客將會對企業產生不良的印象。

二、能代表企業或產品的特色

品牌設計要考慮到能彰顯企業或產品的特色。如化工企業的產品品牌常常採用原子結構或分子鏈的圖案，機械製造企業常用齒輪、錘子或其主要產品的圖案為品牌標誌。對於一個具體的企業或產品，並不是任何造型美觀的標誌都能適用。

三、簡單明顯

品牌所使用的圖案、文字、符號都不應該繁複、冗長。應力求簡潔，以給人大方俐落的印象。簡單並不和品牌的豐富多彩相矛盾，如

果設計的品牌在圖案或名稱上千篇一律，就會顯得枯燥無味，根本談不上明顯的效果。

四、為大眾喜愛，符合傳統文化

品牌名稱和標誌要特別注意各地區、各民族的風俗習慣、心理特徵，尊重當地傳統文化，不可觸犯禁忌。此外，企業若能以一個代名詞、一句口號、一種顏色、一個符號或一組故事情節的方式來打造品牌形象，通常都會有不錯的效果。

品牌命名前要注意

$ 好念、好記，才能使消費者印象深刻。

$ 字數不能太長，最好不超過 5 個字為宜。

$ 要能讓消費者了解產品的概念。

$ 要注意諧音是否會引起不當聯想。

$ 與同業的同質性不宜過高。

$ 最好命名能夠結合 logo 的視覺元素。

$ 透過市調或座談會，了解消費者的偏好與想法。

$ 注意智財權與商標註冊相關的法規。

跟上風潮讓你輕鬆賺！

相信讀者身邊不乏創業不久就累積了一筆可觀財富的人，據筆者的觀察，這群人之所以能在短時間內致富，最主要的原因就是他們能夠察覺時機、跟上社會的潮流趨勢。真正會作生意的商人都知道要掌握潮流致富的道理。面對快速轉變的時代，各行各業都應該未雨綢繆，預作因應，在錯綜複雜、瞬息萬變的商場中，掌握潮流發展，以求新求變、創新突破，開發出無限的商機。以下就讓我們一起來看看在未來有哪些是創業者不可不知的潮流吧！

宅經濟：怒放在家裡的一朵花

宅經濟，又稱閑人經濟，是指人們將假日時間分配在家庭生活、減少出門消費所帶來的商機與現象。「宅」這一詞源自於日本的「御宅族」文化，在日本同樣有利用網路購物、到府宅配服務等的消費傾向。由於節約支出，以致於盡量避免出門，像是窩在巢裡的鳥一樣，也稱為巢籠消費。該用語自 2008 年底開始普及，日本的 CD、DVD 出租市場成長與遊戲廠商收益增加等，反映了現代人消費習慣的改變。

「宅」在日文，原指沉迷而專精某樣事物的人，但台灣新聞媒體

創造出「宅男」一詞，意思是窩在家裡的人。隨著網際網路發達，以及現代人凡事講求方便、迅速的特性，人們渴望能擁有更便利、簡化以及多元化的消費模式。「宅經濟」訴求不需出門，只要動動手指頭，即能打破空間與時間的限制輕鬆購物。網路購物簡化了購物流程，不需到實體店面，只要下單，利用信用卡或到便利商店結帳，商品就會寄到家中。網路商家少了支付實體店面的相關費用，所以商品的價格通常比較低，而消費者也在進行比價後，以滿意的價錢購買需要的商品。在此影響下，許多人趨於「宅消費」，選擇進行較低支出的網路交易、線上遊戲，或是租看 DVD、漫畫等。

另外，在無薪假、失業潮的波瀾下，由於沒人能預測何時才是景氣谷底，寧願選擇待在家中而不願出門，造成網路交易、線上遊戲等「宅」市場能在一片不景氣哀嚎中逆向成長。資策會產業情報研究所（MIC）就估計，2013 年台灣網購市場產值達新台幣 7,645 億元，到 2015 年，台灣網購市場產值更可突破兆元。《理財周刊》也將快遞宅配、線上遊戲、消費娛樂、線上音樂、網路通訊、電腦相關設備和通路業者列為這股趨勢下的七大行業。

許多人認為「宅經濟」僅屬於小眾市場，但筆者對此持反面的觀點。由於網路應用的普及和消費市場的成熟，「御宅族」必然是下一個市場大商機。首先，御宅族這群人本身就具有極大的消費力，他們對嗜好的狂熱必須要透過「消費」來達到心目中理想的境界，他們寧可縮衣節食，但對熱衷的事物一點也不手軟。以台灣寒假必辦的動漫展為例，短短五日就吸引四十萬人次進場。自費出版的熱門同人誌兩天就可以賣掉三千本！

　　此外，所謂的「御宅族」絕不只是一個小眾市場而已。他們的消費行為模式可以歸納成所謂的 3C 概念，即蒐集（collection）、創造（creativity）、社群（community）。御宅族對熱衷事物源源不絕的追尋，引發他們強大的創作傾向，如熱衷 Cosplay 的動漫迷互相串連所形成的社群，通常是產業持續發展甚至是擴大市場最重要的力量。另外，御宅族本身不只是消費者，同時也是市場的創造者，甚至扮演重要的創新角色，如何與御宅族共存共榮是經營的重要關鍵！搞懂他們的心理狀態與消費傾向，對創業主來說是刻不容緩的大事！

　　除了消費文化的改變以外，亦有許多人轉向在家賺錢、網路創業，省下租用店面的成本，透過網路行銷、口碑相傳，創造小成本大商機，形成「宅經濟」的另一個面向。身處在宅經濟浪潮中，若你具有別人所沒有的專長，你也能成為不景氣中的搶錢達人！

傳統與宅經濟的消費文化比較

	傳統消費文化	宅經濟消費文化
購買途徑	親自到實體商店購買	透過網路虛擬商店購買
價位	依定價或店家的折扣	可比價、出價
售後服務	親自退換貨	多重管道售後服務：網路、電話、郵寄
對店家的評價	親友口耳相傳	網友評比推薦
優點	可親自接觸、挑選商品	不必出門
缺點	耗費路程	沒有接觸到實際商品

$ 手機平板不離身創造「滑世代」商機

　　行動裝置不斷推陳出新，改變消費者的使用行為，出現了滑手機、滑平板的「滑世代」，形成滿街「低頭族」的景象！資策會產業情報研究所更宣告，台灣幾乎一半的人口都可算是「滑世代」，甚至有半數的受訪者表示，每天停留在購物網站的時間超過半小時，顯示消費者對行動購物網站有一定的黏著度。而且滑手機不再只是年輕人的行為，由於價格比較便宜、資訊較為豐富、搜尋較為方便、付款方式便利等因素，加上應用程式（App）更加速這股行動網購熱潮，造成全民「瘋滑」運動。

　　滑世代遍布各個年齡層，行為可用英文字「SIMPLE」來解釋，包含社群媒體（Social Media）、互動（Interaction）、雙重螢幕（Multi-Screen）、個人化需求（Personal）、打卡（Location）及娛樂（Entertainment）等。

　　資策會創新應用服務研究所副所長林玉凡認為，這分別代表使用者常接觸如 Facebook、Twitter 等「Social media（社群媒體）」；藉著網路上的數位內容介面進行「Interactive（互動）」。不論我們是否到實體店面消費，消費前總少不了上網研究、比價；我們認識品牌的管道，再也不是只靠電視廣告，而是在臉書、微博上聽聽朋友怎麼說，才決定是否下單。

　　20 年前，購物主要是受到電視廣告、商店位址，以及店內販售的品牌和售價所影響。而「Multi-Screen（雙螢）」則代表了消費者除了透過電視等傳統媒體之外，行動性更佳的智慧型手機更成為影響他們

消費的消息來源，顯示新舊媒介共存的情景。

再者，「Personal（個人化）」的應用程式愈來愈多，每個人喜好的 APP 不盡相同，消費者會根據個人喜好來選取內容，因此業者勢必要因勢利導，才能趁著這波浪潮創造商機。「Location（地點）」則指藉由社群媒體與行動上網相連結的「打卡」功能，這有助業者與消費者互動；所謂的「互動」已無需如過去砸大錢辦實體的活動，虛擬的平台所帶來的便利性與即時性更深入消費者的心。

最後是「Entertainment（娛樂）」，意即社群媒體上對於偶像劇、運動賽事與電影等有很大討論量，業者若要跟上這股浪潮，勢必要考量這些內容，針對這些內容的後續製作、周邊產品開發來發展。

$ 我要如何掌握「滑世代」商機？

生活這個世代的人已經正式跨入全數位的消費環境，交易始於線上，也在虛擬的環境中完成。早在真正消費之前，消費者就已經透過網路與品牌、商品發生多次互動，而這些互動所創造的經驗，儼然成為決定消費者是否願意出手的關鍵。據筆者觀察這股「滑世代」浪潮所帶來的行動購物商機有以下 3 大特性：

一、商品廣告必須一目了然

由於媒體是手機、平板等「行動載具」，業者要先了解自己的商品是否適合行動購物。行動購物的時間通常是瑣碎的時間片段，故商品廣告的呈現不能太複雜，否則在行動載具上要做長時間的閱讀和查

詢，會降低消費者的購物意願。

二、主打中低價格的商品

行動購物固然是很重要的銷售管道，但畢竟不是所有商品都適合行動購物的消費行為，業者須確認目標族群及自己的商品屬性，是否真的符合行動購物的消費特性，才是能否掌握行動購物的先決條件。行動購物的考量時間較短，而且消費者無法實際摸到商品，他們會覺得購買高價商品的風險較高，比較不會願意以行動購物的消費模式來購買。

三、商品以方便配送為要

行動購物的特點就是「即時」，消費者會藉由行動載具下單的最主要原因，就是希望在短時間內取得商品，因此體積過大不易配送的商品，或是需要消費者自取的商品，比較不適合行動購物。

當消費者上網的地點已不再受空間所侷限，能滿足行動購物使用者需求的企業與品牌才能致勝。更新、功能性更強的行動載具不斷出現、4G 的普及，會是另一波「滑世代」商機推波助瀾的力量。或許在未來再也沒有一筆交易是離線生意！創業主們，你們準備好了嗎？

Have Your Thought！

 你的商品售價多少？體積大小如何？現在在哪裡打廣告？

....

....

....

 試想一下，以前兩頁所討論的三大特性，你的商品可以如何轉型？

....

....

....

 你的產品在 Facebook 上已經有粉絲頁了嗎？

....

....

....

Idea 43 把握時機才能賺大錢！

任何事想要成功，都要講究時機。作戰要講究時機，一名好的指戰員在戰場上要不斷地審時度勢，勢指形勢，時也就是時機。在雙方力量相等的情況之下，戰爭的勝負往往可能在一剎那間決定。一旦錯失戰機，等待的可能就是失敗的苦果。商場如戰場，大多數成功的創業者都是把握了商業的時機從而成功創業，許多人創業失敗，不是因為做錯了，而是時機沒有掌握好。對於創業，中國土豆網的創始人王微就曾直言：「創業要把握時機！」因此創業者在創業之前應該清楚了解商業機會，學會怎麼去識別、發現、把握和選擇商業機會。更重要的是，能根據自身的因素，篩選出最適合自己的那個時間點，並且找到理想的創業思路，及時的去實現它，最後獲得成功。

創新概念必須抓準時機馬上執行

每個創業的人都想獲得成功，那麼成功的祕訣是什麼呢？先確立你的構想，然後抓對時機，立刻去執行。尤其是在競爭激烈殘酷的電子產品市場，今日高價熱賣的寵兒很可能在短短數月內就淪落為低價售賣的明日黃花，這是誰也無法改變的市場法則。談及三星如何維持高利潤時，三星 CEO 尹鐘龍作了一個生動的比喻：「新產品就像生

魚片一樣，要趁著新鮮趕快賣出去，不然等到它變成『乾魚片』，就難以脫手了。」這就是商場上的「生魚片理論」。

所謂「生魚片理論」指的是，一旦抓到了魚，在第一時間內就要將其以高價出售給第一流的豪華餐館，如果不幸沒有脫手的話，就只能在第 2 天以半價賣給二流餐館了。到了第 3 天，這樣的魚就只能賣到原來 1/4 價錢。而此後，就是不值錢的「乾魚片」了。鮮魚一旦捕獲後，每天跌一半的價，而電子產品的開發與推向市場，也是同樣的道理。

因此，如果你的事業是電子產品，那麼在市場的生存法則就是：在市場競爭展開之前把最先進的產品推向市場，放到零售架上。這樣就能賺取由額外的時間差帶來的高價格。只要能縮短產品研發和推向市場的週期，就一定有利可圖。在市場上，只要遲到 1 個月，就毫無競爭優勢可言。

就筆者觀察，在這方面，沒有哪家電子廠商做得比三星更好。兵貴神速，三星的產品永遠是市場上的「新鮮生魚片」。在全球高端電子市場上，三星不斷率先推出各種優勢產品：高端手機、數位攝錄機、數位相機……每次都打了競爭對手一個措手不及，並憑藉自身的時間優勢賺取最高昂的利潤。

身在商場，環境與資源條件隨時都在改變。更重要的是，物換星移之間，99％的消費者，他們的流行、趨勢、潮流都一定會改變。如果你不善加把握創業的時機，那麼一旦錯過，也只能徒呼：「有錢難買早知道」。

精準時效的資訊就是財富

　　成功的商人是非常重視市場訊息的，在他們看來，掌握準確的消息是獲得成功的重要條件。及時掌握大量準確的資訊，對資訊進行快速判斷和決策，對市場行情準確地作出預測，是商人獲得成功的一條捷徑。如果掌握了錯誤的資訊，或是對資訊的決策失誤，就是一件非常危險的事情，一時不慎有可能導致滿盤皆輸。

　　從「把握時機」這點看來，我們很容易能夠知道為什麼人數不多的猶太人能夠掌握世界巨大的財富。猶太教的聖經《塔木德》曾告誡猶太人：「及時利用好的資訊，資訊是有價的。」猶太人一直謹遵這條古訓，利用一切可利用的資源，及時大量地捕捉對自己有利的資訊，及時對這些資訊作出正確的決策，讓它們能發揮出最大的價值。猶太商人對資訊和商報的重視，是非常人能比的，他們在資訊上所花費的精力和財力也是別人不能比，為的就是要能夠在正確的時機點下手。猶太商人知道今天這個社會分秒必爭，誰比對方早一步出手，誰就是商場上最大的贏家。

　　美國著名的實業家伯納德‧巴魯克於 30 歲之前就已經因經營實業而成為百萬富翁。巴魯克在創業伊始，就是因為掌握了時機，使他一夜之間發了大財。在他 28 歲那年，7 月 3 日的晚上，他和父母待在家，忽然廣播裡傳來消息，西班牙艦隊在聖地牙哥被美軍消滅，這意味著美西戰爭的結束。這天正好是星期天，第二天是星期一，按照常例，美國的證券公司在星期一是關門的，但倫敦的交易所照常營業，於是巴魯克意識到如果在黎明前趕到辦公室，他就能發一筆大財。當

時是 1898 年，小汽車尚未問世，而火車在夜間又停止運行，這種在旁人看來也許覺得束手無策的情況下，巴魯克急中生智，想出了一個絕妙的主意，他趕到火車站租了一輛列車。終於，巴魯克在黎明之前趕到了自己的辦公室，做成了幾筆大的交易，取得莫大的商業成功。

$ 守成更需時時注意時機

除了新創事業之外，一個事業要持續穩定運作，更是需要時時掌握時機。舉例來說，如果你今天經營了一家服飾店，就有淡旺季之分，而童裝店在經營中更是有進貨時機的把握問題。童裝店進貨應該把握市場的趨勢與季節的變化，這樣才能讓自己進的貨變成「暢銷品」！服裝這種商品的銷售受季節變化因素的影響，除特殊功能性產品之外，大部分服裝都有其特定的銷售時段，以及銷售高峰期和低潮期。如果未能在這個特定的時間來臨之前，將貨品準時運送到店鋪上櫃銷售，提供給顧客進行購買，對於商家來說，將導致各種潛在的損失，而最嚴重的莫過於錯失銷售良機。

舉例來說，在 4 月份氣溫逐漸升溫時，家長們通常會忙著為小孩準備換季的衣服，這時如果店鋪還沒來得及推出 T 恤類產品，顧客就會頭也不回地轉身走進別家店鋪，採買他所需要的應季貨品，顧客是不會因為某個品牌或店鋪沒上貨，而等上幾天甚至幾週時間再回來購買。而在季節銷售之中，新貨上市時間只要延滯一次，營業額的損失就很難再追回了，這是其一；其二，原本應該暢銷的貨品由於遲到而錯過了最好的銷售高峰期，暢銷貨品因為過季變為滯銷貨品，從而淪

落為無效的積壓庫存，要透過再次折扣處理才能銷售，這直接會導致利潤的損失。服裝店經營就怕貨品積壓，而造成積壓的元兇無疑就是店主對進貨時機的把握不當。有道是機不可失，時機不對，顧客們當然不買帳，貨品積壓就在所難免了！

抓住創業時機的小竅門

如果你能掌握時機，那麼創業其實很簡單。你可能會問，消費者的心如海底針，我該如何發現創業機會的到來？「山不轉，路轉」，既然時機不那麼容易掌握，那麼身為創業主的你，所需要做的功課，就是要不斷的去做「市場調查」（詳細請參考 Idea 25），了解身邊的同行們如何運營。就拿擺攤賣襪子這樣的小本生意來說，有人一天可以賺上萬元，而有人一天卻連一雙都賣不出去，這就是問題的所在。創業的根本目的是滿足顧客需求，而顧客需求在沒有滿足前就是有問題。尋找創業機會的一個重要途徑，就是善於去發現自己和他人在需求方面的問題或生活中的難處。很多人不成功，不是因為他們沒有準確的資訊和對資訊的分析能力，而是因為他們缺少行動的勇氣和智慧。得到的商報和資訊是已經發生的事情，世界每時每刻都在發生變化，我們所掌握的資訊，有可能瞬間就會失去利用價值，所以要主動去挖掘並及時地抓住稍縱即逝的機會，只有這樣成功才會垂青於你。仔細研究一下所有業界的成功案例，你會發現他們是及時抓住商機的高手，正因為他們有這種能力，才能在商界獨占鰲頭。也正因如此，他們才能將世界的財富大量占有。

　　許多人認為，現在景氣這麼差，不適合跳進去創業。我的想法與此正好相反，景氣不好的時候反而是絕佳的創業時機。筆者創業一路走來有個體會，其實創業重點在自己心情上的準備，倒不在於外在的環境。大環境不好，想創業的人更少了，競爭者少機會反而更大。如同投資一般，逆勢操作的成功機會是比較大的。市場最悲觀的時候，最少人想要創業，其實成功機率最高。再者，在景氣好、百家爭鳴的時候，你如何宣傳你的企業都不容易有人聽到；但整個產業靜悄悄、冷冰冰的時候，你的公司比較容易受到媒體的觀注。此外，景氣差時，創業主的想法會比較務實，資金的壓力常常是創業的助力，因為沒有太多資源，因此創業者的想法也會比較保守，比較不會去從事風險高的嘗試。最後，此時創業的創業主通常擁有破釜沉舟的決心，創業團隊會知道，每天的工作都是為了求公司生存，唯有不斷不斷的努力，再也沒有其他的退路。創業是很辛苦的，絕大多數的狀況可能也很貧苦，景氣不好的氛圍下，反而適合創業。

　　最後與各位讀者分享世界華人首富李嘉誠的一句名言：「每一次新商機的到來，都會造就一批富翁，每一批富翁的造就就是：當別人不明白的時候，他明白他在做什麼；當別人不理解的時候，他理解他在做什麼。當別人明白了，他富有了；當別人理解了，他成功了！」願各位讀者能把握時機，創造財富，共勉之！

Have Your Thought !

 你所銷售的商品或服務有季節性嗎？是什麼時候？

....

....

....

 你的服務模式是否有能改進的環節，以促進生產加速？

....

....

....

 請養成每天收看（或閱讀）新聞的習慣，並每天記錄下
三則與你的事業相關的產經、社會變化。

....

....

....

Idea 44　我就是平台，用「自媒體」為產品發聲

　　任何一個現代人都和他的訊息、媒體共生，買房子、看車子、比價、比內容、比款式……都需要媒體。在過去的工業時代，行銷靠電視、廣播等媒體，但其實這些媒體賣的其實僅是人們注意力的殘值，只能被動等待消費者翩翩降臨，對主流媒體的掌控毫無招架之力。而如今部落格、微博、微信的出現，讓很多素人也開始自己做媒體了。儼然我們現在處於一個「我就是平台」的年代，在網路上各種不同的聲音來自四面八方，「主流媒體」的聲音逐漸變弱，消費者不再接受被一個「統一的聲音」推銷什麼是好、什麼值得，每一個人都在能從獨立獲得的資訊中，對新聞、商品做出判斷。這就是「自媒體」，歡迎來到「自媒體」時代！

$ 什麼是自媒體？

　　「自媒體」這一概念由美國實業家 Dan Gillmor 對其「新聞媒體 3.0」概念的定義中，「1.0」指傳統媒體或舊媒體（old media），「2.0」指新媒體（new media），「3.0」則指自媒體（we media）。

　　美國學者謝因波曼與克利斯威理斯兩位聯合提出的「We Media（自媒體）」研究報告，裡面對自媒體下了一個十分嚴謹的定義：「自

媒體是普通大眾經由數位科技強化、與全球知識體系相連之後，一種開始理解普通大眾如何提供與分享他們自身的事實與自身新聞的途徑。」

　　所謂的「自」媒體是相對傳統的「公共」媒體，自媒體具有傳統媒體功能，卻不需傳統媒體運作架構，為一個人即能行使的網路行為。有別於由傳統專業媒體機構主導的資訊傳播，它是由普通大眾主導的資訊傳播活動，由私人化、平民化、普遍化、自主化的傳播者，以現代化、電子化的手段，向不特定的大多數或者特定的個人傳遞資訊的新媒體。由傳統的「點到面」的傳播，轉化為「點到點」的一種對等的傳播概念。它的範圍不限於個人部落格、日誌、網頁等，其中最具代表性的平台是美國的 Facebook 和 Twitter，中國的 Qzone、新浪微博、騰訊微博和人人網、微信、皮皮精靈等。

　　台灣的民眾除了最常使用的 Facebook 外，也有國人自創的痞客邦（Pixnet）等平台。這樣的媒體平台有著內容簡短、個性化、無既定核心的特點。舉例來說，筆者的兒子現為大學生，他就經常把自己的生活──宿舍生活、社團活動、常光顧的特色餐廳等點點滴滴，拍攝成照片或視訊發布在網路的社群上，說出了一個群體的共同語言，也藉此會得到很高的點擊率，製作者也能從中得到自我滿足與訊息的推廣。由筆者所主持的「王道增智會」也在 Facebook 上建立專頁，定期與粉絲們分享生活資訊、科技與創業新知、定期的聚會活動等。藉此與粉絲聯絡情感、共同增智慧、長見識！

掌握自媒體的特點

要想更了解自媒體時代的行銷特點，首先必須要清楚明白自媒體本身的特殊運作模式：

一、平民化、個性化

平民化是自媒體最根本的特點，從「旁觀者」到「當事人」，每個人都有自己的媒體宣傳平台。至此，每個人都是自己的代言，每個人都可以通過網路成為新聞傳播的主體，表達自己的觀點，現在你的產品或甚至你本人，擁有一項不可取代的特點，即可靠一己之力成名，無須仰傳統媒介之鼻息，以太陽花學運的領袖林飛帆為例，他的個人臉書專頁，追蹤粉絲群已破 35 萬人（仍持續上升中）。學運期間，他便經常以此發布訊息，號召有相同訴求的夥伴來響應活動。

二、門檻低、操作簡單

傳統媒體需要投入大量的人力物力去維護，並且需要通過嚴格的審查，門檻極高。但是依靠網路平台來推廣個人與產品，不用大量的時間精力，不用專業的媒體知識，任何擁有一台電腦、一條網路線的「鄉民」都可以成為一個「媒體人」。

三、交互性強、傳播迅速

傳統媒體最大的缺點在於它的資訊傳播是單向的，而且具有一定的地域侷限性。自媒體大大的解決了這些問題，不僅打破了地區間的隔閡，使資訊傳遞更快捷，還增加了人們對資訊的互動功能，提高大

眾對媒體的參與熱情。

掌握自媒體，將你的產品推向外太空！

一、打破時空界限

　　傳統行銷侷限於特定的時間和特定的地點，針對一小部分人。自媒體行銷打破時空界限，最大限度地把行銷落實到每一個人身上。任何人在任何時間、任何地點都可以經營自己的媒體，自身所要分享的資訊能夠迅速地傳播，時效性大大的增加。這是傳統的電視、報紙媒介所無法企及的。

二、創造口碑效應

　　自媒體的特點之一是傳播迅速。一個新產品的出現會迅速在網路上得到傳播。網路的無遠弗屆打破了時間和空間的制約，產品的宣傳以現代的方式，回歸傳統的口碑效應，影響力進一步被放大。使用者對產品的體驗，無論是好是壞，都會以病毒式的傳播方式無限放大。

三、即時回應，互動行銷

　　自媒體的另一個顯著特點是交互性強，這便發展了互動行銷的模式。你五分鐘前在臉書所 PO 的商品文宣，即刻就能得到消費者的回響。消費者透過與賣家的互動獲得自己滿意的商品，賣家也能在此獲得消費者的反饋，急速調整產品或宣傳文案。這方面將行銷的優良互動做了很大程度的發揮。

四、個性化行銷

　　自媒體推廣了普羅大眾的個性。自媒體時代的行銷針對顧客的個性需求，提供產品和服務，對看似鐵板一塊的市場進行細分，對不同的人群指定不同的行銷戰略。

五、降低行銷成本

　　不論是部落格、Facebook 或 Twitter，這些平台的註冊與使用是完全免費的。而且前述所提及的細分市場和口碑效應使廠商減少了在傳統電視、平面廣告上的資金投入，從而降低行銷的成本。

　　總而言之，既然經營自媒體就是要抓住網路社群，網路上正在流行的用語或是議題一定得跟上，因此必須緊盯各社交媒體，看看有沒有什麼議題正在爆發，甚至被人們大量的轉載與討論。跟著議題發展，不僅可以讓平台與網友有共通認知，溝通互動的頻率也會比較對稱。除此之外，「自媒體」經營需要時間與耐心，講究的是互動與對話，企業必須懂得「做自己」、真誠而坦白，才能吸引社群並建立長久關係。社群網站的浪潮一波波襲來，自媒體行銷已不是選擇題，而是必修課。但在摩拳擦掌的同時，想在社群網路盛宴中「分一杯羹」前，應充分了解其操作方法，規劃出屬於企業與目標族群的溝通模式。

自媒體行銷策略

$ 「裝潢」好你的平台，要有吸引人的特點。

$ 發動你的小圈子的人來關注你的平台。

$ 完善每個小細節，找準著力點，細節決定成敗。

$ 精準定位人群，按人群的年齡、需求等特性來推出消息。

$ 發布的有用的消息，引起大眾的注意，最終讓傳統主流媒體也無法忽視。

$ 找準自己的內容風格，內容要別出心裁，多具趣味性和創意性。

$ 保持互動、做好服務，及時回饋客戶的提問或消息，增長品牌口碑。

$ 注意其他的關係平台，每一個媒體都不是獨立的個體，必須「合縱連橫」。

$ 即使創新、個性化是重點，你所發展的品牌依然要有連貫性、可靠性和權威性。

$ 不要急於求成而忘了自身東西的品質，經營是需要長期的耐心和經驗的累積。

Show 出你的產品價值

一間公司要獲利，最主要的就是要將產品賣出去。但是很多時候，市場上同類產品太多，導致惡意競爭的現象十分嚴重，很多產品銷售不出去，只能積壓在倉庫裡，難以實現銷售價值。

業者最常聽到顧客會拒絕的理由是：我沒錢、賣太貴……，這其實是顧客不想購買某件商品的藉口，這句話真正的意思是：「我才不想花錢買這樣的東西呢！」即使是有錢人，對於他們不需要、感受不到魅力的東西，也一樣會推說「沒錢」。

業者必須了解到消費者對於「覺得很有價值的東西、自己想要擁有的商品，即使要節省生活費、刷信用卡分期付款，還是想要買；但是其他的東西則希望盡可能撿便宜。」這就是為什麼高級品牌非常受歡迎，10 元商店或折扣藥妝店也是人氣特旺。也就是說，能否讓消費者確實感受到商品的「特殊價值」，就決定了交易的成敗。

因此，成交關鍵不在於顧客有沒有錢，而是讓顧客覺得「即使很貴也想買」。因此，行銷最主要的關鍵就是要努力把產品價值呈現出來，最有效的方式是解析產品優勢，讓顧客看到產品獨一無二的價值，引起顧客的購買興趣。假如顧客不斷地提到價錢的問題，就表示你沒有把產品真正的價值告訴顧客，因此他一直很在意價錢。記住，一定要不斷教育顧客為什麼你的產品物超所值。

$ 解析產品優勢

　　業主要知道，顧客購買產品其主要原因是看中產品本身的使用價值，而不是靠花俏的促銷手法和業務員的好口才。顧客也許會一時被這些因素蒙蔽，但當他們冷靜下來，仔細思考後，就會做出理智的判斷。所以要將產品賣給顧客的最好方法，是要準確解析產品優勢，將產品的優點全面展示給顧客，用產品本身來吸引顧客，使顧客心甘情願地購買產品，實現銷售價值的最大化。那麼具體應該怎麼做呢？

一、做好產品定位

　　首先要對產品有一個清楚的認識，從產品的特徵、包裝、服務、屬性等多方面研究，並綜合考慮競爭對手的情況，做好產品定位。產品定位的重點是確定產品在顧客心中的地位，這個地位應該是與眾不同、不可取代的。在進行產品定位時，應該考慮的問題包括：

　　產品能夠滿足哪些人的需要？

　　顧客們的需要都是些什麼？

　　如何選擇提供的產品與顧客需要的獨特點結合？

　　顧客的需要如何才能有效實現？

　　根據產品和顧客群的特點對產品進行定位，業務員才能使產品在顧客心中留下深刻的印象，引起顧客對產品的關注。人人都有希望改變的「欲求」，這個時候行銷就如同一根有魔法的仙女棒，吸引著顧客。但是有幾個前提：首先，這個魔法只針對有需要的顧客群才有效，例如說減肥產品對於本身就很瘦的人起不了作用。其次，魔法有等級

之分。每個消費者的支付能力不同，產品當然也有價格等級的區別。以手機為例，價格從數千元到數萬元不等，也就是因為有等級之分，才能夠創造出顧客「物超所值」的感受。了解這個思維後，在行銷前就必須對顧客屬性有所了解、加以區別。

二、分析產品優點

在同質化產品愈來愈多的市場上，顧客的需求卻愈來愈多樣，若想使產品得到顧客認可，就必須對產品有一個充分的認識，將產品的優點展示給顧客。一般情況下，你可以從產品本身的品質、外觀、功能、科技化程度等各方面分析產品優點。

為了讓顧客對你的商品產生深刻印象，甚至往後有需要時，能立即聯想到此商品，你應找出商品最特殊或最重要的特點，並且為它擬定強而有力的關鍵標語，並善用「FABE 銷售訴求法則」來設計你的產品介紹文。透過 FABE 法則設定商品的銷售訴求點：

F（Feature）是指商品特徵，也就是商品的功能、耐久性、品質、簡易操作性、價格等優勢點，你可以將這些特點列表比較，然後運用你的商品知識，為它們設計成一些簡要的陳述。

A（Advantage）是指商品利益，也就是你列出的商品特徵發揮了哪些功能？能提供給顧客什麼好處？

B（Benefits）是指顧客的利益，你必須站在顧客的立場，思考你的商品能帶給他們哪些實質的利益？假使商品利益無法與顧客利益相互結合，對於顧客來說，你的商品再優異也沒有意義。

E（Evidence）是指商品保證的證據，你要「有證據」證明你的

商品符合顧客的利益，或是能讓顧客實際接觸而確認商品有益，因此你必須提供商品證明書、樣本、科學性的資料分析、說明書等物品，藉以保證商品確實能滿足顧客的需求。

簡單說來，FABE 法則是將商品特點拆解、分析後所整理出的銷售訴求要點，而在實際應用上，你必須先了解顧客真正的需求，並且快速排序你的銷售重點，例如顧客關心的是價格問題，你的銷售要點就應側重在價格部分，其次才是各項要點的陳述。

當你利用 FABE 法則解說商品時，務必簡潔扼要地說出商品的特點及功能，避免使用太專業、太艱深的術語，引述商品優點時，則要記得以多數顧客都能接受的一般性利益（一般消費者感興趣的特點）為主，再來是針對顧客利益做出說明，並且提供相關的證據加以證明，最後再進行總結。當你在分析產品優點時，要站在顧客的角度，從顧客最關心的點著眼，詳細充分地解答顧客的問題。這樣才能縮短與顧客之間的心理距離，使產品的優點被顧客接受。

三、突出自家產品與同類產品的不同處

要找到自己產品與其他同類產品的不同之處，提出一些競爭對手沒有提到過的優勢，這樣就能突顯產品的不同，引起顧客的關注，吸引顧客主動來購買自己的產品，實現銷售價值。

舉例來說，喜力滋是二十世紀五、六〇年代美國啤酒的一個品牌，它的啤酒銷量在當時的美國位於首位。但是喜力滋也曾有過一段賣不出啤酒的經歷，所有的啤酒都堆積在倉庫裡。喜力滋當時的老闆為打開銷路，便請了當時最知名的銷售大師去廠裡參觀，期望找到解

決的辦法。

　　銷售大師在啤酒廠裡參觀一遍後，感覺了無新意，似乎沒有什麼辦法可以把這個廠救活過來。當他正想走出廠門的時候，看到了一間煙囪正在冒煙的房子，經過詢問後得知啤酒廠裡的所有酒瓶都是在這房子裡用蒸汽消毒。於是他高興地告訴啤酒廠的老闆，啤酒廠有救了。銷售大師將喜力滋的廣告宣傳語改成：「喜力滋啤酒，每一支酒瓶都經過高溫蒸汽消毒！」這在當時可說是首創的！經過一段時間之後，喜力滋啤酒的銷路被打開，這個品牌也成為了美國啤酒的第一品牌。

　　從上面這個例子可以看出，要善於發現自己產品與競爭對手的不同之處，尋找產品的獨特賣點，把它展示出來並大書特書，讓顧客了解並接受。這樣就能強化自己產品的競爭力，加快產品的銷售。

四、將產品的不足化為優勢

　　每個產品都不是十全十美的，都有一定的不足，但是換個角度看，就能成為特殊的優勢。業務員要善於運用銷售技巧，將產品的不足化為產品優勢，使產品得到顧客的認可，促進銷售價值的實現。只有掌握一定的銷售技巧，善於解析產品優劣勢，才能找到銷售成交的關鍵點。這樣就能促使顧客購買，滿足雙方的利益需求，實現銷售價值的最大化。

Wang's Golden Rules:
Wealth 3.0

Have Your Thought !

✏ 如何讓消費者對你的產品從「需要」轉為「想要」？

✏ 你的產品或服務的 F（Feature）、A（Advantage）、B（Benefits）、E（Evidence）分別是什麼？

✏ 你的產品存在著什麼缺點？如何透過行銷技巧來實現銷售價值？

準備好資料，建立起你的信任度

在向顧客銷售產品時，業務員會向顧客介紹許多產品資訊，但是很多時候，顧客需要的並不是只停留在表面的泛泛之談，而是有說服力的證明。真實的資料具有很強的說服力，能夠有效地證明產品的品質和公司實力。所以在與顧客交流前，要事先準備好銷售資料，以防不能回答顧客提出的問題。

在一般人們的意識中，統計資料是經過精心測算和綜合廠商與使用者的經驗累積得來的，一定是相當可信的。要充分利用顧客的這種心理，主動向顧客提供銷售統計資料，以精確的資料與顧客溝通，增加他們對產品的信心與品牌的信賴。

在使用銷售統計資料時要謹慎，以免使用不當造成不利的後果。具體說來要注意以下幾個方面：

一、確保資料的真實性和準確性

資料最大的說服力就在於它的準確性和真實性，只有準確和真實的數據才能增強顧客對產品的信賴。如果顧客發現你提供的資料是虛假或者錯誤的，他們就會以為你是在對他們進行欺騙和愚弄。這種觀念一旦在顧客的腦海裡建立起來，就會產生極為負面的影響，不但不能促進雙方商談的順利進行，還會影響企業和產品的聲譽。因此當你在向顧客提供銷售統計資料之前，一定要再三確認，保證資料的真實性和準確性。只有這樣才能贏得顧客的信任，為雙方的銷售溝通打下良好的基礎。

二、不要大量羅列資料

人們在說話的時候，恰如其分的修飾語句可以使自己的表達更加形象生動，也可以展示文采和才華。但使用過多的修飾語就會給人一種華而不實的感覺。同樣地，在銷售過程中，使用精確的數字固然可以加深顧客對產品的印象、增強論據的可信度，但是如果你只是一味地羅列資料，就會使顧客感到眼花撩亂，無法理清頭緒。而且，有些顧客對數字並不敏感，大量的資料只會使他們感到枯燥，甚至認為你是在故意賣弄。反而破壞了顧客心中的形象。

所以，當你在使用資料時要挑選合適的時機，例如在顧客對產品的品質提出質疑時，就可以用精確的資料來證明產品的優良品質。如果顧客的疑慮不是太重時，使用一些簡單的統計數字說明即可，對於數字的使用要適可而止，絕對不要過分使用。

三、提高資料的可信度

當你與顧客的銷售過程中，僅僅把資料展現給顧客遠遠不夠，還要讓他們相信這些資料。很多人都認為像商品檢驗局、預防醫學會等這樣的專業機構是某一領域的權威，他們的證明或承諾也具有一定的權威性，經得起考驗。因此顧客往往認為能夠得到這些機構認證的產品，肯定品質優良，可以安心使用。當你在與顧客洽商時，就要多多利用這一點，可以說「我們的產品經過國際○○組織的嚴格認證，在經過半年的觀察後，○○組織認為我們的產品完全符合國際標準……」。

除此之外，還可以借助那些影響力比較大的人物或時間來對產品

加以說明，如：「500 大企業之列的○○公司從○○年開始使用我們公司的產品，到目前為止，已經和我們建立了三年多的良好合作關係。」或「當紅電影明星○○○從 2009 年開始到現在一直是我們產品的愛用者，對我們的產品讚不絕口。」

借助這些有權威性或者有影響力的機構與個人列舉出的資料，不僅可以吸引顧客的注意力，給顧客留下深刻的印象，還可以增加顧客對產品的信任度和重視度。當然，在借助這些組織或個人的時候，還要注意他們本身的信用度。如果他們經常出現負面新聞，那麼借助他們所做的宣傳也會受到影響。

四、讓數據更具震撼力

與語言不同，統計資料意義一目瞭然，容易讓顧客抓住確切資訊。但它與語言相比的一個缺陷就是過於枯燥，如果在與顧客的洽談中，不能正確借助資料，就會使顧客失去繼續商談的興趣。所以應該要充分發掘數據的作用，讓數據對顧客產生更大的震撼力。此外，如果產品經由權威人士推薦，其價值也會整個提升，其中最好的例子就是電視購物。購物台的主持人天花亂墜地描述某商品的優點，擔任特別來賓的權威人士接著發表評論，不停地說：「這個東西好棒哖！」然後現場會湧起一陣「哇～」的讚嘆聲。經過一連串不斷提高商品價值的過程之後，最後再來一句：「最讓人在意的價格部分是……」報出一個比觀眾想像的價格來低得的數字，現場響起一片「好便宜」的歡呼聲，此時主持人再加碼：「立刻訂購，特別加送贈品！」無論何種商品，只要採用這種手法，都會大賣。

Tips to Wealth!

這麼做，讓你的產品價值耀眼

$ 當顧客對產品的品質提出質疑的時候，就應該用精確的數字來證明產品的優秀品質。

$ 使用的資料愈精確愈容易得到顧客的信任，如果只是一個約數，即使是經過調查的，顧客也會認為你是隨口亂說。

$ 在介紹產品時要告訴其能為顧客帶來多少潛在的利益，例如：一年能為顧客節約多少開支、數年下來能節省多少錢、不需要特別的維護等等。成本的節約是一個最具誘惑力的條件。

$ 介紹產品時要揚長避短，對顧客來說不重要的優點可以一帶而過，甚至不提及或者化缺點為優點。比如產品外觀簡單，你可以這樣說：「我們的產品外觀簡潔大方，而且又不會過時，深得像您這樣有品味的顧客歡迎。」

$ 在介紹產品的時候應該抓住顧客的受益點，比如在向顧客介紹護膚品的時候不要只告訴顧客護膚品的成分，而是要告訴他使用後的效果，如美白、緊緻等等。

$ 顧客比較關注的產品特徵有：品質、味道、包裝、顏色、大小、市場占有率、外觀、配方、製作程式、價格、功能等等，你可以針對這些特點來設計你的銷售文案與話術。

該把握「80／20法則」還是要創造「長尾商機」？

　　每個人都希望自己的付出可以得到對等的回報，對創業主來說更是如此。義大利著名經濟學家帕雷托（Vilfredo Federico Damaso Pareto）有過這樣一個理論：社會上80％的財富為20％的人所有。這就是著名的「80／20法則」。在生活中這個法則也處處可見：在營養學中，20％的食物提供80％的營養；在考場上，20％的重點決定80％的成績；在生命中，20％的時間賺取80％的積蓄……。

　　以上所有的結果都證明：80％的結果取決於20％的關鍵點。在創業的過程中，也是顯而易見：創業的人有20％是成功的，而80％是失敗的；公司80％的業績由20％的顧客所創造；在一個商店，有80％的營收來自20％的商品……。

　　以上述商品的例子來看，這20％商品，我們稱之為「暢銷商品」，以管理學角度來稱呼便是「A類商品」（即數量少、貢獻大的商品）。這種現象在實體商店尤其顯著，在有限的開架空間以及倉儲的成本限制之下，業者必定會把暢銷的20％商品放在顯而易見的貨架上，使消費者容易注意到；而80％商品放在其他不起眼的地方。以筆者最熟悉的出版市場為例：一家書店的店長一定會在靠近門口的區域擺上暢

銷書、暢銷排行榜，而把冷門的書類放在偏僻的角落。大體上，書店80％的營業額來自20％的書籍。只要把銷售排名在前面的重點書籍（或雜誌、CD）管理得當，營收就「八成」沒有問題了。

抓住 20% 的顧客贏取最大利潤

雖然行銷學強調顧客導向原則，但並非每一個顧客的重要性都相同，事實上顧客又可劃分為許多類型，行銷所要做的就是區別顯在顧客和潛在顧客、忠誠顧客和游離顧客、重要顧客和一般顧客，如何抓住舊顧客、忠誠顧客與重要顧客，就是行銷工作的核心。而需要這樣做的邏輯基礎，就是基於這個 80 ／ 20 法則。因此在銷售中，業者常為了獲取更多的業績結交很多顧客，也不停地向這些顧客宣傳自己的產品，但是最後發現只有20％的顧客會接受產品，所以說業者大部分的業績來自20％的顧客。在明白這個定律後，就可以花費大量的精力去抓住這20％的顧客，將他們發展成為自己長期、穩定的顧客群，這樣就可以確保和掌握自己業績的一大半了。當然，你也不能放棄其他的顧客，還是要用自己剩餘的時間或是20％的精力去開發新的顧客，這樣才能持續獲得更好的成績。

只用 20% 的時間來介紹產品

在銷售過程中，有些業者一直在滔滔不絕地介紹自己的產品，反

而會讓顧客感覺到非常不耐煩，結果本來有很多顧客想要購買，卻被業務員「嘮叨」得興致全消，變得不想買了！所以在銷售過程中不妨先多花些時間傾聽顧客的需求，用剩下 20%的時間闡述自己產品，在得知顧客需求後對症下藥，既省時又可以不費力地拿到訂單，才算是「高效」銷售。另外，在銷售流程中，讚美顧客是銷售工作的畫龍點睛之筆，充分利用讚美的作用，就能贏得顧客 80%的好感，但是僅靠讚美是不能直接成交的，所以，在讓顧客了解產品與其利益的基礎上適時讚美顧客，讚美才能突顯其奇效。

成功的 80%來自情感，20%來自產品

　　銷售的成功，80%來自你的公司、品牌，乃至於銷售員與消費者交流、建立感情的成功，20%才是產品本身的價值。如果你用 80%的精力使自己接近顧客，設法與他們友好；這樣，你只要花 20%的時間去介紹產品對顧客所帶來的益處，就會產生 80%的成交率了！但是假如你只用 20%的努力去與顧客博交情，而用 80%的努力去介紹產品，大約會有八成的機率是白做工。因此，銷售要成功的祕訣，就是用 80%的耳朵去傾聽顧客的需求，用 20%的嘴巴去說服顧客。如果在顧客面前，80%的時間都是你在嘮叨個不停，達成交易的希望將隨著你滔滔不絕的講解，從 80%慢慢滑向 20%。而顧客拒絕你的心理，將從 20%慢慢上升到 80%。

無物不銷，無時不售的長尾商機

但近年來，隨著傳播科技的進步，過去企業界奉為行銷圭臬的「80／20法則」日漸受到顛覆，出現了另外一種與此商業模式截然不同的長尾（The Long Tail）商機。什麼是「長尾」呢？假設一個座標圖，縱座標為銷售量，而橫座標為商品的熱門程度。那麼，就會形成一個接近「L」字形，而且曲線尾巴會比前端長得多的一個圖形，在統計學角度來講，稱為「長尾分布」（Long-tailed distribution），這也是命名的由來。

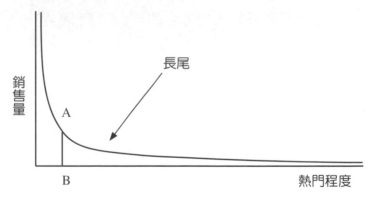

「長尾理論」是說只要通路夠大，非主流的、需求量小的商品「總銷量」也能夠和主流的、需求量大的商品銷量抗衡。「長尾理論」的出現起因於網路科技的迅速發展與運用，引發行銷方式「去中間化」、「多元化」等變革所造成的結果。如此一來，99％的商品都有機會被銷售，「長尾」商品將鹹魚翻身。例如：Google（谷歌）的主要利潤不是來自大企業的廣告，而是來自眾多中小企業的廣告；eBay的獲利主要來自長尾的利基商品，例如典藏款汽車、高價精美的高爾

夫球桿等；亞馬遜網路書店的書籍銷售額中，有四分之一來自排名十萬以後的書籍。這些「冷門」書籍的銷售比例正以高速成長，預估未來可占整體書市的一半。

為什麼長久以來行銷界奉為圭臬的「80／20 法則」就這樣被推翻了呢？以上圖來看，「80／20 法則」追求的是直線 AB 以左區域所帶來的利潤，而「長尾理論」追求的卻是直線 AB 以右區域的利潤。也就是說，它們將目標消費者從需求曲線的「頭部」移到曲線的「尾部」；在需求曲線的「頭部」，一些受到市場普遍歡迎的主打產品，在大眾市場上以很高的銷售數量受到追捧；而在需求曲線的「尾部」，數以百萬計的不同種類的商品，在數以百萬計個細分市場上出售，每一種商品都只服務少量的消費者。除了商品種類出現激增之外，有關產品的資訊也呈現爆炸式的增長。尤其當橫座標（熱門程度）趨近於零的無限延伸下去，便會形成前段是看似是占大部分的一塊，後段是一條很長的尾巴。而這個關鍵，取決於冷門商品的種類多寡。

為什麼會有這樣子的轉變？身為一個創業主，我究竟是要將我的目標鎖定在那 20%，還是「長尾」呢？背後最重要的影響因素是：近十年迅速蓬勃發展，甚至近幾爆炸程度的「網際網路」（World Wide Web）。因為銷售一旦回歸到「實體商店」，「長尾」就變得不可行了，原因就存在於「有限的貨架空間」。我們可以說，實體商店的限制之下無法創造長尾。而網路可以打破實體商店的種種限制，因此網路化時代是促成長尾現象最重要的背景。因為網路商店沒有貨架空間的限制，因此可以容納成千上萬的商品，種類包羅萬象，不論新舊，也不分主流與非主流。而且在網路上每項商品少了實體商店的商品擺設的

差異性；因此過去所謂的「冷門商品」，儼然成為「利基商品」（英譯自 Niche，原義為優勢，即為量少、利潤高、有其特殊屬性的商品）。國外的亞馬遜網路書店是很好的例子，他們除了主流商品，利基商品也占了不小比例的營收。此外，網路的「搜尋功能」與「分享性」進一步成了消費者在篩選商品的利器。消費者能夠透過搜尋引擎，例如Google、Yahoo 等來尋找他所要的東西，也能輕易地在網路找到商品的評論，再決定要不要加以購買，使得市場愈趨「個人化」，這樣的結果使得消費曲線的重心愈向右移。

長尾現象造就了「個人化」的時代，帶動另一波商業勢力的消長。暢銷商品帶來的利潤愈來愈薄；願意給長尾商品機會的人，則可能積少成多。「長尾理論」不只影響企業的策略，也將左右人們的品味與價值判斷。大眾文化不再萬夫莫敵，小眾文化也將有愈來愈多的擁護者。在未來，任何趨向的商品都有機會發展出他的一片天，「主流」與「非主流」將會愈來愈無法區分，就如同維基百科（Wikipedia）這麼一個透過網路開放的平台，任何網友皆可新增或修改上面的知識，其資料的豐富性與更新速度，已經遠大於目前公認最有權威的《大英百科全書》了！

因此企業若要搭上「長尾熱」，應提升自身的網路服務功能。而在進行行銷活動時不應該只追求市場規模最大、占有率最高等目標，而應該以最能創造利潤的顧客市場為最重要的目標，讓自己的產品達到「無物不銷，無時不售」的境界！

長尾理論與 80 ／ 20 法則比較

比較項目	長尾理論	80 ／ 20 法則
經濟假設	豐饒經濟	資源稀缺
市場導向	需求方規模經濟	供給方規模經濟
戰略手段	差異化戰略（個性化服務）	低成本戰略（標準化服務）
市場目標	不放棄尾部 20％的利基市場	關注頭部 80％的熱門市場
顧客服務	提供個性化需求	提供大眾化需求
企業願景	小市場與大市場相匹配	成為主流市場的領航人

掌握市場趨勢讓你的財富順風直上

Idea **47**

無論你是否熱衷於賺錢，你都要與社會保持高度的接觸，這是最基本的生存條件，也是保障自己的方法。或者你也有以下的經驗：自以為已經非常了解社會，可是有一天走在街上，你驚覺迎面而來的人都穿上某種你認為甚是不入流的衣服；或是走進咖啡店，聽到某句你硬是聽不明白的口頭語；亦或在公司裡發覺人人都在玩某種你不懂的玩意……

以上的情況都像是「突然間」流行起來，而且有蔓延的潛力，一剎那人都為之著迷起來，爭相仿效。其實這是社會趨勢的一個模式，開始時，具有隱而不顯的特質，一般人不易察覺，但觸覺敏銳的人則能從中窺見端倪。有些社會趨勢，甚至會影響著某些行業的盛衰。

舉例來說，隨著工業走上科技化的路，製衣業的電腦化是不可避免的，可是這卻會使某些技術人員面臨被電腦或機械取代的命運，要是這群員工抓住這股趨勢，懂得及早進修、轉型，就可以避免被淘汰的命運。因此，了解社會的新趨勢，從而掌握重要資料來加以利用，對自己的發展，絕對有裨益。

$ 順「勢」者昌，逆「勢」者亡

　　除了避免遭受淘汰，了解各行業的發展趨勢，能幫助你建立自己的事業。假如你預測到某個行業的變動所帶來的現象及影響，就能相應帶來賺錢的機會。

　　在筆者年輕時，國內尚未興起穿名牌的潮流，而最早引進一系列名牌產品的公司，卻以有系統的宣傳手法推廣，後來取得了成功，這就不能不佩服該公司的獨到眼光。根據調查數據，各國民眾的通勤時間有愈來愈長的趨勢。英國《泰晤士報》（The Times）引用一份研究報告指出，通勤時間拉長，讓通勤族痛苦指數逐漸升高，為了提高搭乘舒適度、協助充分利用搭乘時間，「長征族商機」應運而生。例如便於在車上播放的有聲學習書，5 天就可以聽完 1 本《用聽的學行銷》，或是專門設計在車上吃的速食套餐，甚至是加裝了背部按摩的汽車座椅，都存在著無限的商機。

　　市場趨勢是受多方面因素影響的，如社會風氣、經濟、家庭結構、人口、個人喜好等等。現在家庭結構多由一父一母加一子女組成，女性與男性一樣有工作，在這種情況下，課後託管兒童的服務需求就會大量增加。而在大量應用電腦程式的年代，對任何人來說，認識電腦、學習電腦語言，是刻不容緩的事情。那麼置身於市場叢林的你，就要嗅出電腦教學所帶來的商機。事實上，每一項新科技的出現，皆因消費者有此需求才應運而生。如自動提款機的出現，是銀行顧客不願意浪費時間排隊而產生的，對銀行方面而言，自動提款減少了出納員的工作量，也方便了顧客存款及取款，對銀行業主來說一舉兩得。但如

果你是出納員，那麼就得小心財源危機囉！

　　創業主要懂得因勢利導，就得懂得觀察市場，因為市場就是企業成長的奶水，所以企業要成長就要緊貼著市場，市場若一發生改變，企業就得跟著改變。那市場究竟在哪裡？你只要能隨時了解消費者的需求，你便能掌握市場。企業要壯大，最重要的莫過於客戶對企業的忠誠，你要設法採取一切盡可能的措施，取得客戶對公司的長久支持。你必須時時調整公司的方針，因為環境會變，人的消費行為也會跟著變；為了維持穩定的營業額，企業的經營型態最好適時修正。從嗅出商機，轉成賺錢模式，中間有一段距離。轉型比創業更困難，因為一個企業的舊包袱、舊習慣很難打破；身為公司領導者的創業主如果也慣於沿襲，他必是企業轉型的最大絆腳石。因此，企業轉型的第一要素就是領導人要願意學習、願意改變。

$ 專注，讓你讀懂市場趨勢

　　許多創業主、公司經理人都在問，如何才能發掘商機、掌握市場趨勢？其實，隨著社會結構的變化、所得水準的提高、消費力的轉變、生活型態的變化、消費觀念的轉變，如果繼續沿用以往的眼光、舊有的心態，絕對看不到新趨勢，唯有轉換全新的眼光與心態，才能挖掘這些商機。或許你會問：「要抓到新趨勢，我該做些什麼呢？」對此，筆者的經驗是：專注的觀察，是了解市場趨勢的第一要素。想了解趨勢、分析趨勢，進而掌握商機，就得對社會進行有系統的觀察，以了解「什麼在改變」，接著從不同觀點切入。對市場趨勢不敏銳，企業

容易錯過轉型契機。注意力集中是培養市場敏銳度的基本功，當你專注於同一事物、同一消費族群、同一次文化時，自然能看到平常看不到的東西，找到恰當方法。你在發現市場問題同時，必須時時思考，有什麼元素，可以解決這些問題？而我的公司，又要如何與這些元素相結合？

$ 每個小眾文化都是潛力無窮的市場

　　所謂消費文化，指的是消費者在生活、情感、習慣的交互影響下，所構成的一系列購買模式和行為。其實許多好的企畫、好的行銷、好的產品，其發想點幾乎都源自於對消費喜好的掌握。《微趨勢》（Microtrends）一書作者馬克‧潘恩（Mark Penn）曾指出，傳統的社會等級、年齡、宗教與地理位置等分類方式已經在改變，我們正快速地從福特（Ford）經濟模式（以低成本、標準化的方式批量生產商品），轉向星巴克（Starbucks）經濟模式（透過各種小眾市場的分類方式，來提高個人消費者的滿意度），這樣的轉變，讓許多創業主面臨很多新的挑戰，是現代的業者必須共同面對的問題。有時要把握這種小眾文化所帶來的商機，要有「雖千萬人，吾往矣！」的氣魄。當大多數人正在從事蔚為主流的風潮時，你得預先設想到它的對立面。舉筆者所置身的文創產業來說，在網路盛行的時代，許多企業以為民眾只對簡短的資訊來源有興趣時，磚頭暢銷書反而更加盛行，因為社會上就是會存在一群人，尤其是最會影響旁人購買意願的那群人，只要你的內容夠好，書多厚他都願意讀下去！

　　分析當前的消費文化，不僅可以掌握社會的流行走向，避免開發出錯誤和無用的商品服務，更能從群眾的消費模式中，發現更多商機。

培養抓住市場趨勢的三步驟

一、保持謙虛不斷學習

　　蘋果（Apple）的 iPod、iPhone 在全世界掀起購買狂潮，其之所以銷量一枝獨秀，除了產品很有質感之外，最主要的原因是其產品抓住了消費者的潮流，與消費者文化完全融合。蘋果之所以能掌握趨勢，首要歸功於賈伯斯！他曾於史丹佛大學的一場畢業典禮中提到：「求知若飢，虛心若愚」就是這樣的心態讓蘋果能抓住市場的脈絡。許多人囿於過去的經驗或做法，時常拒絕變通，導致無法清楚描繪現今文化的面貌。因此，想要搞懂市場趨向，務必先拋下成見來體驗這個世界的變化，才能仔細看清消費者捎來的喜好和想望。

二、多觀察、多發問、多紀錄

　　在觀察市場時，你必須運用同理心，辨識和揣摩每個人的行為模式，並感受這些文化訊號是否會形成更大規模、更具影響力的消費潮流。如果必要，更該把握每一次發問的機會，傾聽這些人如何陳述一件事、這件事對他們的影響、產生什麼樣的感覺和看法。透過全身的感官，找出一切可得資訊，並將其記錄下來，做為往後在解讀和預測上的判斷基礎。

三、追蹤、解讀、預測未來

　　利用觀察所取得適當資料後，接下來就是要去詮釋。解釋資料的用意是，藉由自己的邏輯力和想像力，盡可能地去擴大解說資料的可能用途，串連細節，使其變成一幅完整的畫面。在解釋的過程中，不需要擔心解讀的對錯，只要擁有想法、合理推論，都能形成有價值的情報。除此之外，隨著時間推移，你必須時時回頭審視自己的決策或猜測，試圖理解預測成功和失敗的理由。如此，才能永遠處在消費文化潮流的浪頭上，持續創造更大的利益。

四、將競爭對手轉化為夥伴

　　貿易全球化讓市場競爭猶如熱帶叢林，在主流市場的創新生態圈裡，為消費者提供價值是最高的指導原則。任何一家廠商，只要能發掘消費者潛在需求，都是生態圈的勝利者。因此創業主想求生就要抓住主流市場，就要用生態圈的力量共存共榮。尤其在現在，你已經很難分清楚競爭對手是誰，你可以說得清蘋果、Google 的敵人是誰嗎？是賣手機、做桌機，還是賣軟體的公司？市場就像是雨林，擁有雨水、空氣與陽光等等不同元素，你要取得市場認同，就得成為這個生態的一部份。你要成功就必須要跟其他人合作，包括你的競爭對手。如此你才能融入市場，抓住市場潮流、掌握趨勢脈動。

Idea 48　讓財富恆久遠，代代永流傳

　　許多家長憑藉著知識、智慧與技能為家庭開創了巨大的財富，但在華人的世界中存在著一項魔咒——富不過三代。這句俗語，大家耳熟能詳，尤其當前很多家長在家庭生活富足之後，就會讓孩子過度享受物質生活，忽略了精神層面的教育。於是造成孩子的上進心大打折扣，胸無大志，不懂得艱苦奮鬥。許多家庭中，家長胼手胝足成家立業，年過中年終於累積了一筆財富，想要安享努力帶來的果實卻因下一代的問題而苦惱。諸如為什麼孩子好逸惡勞、自以為是？為什麼孩子懶惰成性、嚴重缺乏自立能力？為什麼孩子這麼叛逆？為什麼與孩子之間有太多的溝通障礙？⋯⋯這類的問題太多太多存在於家庭中，也讓家長們擔憂真的會「富不過三代」。

　　其實，作為父母的我們應該認真地反思我們是如何教育孩子的？當前很多家長對孩子的物質供給已經過於慷慨了。只要孩子想要，家長就不假思索給孩子花大筆的錢，讓孩子穿最好的衣服、給孩子買最高級的玩具，養成他們花錢如流水的習性。家長認為這是愛孩子的表現，其實在一定程度上，只是滿足了家長自己的虛榮心。家長的這種行為很容易使孩子形成優越感，缺少頑強吃苦的精神。那麼，該如何

做，才能讓孩子們在今後克服學習方面的難題，又如何在未來人生的大風浪中把握航向，傳承好甚至成就自己的一番事業呢？

$ 為什麼會「富不過三代」？

　　富不過三代在華人世界是一個頗為普遍現象，而這陣風甚至吹到了全世界。美國的一份調查報告顯示，繼承 15 萬美元以上財產的小孩，有 2 成放棄了工作，多數一事無成，他們得到愈多，反而使他們失去奮鬥目標。甚至出現了一個專有名詞「affluenza」（富裕病）。這個字由兩個單字「富裕」（affluence）和「流感」（influenza）合成，專指那些由於父母供給太多，造成孩子過度沉溺物質，使得生活缺乏目標等後遺症。這一代華人富裕家庭的青少年，是在「漏斗型」的資源灌注下成長。台灣出生率是世界倒數第一，全台平均值只有 1.2%，居民社經地位最高的台北市，出生率更低至 1.04%，因此「富裕病」對台灣人的考驗更鉅。根據金管會的最新統計，台灣所有卡債中，五分之一是由 20 至 29 歲的族群所「貢獻」。他們主要用於購買奢侈品所積欠的卡債將近一千五百億元！究竟是什麼原因造成這樣的現象呢？究其原因，主要有兩個方面：

一、孩子缺少對親人、團體以及社會的責任感

　　「責任感」這種意識並不是口頭說說就有用，而是必須對孩子從小教育培養和多方面實踐獲得，它是一個人成為社會中流砥柱的基礎和根本。而現在的父母由於平日的忙碌，所做到的僅單單停留在說教

上，並未讓孩子從小體會「責任」的重要性。

現行的學校教育也仍然不足，現在的教育注重的是普遍性，是大眾教育，無法對企業家下一代的正確觀念養成有正向的影響，沒有考慮到延續這種富足所具備的素質和能力的培養與教育，應運而生了一群「貴族」子弟。

二、家長對家族的長期良好發展缺少規劃

對創業家來說，想要家業代代傳承，首要樹立良好的家風，家風是時代相傳的家族精神，它會化為這個家族行為規範和準則，良好的家風才是對子孫後代最好的財富。其次，必須要有對家族成員培養方向的規劃，一個企業的發展需要各個方面的人才，根據個人的特點，有計畫的將他們培養成各個方面的優秀人才，能夠在各自的領域獨當一面。

$ 讓孩子未來富有的七大守則

當今的父母，很容易將自己固有的觀念傳輸給孩子，無形中阻礙了孩子無限的可能性。因此，想要孩子將來擁有心靈與物質上的財富，順其本質來開導乃為第一要件。事實上，大部分的父母都會教導孩子正確的金錢觀，但是真正讓自己的孩子「身體力行」的父母卻是一個也沒有！因此，想要孩子將來能夠擁有延續財富，甚至創造財富的能力，你現在要做的絕不只是你自己該如何「理財」，而是如何去「育才」，讓孩子自己得到一生的財富與人生，以下筆者提供給父母

們的教養子女的七大守則，將下一代培養為幸福而富有的人：

一、尊重孩子與生俱來的特質

在過去三十年來，台灣人奠定了現今社會財富的根基，而其中的關鍵便是「創造力」。孩子充滿了無限的想像力，這不是已經世故的你所能想到的。但是當今的父母很容易將自己既有的固定觀念灌輸給孩子，無形中阻礙了孩子無限的可能性，父母往往看事情的焦點都和孩子有所出入，誤會也因此不斷上演。因此，想要孩子將來睿智而富有，尊重其本質，讓孩子盡情發揮甚為重要。

二、不要為了賺錢賠上與孩子相處的時間

父親所扮演的角色絕不只是帶給家庭金錢。教育孩子的確需要金錢來作支撐，但孩子期待的不是金錢，而是親情的溫暖。所以不要「為了賺錢而工作」，而是為了「賺取陪孩子的時間而工作」所獲得的多出時間與孩子談話，並藉此培養他們正確的金錢觀與人生觀。

三、鼓勵孩子失敗

大部分的父母在孩子剛嘗試新東西時，因為不知道是否會失敗，而要孩子們「注意！」、「小心一點！」。但是如果想要孩子將來有擔當並且有能力處理、創造財富，就該讓他多接受失敗的經驗。以目前孩子的年齡所做的事情，即使失敗，也不至於造成太大的遺憾。因此，不如讓他在嘗試的過程中，大膽體驗各種可能性，而不要只強調結果如何。只要孩子擁有不害怕失敗的勇氣，便可從中找到成功的機會。

四、切勿滿腦子都是孩子

除了孩子以外，你還有很多事要做要思考，等育兒期一過，孩子學習向外發展時，這時父母也該學著如何脫離對孩子的精神依賴，要知道一個精神上獨立的父母，才能培養出獨立自主的孩子。父母常常忽略了一個事實：其實子女並沒有你想像中的那麼依賴你。

五、告訴孩子如何賺錢，不如教他如何用錢

如果說賺來的錢不知如何分配使用，終其一生只能為金錢而勞碌奔波。通常富有的人都懂得如何以手中的金錢投資，來創造更大的財富，因此想要孩子富裕，與其教他賺錢還不如教他如何活用金錢，也就是掌控財務的能力。

六、對孩子要放手

現在不少成功的企業家，他們有一個共同點——那就是他們的知人善用，能讓部屬各盡所能，充分發揮其才智。筆者認識一家大電器公司的董事長，他在談到人才問題時，曾說過：「我對一經任命的部屬，就放手讓他們施展才幹，有權處理管轄的一切工作，即使有所差錯，也不橫加指責；因為只要工作，錯誤是難免的。出了錯誤，他們自己必然會首先發現，因而也會自覺地反省檢查，以求改進。」

於今，家長都會給孩子一些零用錢。但是當孩子拿了屬於他的零用錢買了他自己喜歡的東西時，父母卻又常不滿意，而加以責怪：「我給你零用錢，不是要你購買這種無用的東西！」這種干涉其實是不合理的。既然是給孩子的零用錢，他當然有權選擇買什麼東西。因此在

零用錢的使用上，大人應該放手，這樣也可養成孩子的獨立自主精神。但如果是其他用途的錢，孩子自作主張買了零食或玩具，那就需要弄明原委，再加以教育，以養成孩子良好的習慣。

七、讓孩子從小分擔家務

太完美的父母通常會造就出無能的孩子，小時候讓孩子做些家務或者學會做些家務，對孩子來說是一種很好的生活教育。為孩子日後的獨立生活打下基礎，無形中培養了孩子的工作能力和責任感。如果父母能有意識地讓孩子做一些能力所及的家務事，從心理學上來講，對孩子的成長很有助益。尤其是當孩子完成一項工作後，作父母的能夠給以適當的肯定和讚賞，孩子的存在價值被肯定，自己的工作能力被肯定，他們也會感到心靈上的富足與快樂。當然，孩子開始作家務的時候不一定會做得很好，甚或會惹出些麻煩，但應知道這對孩子是一個難得的學習機會，不應苛求。

財富是優秀能幹的人才創造的，下一代如果只是優秀能幹，不足以繼承、保住和增值財富。只有下一代擁有正確的生活態度才能富過三代。守業比創業更難，因為創業者大多從青少年時期就經過磨礪，從而錘煉了他們堅強的意志和傑出的才能，使他們能夠成就大業。而其後一代面對的是已經富裕起來的家庭，沒有經歷過創業的艱難，很難懂得財富來之不易。如果沒有正確且良好的教育，很容易致使家道中落。一個人有可能在幾年的時間裡富裕起來，但處理財富的思維與正確的人生觀卻需要很長時間地積累才能形成。唯有讓孩子走出「金鳥籠」教導正確用錢觀念，為自己負責，財富才能代代傳承。

Have Your Thought !

✏️ 如果你還沒有小孩，可先想像一下你希望怎麼教育小孩。

✏️ 如果你已經有小孩了，你和小孩的關係好嗎？有什麼方法來改善你們之間的相處模式呢？

✏️ 請找出適合讓小孩分擔的家務，並在他完成後給予其適當的報酬。

PART 4

Wealth

附錄
訂製自己的財富導覽圖

想要累積財富，就要有所改變。看看別人成功的經驗，檢測自己的職業性向與特質。動手做，訂製專屬自己的成功創富導覽圖！

Wang's Golden Rules:
Wealth 3.0

創業適性評量

你是做生意的料嗎？每個人都有潛在不同的職業性向與特質，但不是每個人都適合當老闆。自行創業，沒有固定收入，你能支撐多久？下定決心，又能堅持多久？花 10 分鐘做完下列測驗，檢視自己是否具有創業的先決條件，依照你的個性、人脈、專業、資金等四大方面來評量你是不是做生意的料。

每部分有 10 題，每題有 A、B、C、D 四個答案，答完後，請對照分數評量，看看你是否具備創業者條件？或適合哪方面的創業方向？請依序作答。

◆個性方面：計【 　 】分（本項滿分 40 分）

1. 你是一個自動自發的人嗎？

　　A. □是的，我喜歡想些點子，並加以實現。

　　B. □假如有人幫我開個頭，我絕對會貫徹到底。

　　C. □我寧願跟著別人的腳步走。

　　D. □坦白說，我很被動，甚至不喜歡想事情與做事情。

2. 你願意一星期工作 60 小時，甚至更多？

　　A. □只要是有必要，當然甘之如飴。

　　B. □在一開始創業，或許可能。

C. □不一定，我認為還有許多事情比工作重要。

D. □絕對不能，我只要一天工作下來就會馬上腰酸背痛。

3. 對於下決心要做的事，是否能堅持到底？

A. □我一但下定決心，通常不會受到任何事的干擾。

B. □假如是做我自己喜歡的事，大部分的時候都會堅持到底。

C. □一開始可以，但一碰到困難，就想要找藉口下台。

D. □經常自怨自艾，覺得自己什麼事都做不好，完全不能堅持。

4. 你對於你的未來，規劃如何？

A. □已經可以看得到十年後的目標。

B. □只規劃好五年以內的道路。

C. □只做了一年的規劃。

D. □從來都不做生涯規劃，走到哪裡就算哪裡。

5. 在沒有固定收入的情況下，你和家人可以維持生計嗎？

A. □可以，如果有這種情況的話。

B. □希望不會有這樣的情況，但我了解這可能是必要的過程。

C. □我不確定是否可以。

D. □我完全無法接受這樣的狀況。

6. 對於常常必須 1 個人孤獨工作，你的看法是：

A. □很好，工作效率可因不受干擾而提高。

B. □偶爾會寂寞，不過大致覺得自由。

C. □挺無聊的，會想辦法找機會排遣。

D. □會活不下去，只要一天不跟人說話就會發瘋。

7. 你是非常個人主義，還是喜歡與大家共事？

A. □我喜歡自己發想，照自己的方式做事。

B. □我有時很富有原創性。

C. □只求交給專人負責就好，比較沒有個人主義。

D. □我一直認為個人主義者有點怪異，甚至討厭。

8. 你是否能妥善地處理壓力方面的問題？

A. □可以在幾分鐘之內回復原來的狀態，不致影響工作情緒。

B. □必須要等半天以上才能自己回復。

C. □必須找別人傾訴才能解除壓力。

D. □即使和別人交換意見或是發洩之後，依然久久不能釋懷。

9. 如果客戶當面給你難堪，你會如何？

A. □還是笑臉迎人，覺得無論如何客戶都是對的。

B. □雖然還是扮笑臉，但是一轉身就罵個不停。

C. □當場垮下臉來，強自忍耐，不過不會回嘴。

D. □當場回嘴，和客戶爭個長短。

10. 喜不喜歡你所選擇的創業行業？

A. □非常喜歡，覺得這個事業是這一輩子最想做的事。

B. □喜歡，但是換別行做做也無所謂。

C. □還好，只是因為一出學校就做這行，所以別無選擇。

D. □不喜歡，不過看在錢的面子上勉力苦撐。

◆人脈方面：計【　　】分（本項滿分 40 分）

1. 你在幾家公司任職過？

　　A. □ 5 家以上。

　　B. □ 3 家以上。

　　C. □ 1 ～ 2 家。

　　D. □無。

2. 你平均多久可以發完一盒名片？

　　A. □一個月。

　　B. □一～三個月。

　　C. □三～六個月。

　　D. □超過半年以上。

3. 假設你現在是業務員，你覺得你目前擁有多少潛在客戶？（請翻閱你的名片參考作答，含所有親朋好友。）

　　A. □ 50 人以上。

　　B. □ 30 ～ 49 人。

　　C. □差不多 10 幾 20 來個左右。

　　D. □不及 10 人。

4. 自學校畢業後，你曾經參加過幾個社團組織或讀書會活動？

　　A. □ 5 個以上。

　　B. □ 3 ～ 4 個。

　　C. □ 1 ～ 2 個。

D. □ 從來沒有參加過。

5. 萬一今天你接到很趕的案子，你覺得你有多少人可立即動員支援？

　　A. □ 5 人以上。

　　B. □ 3 ～ 4 人。

　　C. □ 1 ～ 2 人。

　　D. □只能靠自己獨撐大局。

6. 目前手頭上擁有的名片數有多少？

　　A. □超過 200 張。

　　B. □超過 100 張。

　　C. □超過 50 張（含 50 張）。

　　D. □不及 50 張。

7. 你擁有的名片中有多少是客戶、潛在客戶與上、中、下游協力廠商
　　的名片？

　　A. □ 30 張以上。

　　B. □ 20 張以上。

　　C. □ 10 張以上。

　　D. □不及 10 張。

8. 你每週花費在活動交際的時間有多少？

　　A. □每週至少 5 ～ 6 小時。

　　B. □ 1 週 4 小時。

　　C. □ 1 週 2 ～ 3 個小時。

D. □從不參加。

9. 你是否願意和客戶進行應酬？

　　A. □當然，可以每天應酬維持交情，大力推銷本公司產品。

　　B. □看情況，如果有必要的話，我可以試試。

　　C. □我比較不喜歡應酬，因此頻率不要太高。

　　D. □獨來獨往，我不喜歡應酬。

10. 與潛在合夥人（含上司、親友、同事、上下游廠商）相處的狀況如何？

　　A. □只要有合作的機會，他們一定會第一個想到我。

　　B. □只有和其中幾個人比較熟，但是多數合作機會都是由我主動促成。

　　C. □合作經驗還算愉快，但還是比較獨自行事。

　　D. □之前的合作經驗並不愉快，所以日後可能不會再合作了。

◆專業方面：計【　　】分（本項滿分 40 分）

1. 你是否能夠勝任多重商業任務：會計、銷售、行銷等？

　　A. □我對自己很有信心，一定可以的。

　　B. □我可以試一試。

　　C. □我不確定。

　　D. □我沒什麼專長，應該不能。

2. 你是否從事過你想要創業的這個行業？

　　A. □是的，且非常熟悉。

B. □有過幾次經驗。

C. □不太確定，但以前求學時代有學過。

D. □完全沒有。

3. 你看得懂財務報表嗎？

　　A. □完全沒問題。

　　B. □簡單的還可以。

　　C. □惡補一下就可以。

　　D. □完全沒概念。

4. 曾經被挖角的次數有多少？

　　A. □至少在 5 次以上。

　　B. □ 3 ～ 4 次以上。

　　C. □ 1 ～ 2 次。

　　D. □從來沒有。

5. 你懂得很多生意技巧嗎？

　　A. □是的，我非常擅長做生意。

　　B. □還滿懂的，至於欠缺的部分我也樂意學習。

　　C. □大概多少懂一些吧。

　　D. □不，我不太懂。

6. 你擁有多少張專業證書或執照（專長或才藝均可）？

　　A. □ 3 張以上。

　　B. □ 2 張。

C. □ 1 張。

D. □完全沒有。

7. 你曾憑著專長參賽得獎或受到表揚的次數有多少？

　　A. □ 3 次以上。

　　B. □ 2 次。

　　C. □ 1 次。

　　D. □完全沒有。

8. 你每月平均花多少時間看財經相關雜誌或書籍？

　　A. □ 14 小時以上。

　　B. □ 6 ～ 13 小時左右。

　　C. □偶爾才翻。

　　D. □完全沒有。

9. 你是否參加過有關財務或做生意相關教育訓練？

　　A. □ 5 次以上。

　　B. □ 3 ～ 5 次。

　　C. □ 1 ～ 2 次。

　　D. □沒參加過。

10. 你覺得自己很有競爭力嗎？

　　A. □天質聰慧過猶不及。

　　B. □當然，還不錯。

　　C. □不一定，看哪方面。

D. □很差。

◆資金方面：計【　　】分（本項滿分 40 分）

1. 你如果從現在開始創業，是否有資金？

    A. □目前資金不是問題。

    B. □可以撐上一～二年。

    C. □只能準備一些預備金。

    D. □可能連一個月都撐不了。

2. 若你是藉由貸款而創業，是否想過還款來源？

    A. □我沒想過，因為我不會用貸款創業。

    B. □有，我本身對於還款計畫很有概念。

    C. □我曾經想過，但目前沒有很具體。

    D. □還沒想過還款計畫，只想先創業。

3. 你是否有多重投資管道？

    A. □是的，我本身很會理財。

    B. □我只有部分投資管道。

    C. □我正在學習如何投資。

    D. □我完全沒有概念。

4. 你的債信紀錄如何？

    A. □我認為我的債信良好，經得起檢驗。

    B. □我沒有向銀行借過錢，所以沒有此方面的紀錄。

    C. □有過幾次遲交貸款的紀錄。

D. □曾經跳過票，或曾被銀行列為拒絕往來戶。

5. 如果你現在有一個很好的創業計畫，你有很多管道籌資嗎？

A. □很多，因為平常我就定期找資料。

B. □還好，但是我相信可以找到管道的。

C. □只找到一些，但不確定是否可行。

D. □完全沒有。

6. 若為合夥生意，你目前股東的經濟狀況如何？

A. □全數的股東都是拿多餘的錢來作投資，完全不在乎虧損。

B. □有半數以上的股東，可以容忍一年以上的虧損狀況。

C. □有半數以上的股東可以容忍幾個月的虧損。

D. □多數股東都還是必須靠這份事業生活。

7. 你的週轉金可以因應多久的虧損？

A. □至少一年以上。

B. □半年以上。

C. □三個月以上。

D. □頂多只能容許虧損二個月。

8. 除了銀行存款外，你還使用幾種投資工具？

A. □ 4 種以上。

B. □ 2 ～ 3 種。

C. □ 1 種。

D. □沒有。

9. 如果你現在缺現金，你第一時間最先可以立即找到誰幫你？

    A. □父母。

    B. □親戚。

    C. □朋友。

    D. □完全沒有。

10. 如果有急難發生，你可以調到多少頭寸（指向親友或是銀行借貸，不含地下錢莊）？

    A. □上千萬元。

    B. □數百萬元。

    C. □幾十萬元。

    D. □不到十萬元。

【計分方式】A：4分／B：3分／C：2分／D：1分；每部分10題滿分40，全部總滿分為160分，請每部分加總後再計算最後分數。

合計：性格＋人脈＋專業＋資金＝_____分。

【評測結果說明】許多初次創業的人會覺得，這份評量的最後結果跟原本想法有很大的出入，不過相信經過此測驗，你會更了解自己，並可深層了解創業背後的一些現實面，進而檢討關於創業，自身還缺乏哪些元素。

1. 總分131～160分（創業評比：★★★★★）：哇，你兼具了創業的特質與技巧。一定是位好老闆，你不創業真的浪費人才了。可以說是「萬事具備，只欠東風」，你目前所欠缺的只有金錢，趕快利

用本書所介紹的各項募資項目，挑選出最適合你的管道，尤其是政府的創業資源，這能讓你的新創事業如虎添翼！

2. 總分 111 ～ 130 分（創業評比：★★★★☆）：你並非天生的創業人才，大致具有獨當一面的雛形，或許創業初期會有些波折，但創業是可以學習的，當你真正花時間去了解這個市場、了解你的競爭對手、和會計師談過、和其他已經創業成功的人談過、開始找人、找通路……經過時間的鍛煉，一定可以成為成功的老闆。

3. 總分 90 ～ 110 分（創業評比：★★★☆☆）：其實你很有潛能創業，但離自立門戶還有一段距離要努力，建議先上班一段時間累積經驗，你可以在上班時好好的觀察一家企業的運作方式，例如去哪裡找到經營團隊、怎麼設計產品、怎麼行銷產品、有哪些協力廠商、怎麼帶領團隊、怎麼節省開銷……等徹底了解如何經營一家企業之後，再依照你的專業與性格，找到適合你創業的領域，才不至於冒過大的風險。

4. 總分 90 分以下（創業評比：★★☆☆☆）：創業並不如你所想像的那麼簡單，除了眼睛所能見到的買賣過程以外，還需要培養許多其他的能力，如創新、不怕失敗、找到好人才、說服別人、管理資源的能力……你最好先做一些自行創業以外的事情，請多多學習別人的創業經驗，或參加相關教育訓練，再重新思考創業的可能。

（資料來源：勞動部）

Appendix 2 成功創業致富十大鐵律

您想要靠創業來致富嗎？先來看看成功創業致富的大老闆們，必須具備的特質與條件。健全自己獨當一面的心態，強化自己的創業動能。當你培養了以下這些創業基因再上路，展開行動、踏實築夢，打造你的「億級」人生吧！

1. 擁有樂於接受挑戰的性格

一輩子捧著「鐵飯碗」的人，永遠沒有致富的機會，創業本身就帶有賭注的性質，即使無法掌控所有的因素，創業家也必須做出艱難決策。創業就如同有一座獨木橋，橋對面有一片豐碩的果林，果實又大又好，膽大的人，憑膽量快速走過獨木橋，摘得很多的甜美的果實；而膽小的人不敢過橋，只有眼巴巴看的份。面對資源稀少、高度不確定的市場等問題，成功的創業家樂於迎接挑戰、勇於嘗試、積極樂觀。只要能克服恐懼的心理，就等於在你的創富之路中邁出了第一步。

2. 思慮必須靈活、創新

書讀得好與壞與做生意賺錢完全是兩碼事，書讀得好，生意不一

定做得好，做生意需要頭腦靈活多變，想到就要做到，然後才會得到。創業家必須培養突破框架思考的能力，以嶄新觀點來使既有點子與產品更加出色。做生意要贏過同業，第一要訣就是眼光獨到，想別人未想的事，走在別人前面。超越常理，出奇致勝，「鬼點子」愈多愈能賺錢。有錢的人在這方面喜歡花錢辦事，但實際上有很多事，若願意動腦解決，是不需要耗費金錢就可以辦到的。長期使用金錢做事，容易把自己變懶惰，一旦思慮渙散，你的事業走下坡的日子就不遠了。

3. 讀懂財報是最基本的要求

俗話說得好：沒跑過三點半，不配當老闆。對錢敏感不是小氣！一個人一旦創業後就不再是員工，公司的所有費用、開銷都必須概括承受。尤其對剛創業的人來說，每一分錢都是保命錢，要對錢敏感，因此你必須對所有的收支清楚了解，主動爭取有利的付款條件，才能讓公司的體質健全。而了解財報是創業家的重要條件，但許多人卻做不到。利潤導向應該是自發性的心理活動，忽略財報結果會讓其他價值無以為繼；沒有強勁的營收模式，就難以達成企業經營的其他崇高宗旨。你可以成功後捐幾千萬作公益，但如果現在你的公司才剛起步，請務必讓你的每一分錢都用在刀口上。

4. 主動推廣事業到世界各地

想發財要不怕羞，當您在大街小巷推銷產品時不要怕被別人看不

起。通常成功的創業家自己就是最佳的產品銷售者與品牌代言人，他們善於溝通，有能力影響並激發他人。除了傳統的推廣方法如：在店頭舉辦活動、促銷之外，在網路上宣傳溝通也是一個好方法，如此不單建立公司形象，更可以吸引平時接觸不到的新客戶。

 5. 創造有特色的個人品牌

品牌也需要深耕經營，建立品牌不只是大企業的事，小公司更需要打響自己的品牌知名度。找出一個重要的特徵做為品牌的立足點，並且必須與競爭者有所不同，依照這樣的屬性來訂出你的品牌策略。只要決定展開策略建立品牌，逐步教導你的顧客認識品牌間的差異性，成功打造出自己的品牌只是遲早的事。

6. 勤勞是創業致富的不二法門

UNIQLO 的總裁柳井正在他的經營之書中提到創業者十戒，第一條就是：刻苦工作，一天集中精力工作二十四小時。有一句順口溜說創業要三本：本尊、本金、本業。本尊指的就是創業主自身的投入程度。創造你的成功事業有賴長時間的工作與高昂的鬥志。成功的創業家滿懷築夢踏實的熱情，展現高度自發性。「天道酬勤」，老抱怨訓練不足、缺乏機會、沒有遇到貴人的人，是不會成功。真正有心要創業的人一年 365 天都不休息，哪兒有生意，就往哪裡鑽，風裡來雨裡去，毫不喊苦。

7. 要有不屈不撓的心理

　　企業家往往扮演多重角色來應付事業草創的需求，責任感與能力在企業草創初期是關鍵，沒有任何一個人創業沒遇到挫折，創業遇到挫折是家常便飯，不屈不撓，哪裡摔倒了就在哪裡爬起來。做一次不成功，兩次、三次……哪怕是做 99 次不成功，第 100 次你成功了，那前面的失敗便不足掛齒。

 ## 8. 豐沛的人脈是成功的捷徑

　　不論你是提出點子的人還是擁有一把好功夫的創業家，任何人創業都必須面臨與人溝通來獲取所需的資源、抓住潛在金主、客戶與合作廠商，因此建立超強人脈能吸引並留住貴人們與客戶群。創業家個人行為標準一定要提高，足以博取他人信任，也更容易與人建立關係。

9. 要有善於抓住機遇的動力

　　在人們的生活中，在自己的身邊往往有很多的機遇，但由於疏忽沒有發現，而讓機遇溜掉，或者是讓別人提早做了。機遇是什麼？可以這麼定義：自我所能、市場所需、對手所缺之處就是你的機遇。所以平時生活中對周圍的事物多看、多想、多做，對自己發現和創造機遇有很大的好處。機遇對於白手創業致富者來說永遠是第一位，對待機遇的態度要學習姜太公和比爾‧蓋茨，若沒有機遇時就耐心等待；

一旦發現機遇就奮不顧身地撲上去，馬上付諸於行動以獲取最佳利益。

10. 終生學習企業才能永續發展

　　成功的創業家必須終生學習，追求額外知識來提升幫助企業成長的技能，比他人更清楚如何達成企業目標。並且了解時代脈絡與趨勢，時常自我反省，深諳事業體的優缺點，敞開心胸接受改變。因此，在平時的經營中，多與人交流，聽取別人的意見和想法，廣泛閱讀、不斷累積，才能豐富自己的經商經驗。當然，更可藉由優質的培訓課程與深度閱讀的積累，來加快您學習的速度。

創富名言堂

Appendix 3

好點子的身價沒有上限，點子是所有財富的起點。

——現代成功學大師
拿破崙・希爾

創業的核心在創新，創新有3個關鍵：有價值、夠創意、能執行。

——宏碁創辦人
施振榮

最有希望的創富者，並不是才華出眾者，而是最善於利用時機開拓的人。

——微軟總裁
比爾・蓋茨

金錢多少對你我沒什麼大區別，只不過我們的妻子會生活得好一些。

——股神　巴菲特

突破性的創意就身邊，但是我們大多數人卻不去冒險嘗試。

——Google CEO
賴瑞・佩奇

大多數成功者並非為賺錢而工作，他們只是想做好生意，金錢就隨之而來。

——日本首富　柳井正

精明的商家能將商業意識滲透到生活的每一件事，甚至是一舉手一投足。

——香港首富　李嘉誠

做生意就跟滾雪球一般，會愈滾愈大，哪天滾不出來，就變成他滾你。

——鴻海董事長
郭台銘

創業最重要三點：巨大市場需求、靠譜團隊和花不完的錢。

——小米機 CEO
雷軍

精明的創業主先為客戶著想，糊塗的創業主總為自己打算。

——台積電創辦人
張忠謀

創業，如果不去徹底追求，徹底研究的話，就無法嘗到成功的果實。

——軟體銀行創辦人
孫正義

機會遠比安穩重要，事業遠比金錢重要，未來遠比今天重要。

——創新工場董事長
李開復

一個成功的創業者，三個因素：眼光、胸懷和實力。

——淘寶網創辦人
馬雲

跌倒之後，不要馬上爬起來，還要看看地上有什麼東西可以撿的。

——奇美集團創辦人
許文龍

金錢雖然不會使人幸福，但是它能鎮定人的神經。

——愛爾蘭劇作家
歐凱西

蝸牛只要爬到金字塔頂端，它眼中所看到的世界，跟雄鷹是一模一樣的。

——新東方集團總裁
俞敏洪

人要有遠見，只有長時間的吃苦，才有長時間的收穫。

——美國第一位億萬富豪
洛克斐勒

成功者學習別人的經驗，一般人只積累自己的經驗。

——亞洲成功學權威
陳安之

只有先整合人，才能整合資產，而整合人的關鍵就是更新觀念。

——海爾集團總裁
張瑞敏

外界常說商業是一場角力戰，但其實是理念、樂趣、興奮的集合體。

——通用公司 CEO
傑克·韋爾許

你認真，別人就當真。

——王品集團董事長
戴勝益

創業沒有辦法複製，但創業精神的脈絡，可以參考。

——和碩董事長
童子賢

創新來自於發掘消費者的內在需求。

——台灣流通教父
徐重仁

模仿是創業的基礎，沒有人可以憑空創新，就算是畢卡索大師也不行。

——壹傳媒創辦人
黎智英

新絲路網路書店於強敵環伺下的突破創新策略

1991 年底，教育部電算中心以 64kbps 數據專線將 TANet 連結到美國普林斯頓大學的 JVNCNET，台灣正式成為網際網路的一員。

二十多年來，網路發展一再改變人們的生活，產生了新的商業模式，也帶動了新的商業發展。

在還是撥接上網的年代，當你正聽著嘟嘟的撥接號上網時，新絲路科技公司便已成立。1999 年起，新絲路科技公司正式轉型為新絲路網路書店，是從網路石器時代起便創立的最早一批網路商店之一，也是最早推出線上付款機制（Payment Gateway）的網路書店，可以跨越不同銀行信用卡的刷卡方式，在當時可以說是全亞洲最強悍的功能。

恰巧也是在同年，中華電信與資策會相繼推出 ADSL 寬頻上網服務，多家業者競爭下，2000 年以後 ADSL 價格已降到一般家庭民眾都可以負擔得起，網路商業各領域開始進入龍頭爭霸戰，網路書店這塊餅，亦無法置身事外。

網路商業模式中，有一個「winner takes all」的特性，即在這場爭霸戰中獲勝的一方，將能吃下這塊市場大餅中最大的一塊，且幾乎占據全部市場，因為網路使用者們，只會認定這個龍頭的「網站品牌」，尤其當消費者的你，周遭親朋好友都在這個網站上消費、都在討論這個網站的服務，你不使用，就彷彿落伍了般。

就好比當大家都在使用臉書（Facebook）的社群服務時，又有多少人知道友人網（Friendster）才是社交網站的第一個創始網站，甚至連臉書 Facebook 都承認他們有向友人網 Fraiendster 購買了 18 個專利來使用。

而網路書店在台灣，winner takes all 原則下，最大的贏家便是博客來網路書店。

博客來網路書店成立於 1995 年，但其真正的崛起，卻是在 2000 年統一集團投資博客來，博客來加入統一流通次集團之後。它整合了統一集團的物流，以台灣展店最多（1999 年便已突破 2000 家門市）的統一便利商店 7-Eleven 為後盾，推出「博客來訂書，7-11 付款取貨」服務，成為了網路書店爭市占率中的最大利器，甚至擊敗所有實體書店的銷售量，不到十年便成為台灣圖書市場銷售的第一大通路。而統一集團，也在 2001 年取得博客來過半股權，正式將博客來併入旗下集團，更於 2011 年正名為「博客來」，不再強調其網路書店的身分，而是如美國亞馬遜 Amazon 一般，轉型為大型購物網站，跨足零售百貨業。

只是，如同一開始所言，雖然 winner takes all，但博客來在一般民眾心中，還是「網路書店」，民眾只要有網路購書需求，第一個想到的還是「博客來網路書店」，第二個可能就是金石堂網路書店或誠品網路書店或三民書局等由實體書店規劃經營的網路書店。

在這場網路書店序位排名戰中，曾經被兩岸三地出版人評論為最具品味，擁有強大品牌形象的誠品書店，最終輸給了同樣由實體書店經營網路書店的金石堂。這非是因為誠品的實體門市數量少於金石堂

（金石堂於台灣擁有 60 多家門市，誠品於台灣擁有 40 多家門市），而是由於誠品書店販賣的，除了書之外，更是那股人文氛圍，少了實體門市的裝潢、擺設，甚至流動在空氣中的音樂、書香，使得誠品網路書店的優勢驟降，並因其一貫堅持不輕易打折扣的硬價格受到打壓。反觀金石堂網路書店，卻能以各種低價優惠、促銷活動與產品區隔來吸引讀者注意，進而成功打敗誠品，躍升為台灣第二大網路書店。

目前台灣的網路書店銷售額，排名第一的博客來與第二的金石堂便占據了八成五的市占，剩餘的，才由其他網路書店瓜分。

在此情況下，新絲路網路書店 15 年來篳路藍縷，堅持著「期許成為全球華文文化與知識傳遞的新絲路」的精神，在沒有任何財團支持以及實體門市的奧援中，仍舊能於台灣網路書店業排名第三名，年營收三億餘，YAHOO！奇摩、PC home、Happy go、momo、udn 等大型知名網站所售之書也都是由新絲路網路書店隱名承包。雖然與博客來的營收差異相距甚大（博客來年營收五十億餘），但新絲路網路書店的 EPS（年度每股盈餘），每年卻均高於包含博客來在內的其他競爭者。這又是為什麼呢？

究其原因，實際上新絲路網路書店背後有著台灣前五大出版集團之一的采舍國際集團在支援著。迥異於博客來透過統一集團投資，新絲路網路書店與采舍國際集團實為一體，於新絲路網路書店上販售之書籍，有相當高的比例為采舍國際集團旗下出版社的自有產品，毛利率遠高於其他「買來再賣」的轉售商品。而其他網路書店卻沒有如新絲路網路書店這般，縱向與橫向兼顧整合的事業結構。

　　可以說，新絲路網路書店，是目前華文出版界最完整的出版體系，也是台灣少數能夠水平與垂直發展的出版集團。新絲路網路書店的電子商務平台，讓他橫向能賣書和其他商品；新絲路網路書店的出版單位，讓他縱向涵蓋所有出版與書籍內容相關的技術範疇。

　　並且，新絲路網路書店利用其完整的出版體系，加上數位時代的潮流趨勢，推出了包含 EP 同步的紙本書及電子書出版系統、兼顧了傳統出版社的出書方式與自資出版（自費出版）模式等服務，提供了文化創意人在歷經傳統出版社無數次的退稿後，另外一條新的出路。

　　透過這條「自資出版」管道發聲的書籍與作家，極有可能便是下一本《戰爭與和平》或《彼得兔》，甚至於下一個近代台灣詩人夏宇。

　　眾所皆知《戰爭與和平》，這本世界名著是俄國大作家托爾斯泰的作品，但卻極少人知道，這本世界經典居然是托爾斯泰自己出資出版的作品。而風靡世界的《彼得兔》圖畫書，也是由作者畢翠克絲‧波特（Beatrix Potter）個人先自行印製 250 本《小兔彼得的故事》頗受好評後，才交由出版社正式發行。

　　台灣詩人夏宇，在 1984 年自費出版詩集《備忘錄》，從此於文壇打響名號，因為自費印刷的書量有限，甚至造成了一書難求的收藏熱潮。由於夏宇的作品風格獨特，出版社可能會判定非廣大市場能輕易接受而不敢替他出版，如果夏宇沒有自費出版自己的作品，那麼我們可能將無緣看到這位天賦異稟的詩人作品了！

　　基於不讓珍珠蒙塵，新絲路網路書店推出的自資出版服務，不僅能協助這些素人作家，甚至還能替他拋光打亮，散發更耀眼的光芒，也因此讓新絲路網路書店於自資出版這塊領域，成為全球繁體（正

體）華文出版之翹楚。

　　新絲路網路書店又於 2008 年架構了華文圖書市場中，唯一雙向免費的電子書城，提供讀者免費下載電子書，也提供作者免費在網路平台上連載自己的作品，若是讀者反映良好，當然亦可掏錢購買實體書。

　　這又提供了在後 PC 時代成長的新人作家一個全新渠道。就好像《羊毛記》作者休豪伊（Hugh Howey），他利用讀書社群網站、部落格、臉書及推特與讀者互動，並聽從建議修改文稿，把出版的過程當作「作品」的一部分，從而締造了以電子書自費出版成為 2012 年全亞馬遜書店評價最高的傳奇出書故事。

　　在現今這個後 PC 時代，像這樣的寫作方式將會愈來愈多，休豪伊只是打響了第一槍，因此新絲路網路書店提供了一個作者與讀者雙向溝通的渠道，讓作者能第一時間知道讀者反應，也是為了幫助作者能更貼近讀者的心。

　　像這樣的雙向免費服務，對新絲路網路書店來說，單純只是為了讓「書」回歸到最初傳承思想、開啟智慧之窗的理想，而非基於商業營利的出發點。新絲路電子書城唯一可能的直接收入，只有來自認同此理念的愛書人小額捐款，如此帶有些許浪漫色彩的行為，會出現在網路書店與電子書這激烈的商業戰場上，還多虧了新絲路網路書店的文藝背景，這讓新絲路網路書店在一片由大財團挹注資金經營的網站中，走出了與眾不同的專業清新風格。

　　與許多小眾書店都是由熱愛閱讀的文化人開辦，以吸引相同調性的讀者前來購買相似，新絲路網路書店的經營者也是一位作家，並且

是一位非文學類書籍的暢銷作家，因此在書籍上架時，新絲路網路書店比起其他網路書店，更著重於其強項類別的選書，在財經、保健等專業書籍項目上，新絲路網路書店的藏書甚為豐富，選書也極為專業，這對於相關專業的人士而言，是非常好的購書選擇處，往往能在新絲路網路書店發現其他網路書店甚至實體書店沒有陳列或推薦的好書。

但新絲路網路書店雖然兼營出版，背後有采舍國際出版集團為倚仗，卻又有別於那些由出版集團、出版社自體兼營的網路書店，如時報悅讀網、遠流博識網、天下網路書店與港資城邦網等，新絲路並非只是出版社的官方專屬網站，只販售自家出版的書籍刊物，而是一家真正的全方位「書店」。

台灣由於出版事業蓬勃發展，小眾大眾出版社林立，當各家出版社都成立自己的網路販售通路，卻又只單純販賣自家圖書，對於消費者而言，不啻為一項選購時的負擔。因此，新絲路網路書店抓住顧客心理，在采舍出版編輯單位的支持下，除了自家書籍刊物外，更廣納全台各家出版社的圖書，提供買書人真正多元的選擇。

在新絲路網路書店成立之初，是以「網路書店」的經營型態來切入市場。然而，在省思到科技必須回歸到使用者端後，新絲路網路書店提出「知識服務」概念，除了要讓知識的消費者透過網路尋求獲得、量身訂做他所需要的知識外，還要讓知識的生產者跨過出版門檻，讓自己的知識內容用不同的方式流通。

多年的網際網路服務經驗（ISP），以及完整的電子商務平台技術（EC）、線上付款機制（Payment Gateway），新絲路網路書店用

堅強的技術做後盾，加上自家出版社經營多年的人脈資源，結合經營者本身的人文教育觀念，計畫將更多知識用不同方式帶給會員讀者。

於是，新絲路網路書店邀請財經界、商務界、行銷界等業界知名作家、大學教授開課，讓作家們不僅是透過文字，更是親身上陣，透過口語傳達，使得原先只能從書中學習的讀者轉為課堂下聽講的學員，最終正式開辦一連串相關培訓課程。

例如結合采舍國際出版集團旗下資源，推出獨一無二的出版 & 出書保證班，獲得極大迴響與好評，並在每年規劃籌備許多相關系列課程與商務交流平台，協助讀者會員們擁有更多機會！幫助更多有需要的會員創業、致富、出書，一步步邁向成功、達成夢想！

身處於後 PC 時代，新絲路網路書店以科技來建立對讀者知識服務的基礎，除了既有的雙向電子書城，更積極規劃適用於不同行動載具的 APP，讓讀者能隨時隨地的在查詢書籍資料與價格後，直接於手機、平板上購書結帳，並由新絲路的物流網立即發貨送達。

試想當傳統買書顧客還在書店內聞著書香，穿梭於書架間，猶豫在購書價格以及攜帶回程的重量時，新一代的購書者已經用新絲路 APP 掃描確認價格、立即下單結帳，毫無負擔的領著包包回家等待書籍自動送上門。

隨著閱讀軟體與硬體的多元發展，人們的生活習慣受到了重大衝擊，索求知識的方式發生變化，在古騰堡的印刷革命之後，新一波的數位閱讀變革已悄悄展開序幕。2011 年 10 月 18 日，已故蘋果 apple 公司創辦人賈伯斯的自傳上市，出版繁體中文實體書的出版業者，清晨便把一疊疊的書本用貨櫃車送到各家書店、便利商店等通路，好在

早上開賣。但購買原文版電子書的讀者，卻早在書還在編輯的階段，就透過亞馬遜或蘋果網路下訂，出書當日，全台灣還在睡夢中時，海底電纜便將那串流而來的資訊位元送來，當讀者起床後打開手機，就可以邊喝咖啡吃早餐邊閱讀賈伯斯傳了。

這是閱讀出版時代的變革，新絲路網路書店自然不會落於人後。在現有電子書城閱讀平台的基礎上，預計推出雲端閱讀紀錄服務，配合不同的閱讀平台紀錄讀者的歷程記錄。想像一下，當你邊吃早餐邊用手機中的新絲路閱讀 APP 翻閱剛購買的賈伯斯傳，當看到第 20 頁便需要出門上班，只好關掉手機 APP 離開家，在你到達公司打開電腦，趁著還有一段空檔時，打開新絲路電子書城平台，登入會員，再次點選賈伯斯傳，電子書便會自動翻至你早上看到的第 20 頁，連你不經意留下的筆記重點也絲毫不落，讓你接續閱讀沒有任何負擔。這就是新絲路網路書店想要帶給讀者的閱讀新生活！

在 web2.0 的時代，網路商店的廠商必須寄望用戶主動產生的內容與資訊來賺錢，但如今的後 PC 時代，他們不再被動的等待，而是將所有用戶的足跡、訊息與互動紀錄下來，鉅細靡遺的匯總分析，理出各種調理脈絡，並能據以產生各式各樣的新營收，這便是巨量資訊的彙整與運用。新絲路網路書店，於此塊早已默默耕耘多年，在書籍的基礎資料網頁上，為讀者推薦相關可購買的其他圖書，並掌握讀者的購書喜好，在同意式行銷的前提下，推薦更多符合他閱讀口味的書籍產品與課程服務給他。

未來，新絲路網路書店將更妥善的利用社群力量，透過網路、社群人脈的連結，打造一個以分享為主要價值觀的嶄新服務。就如美國

BookMooch 的二手書交換平台，假想新絲路網路書店提供類似出租書籍的服務，讓書籍在不同讀者之間流通，你不需要站在書店內辛苦的閱讀，也不需要花錢買下一本看簡介很吸引人但入手閱讀卻後悔的書，最後只有堆在書架上生灰塵，或拉去舊書攤回收，可能所得還不及購書的十分之一。當你用低廉的價格借閱後，若是喜歡並想擁有的讀者，將可上新絲路網路書店購買實體新書，讓自己擁有真正想要的書籍。

在網路商業已如此流通的今日，傳統商業機制持續受到挑戰，新絲路網路書店雖然在網路書店這塊餅中，輸給了掠奪速度極快的大財團經營之網路書店，但卻因為新絲路網路書店「文人創辦·獨立經營·專業選書」的特性，替自己打開另外一扇窗，致力於有別於博客來的綜合性商城路線之外，更多元但專業而利基的發展。

Appendix
5

創業致富，開啟嶄新成功人生

　　網路上流傳著這麼一句話：「事業的最高境界是無悔；幸福的最高境界是無求；人生的最高境界是無欲。」人生在世，很難做到完全無欲，每個人都在追求自己想要的生活、無悔無愧的人生，為了活得更精彩、更有意義，不斷地尋求各種自我充實與學習的機會，讓自己更加成長，人生更為豐盛。因此，坊間充斥著許多自我提升或自我增值的課程，但其內容與師資品質良莠不齊，價錢又相差甚多，誤人子弟者亦時有所聞，使得許多人都苦於不知該如何選擇質優又高 CP 值的課程。

　　為了提供華人最優質的講師陣容及課程品質，亞洲八大名師首席王擎天博士特於 2013 年 9 月 26 日正式合併台灣實友圈等六大菁英組織，建構「王道增智會」，冀望能培育出更多有志於成為優秀講師的華人，站上國際舞台。也祈望熱愛學習的人，能用更實惠的價格，與單一的管道，一次就學習多元化的課程，不論是致富、創業、募資、成功、開創美麗人生新境界、易經、探訪台灣不為人知的祕境之旅等等，不只教你理論，更逐步帶著你執行，朝理想前進。在王道增智會裡，你完全可以找到你想聽的課題、你想結識志同道合的朋友，無論對於講師或學員而言，都是一大福音！

王道增智會簡介

「王道增智會」是什麼？就是「聽見王擎天博士說道，就能增智慧！」本會係由「王道培訓講師聯盟」、「王道培訓平台」、「台灣實友圈」、「自助互助直效行銷網」、「創業募資教練團」和每季舉辦的「商務引薦大會」合併而成立。

【王道培訓講師聯盟】由各界優秀並有潛力講師群組成，凡已經是或想要成為國際級講師的朋友們均極為適合加入。

【王道培訓平台】開辦各類公開招生的教育與培訓課程，提升學員的競爭力與各項核心能力，官網設於新絲路網路書店 www.silkbook.com。

【台灣實友圈】由企業主及兩岸各省市領導圈與白領菁英們組成，喜歡結交各界菁英、拓展人脈與想到大陸發展的朋友們一定要參加。

【自助互助直效行銷網】為一「本身沒有產品」的直銷組織，大家互助為會員們行銷其產品或服務。可提供會員們業務引薦與異業合作的優良媒合環境。

【創業募資教練團】幫助想創業的會員朋友圓夢，教練團以專業的知識與豐富的經驗提供給會員朋友最大的協助，客制化服務可以精準到一對一或多對一。

【商務引薦大會】以晚間（下班後）BNI 的形式，提供王道增智會會員們極佳的自助互助機會，由會長王擎天博士主持，每人均可介紹自己與自己的產品與服務給他人認識。希望大家互相幫助，天助自助者。本會最大的特色是鼓勵並協助會員們當場成交！並與企業參訪結

合，B2C 與 B2B 並進，引薦業績非常驚人。

 **創會會長**

　　王道增智會的創會會長——王擎天博士為台灣知名出版家、成功學大師、行銷學大師。獨創的「創意統計創新學」與「ARIMA 成功學」享譽國際，被尊為當代的拿破崙・希爾（Napoleon Hill）。深入研究「LT 智慧教育法」，並榮獲英國 City & Guilds 國際認證。首創的「全方位思考學習法」，已令六萬人徹底顛覆傳統填鴨式教育，成為社會菁英。著作有《王道：成功 3.0》、《王道：業績 3.0》、《王道：未來 3.0》、《王道：行銷 3.0》、《四大品牌傳奇：柳井正 UNIQLO 等平價帝國崛起全紀錄》、《讓貴人都想拉你一把的微信任人脈術》、《懂的人都不說的社交心理詭計》、《用聽的學行銷》、《決勝 10 倍速時代》、《讓老闆裁不到你》、《祕密背後的祕密》、《赤壁青史，誰與爭鋒？》、《風起雲湧 一九四九》、《賽德克巴萊—史實全紀錄》、《都鐸王朝—英國史實全紀錄》、《反核？擁核？公投？》等逾百種，為華人世界非文學類暢銷書最多的本土作家。

　　王擎天老師具博士學位與豐富的實戰經驗，他是台灣地區第一位，也是唯一一位以 100 單位比特幣「挖礦」成功者。其一生至今於兩岸三地創辦了 19 家公司，每一家的經營狀況都很不錯！最重要的是：王博士願意將自己的智慧貢獻出來，他開班授課完全是出於熱情與使命感和自我挑戰，並非想要再賺更多的錢（王博士目前才將台北與北京各一棟房產信託贈與給旗下員工）。他既能坐而思、坐而言也

會起而行，有本事將自己的 know how、know what 與 know why 整合成一套大部分的人可以聽得懂並具實務上可操作性極強的創富系統。

　　王擎天老師一直期許自己能成為他人生命中的貴人與最佳的教練，近年全力投入指導並協助王道增智會的會員們完成他們的理想或夢想！由於王博士極重視每一次課程之後的輔導與追蹤（有點兒類似研究所的指導教授般），故接受他輔導與協助的終身會員也與日俱增。

註：比特幣（Bitcoin，簡稱 BTC）非政府發行的現實貨幣，而是一種網民自治、全球通用的加密電子虛擬貨幣。BIT（位元）是計算構成電腦資料的最基本單位，即二進制數中的一個位數，其值可為 0 或 1。二

比特幣使用者端
（圖／取自維基百科）

進位數的一位所包含的信息就是一比特，如二進位數 0100 就是 4 比特。一般投資者是「買賣」比特幣，而王博士是在網上「挖取」比特幣，即所謂的「挖礦」，所以獲利甚豐！

王道增智會入會須知

　　若想創業致富，開啟新的成功人生，只要成為王道增智會的終身會員，王擎天博士就會成為您一輩子的導師，不僅毫無保留的傳授出他成功的祕訣，就連他的資源也可以盡情享用！而且加入「王道增智會」為會員，等於同時一次就加入了「王道培訓講師聯盟」、「王道

培訓平台」、「台灣實友圈」與「自
助互助直效行銷網」等多個優質組
織，並擁有「商務引薦大會」每季可
以不斷地把陌生人變成客人，甚至貴
人的機會，以及「創業募資教練團」

最完備的創業輔導服務，並且享有多重好處。全球會員總人數以 500
人為上限，為維護服務品質，額滿即不再收！

入會辦法

【入會費】新台幣 10,000 元

【年費】新台幣 6,000 元（效期起算日為第一次參加增智會之活動當
日起一年）

【終身年費】新台幣 60,000 元

　　加入王道增智會前，需先登入或加入成為新絲路網路書店會員，
可享受各種優惠。

繳費內容	金　　額
王道增智會入會費＋年費 （效期起算日為第一次參加增智會之活動當日起一年）	16,000
王道增智會入會費＋終身年費	70,000
王道增智會入會費＋特惠終身年費（限有報名參加世界華人 八大明師大會者，憑票券序號優惠）	45,000
非終身會員入會後之年費 （限已繳入會費的會員，效期起算 日為當期參加增智會之活動當日起算一年）	6,000

會員權利與福利

- 凡會員參加王博士主持或主講之課程皆完全免費！

- 凡會員皆享有本會推出各類課程或服務之優惠，並獨享「王道微旅行」之旅遊祕境。非王擎天老師主講之課程只要原價 1 折起的費用即可參加。

- 凡會員參加王擎天博士主持，何建達教授主講的「美國巴布森學院教我的創業成功知識：世界頂尖 創業教育的學習菁華與實戰經驗」與網路開店班者，除可享有特別優惠

王道增智會有多樣培訓課程

之學費外，另可整學期免費旁聽王博士和教授在大學和研究所所開相關課程。

- 終身會員即為王博士入室弟子，享有個別指導與客製化服務。

- 王道增智會會員可優先將其產品或服務上架新絲路網路書店 www.silkbook.com 與華文網 www.book4u.com.tw 販售。

- 加入王道增智會即可接受本會「創業募資教練團隊」之個別指導。終身會員無指導時數上限，保證輔導您至創業成功為止。

- 入會會員若有優質課程要推廣或欲出版其著作，王道增智會可協助招生與出書出版發行等業務。新絲路網路書店之培訓課程官網會有課程廣告露出及強烈推薦書之各項給力的行銷推廣活動。

- 加入王道增智會即自然成為台灣實友圈成員,可快速認識兩岸知名人士,並與大陸各省市實友圈接軌。
- 王道增智會不定期聚會活動或充電之旅,會員可提出優質產品或服務,以便讓會員們了解並推廣之。

王道會員微旅行

- 凡王道增智會之會員可免費閱讀優質講師之精選文章及影片,並有機會以極優惠的方式參加采舍國際集團、世界華人講師聯盟名師群與中華價值鏈管理學會舉辦的各項活動。
- 凡會員將不定時收到王道增智會與王博士主撰之加值電子報,掌握各種資訊,增加知識。
- 商務引薦大會:若有特強之產品、服務或內容可預先告知本會。將安排專題介紹或微型演講會。

　　以上十二大福利將成為你創造人生新境界的最大助力,其中第一項福利其實就是王博士將其往後終身所有的課程一次性地以「終身年費、終身上課完全免費」的方式送給您了!而王博士基於其研究熱情與知識分子的使命感,也為了勇於自我挑戰與自我突破,每年都研

發新課程！對熱愛學習的人來說，將是終身學習的大好機會；而對想開班授課或想出書的人來說，則是提供了最優質的舞台，供其盡情揮灑！

※ 本會相關活動訊息請上新絲路書店 www.silkbook.com〈培訓課程〉或〈王道增智會〉查詢。

王博士所開課程班班爆滿，一位難求

資源共享，共創人生高峰

「王道增智會」所屬「培訓講師聯盟」與「培訓平台」以提升個人核心能力與創富、健康人生、心理勵志等範疇，持續開辦各類教育與培訓課程，極歡迎各界優秀或有潛質的講師們加入。 此外，除了熱愛學習、想開班授課者一定要加入王道增智會，王擎天博士為橫跨兩岸之大型出版集團總裁，下轄數十家出版社與全球最大的華文自資出版平台，若您想寫書、出書，加入王道增智會，王博士即成為您的教練，協助您將王博士擁有的寶貴資源轉為您所用，與貴人共創 Win Win 雙贏模式！

「商務引薦」讓你貴人不斷

　　「王道增智會」的另一重要功能便是有效擴展你的人脈！透過台灣及大陸各省市「實友圈」，您可結識各領域的白領菁英與大陸各級政府與企業之領導，大家互助合作，可快速提升企業規模與您創業及個人的業務半徑。此外，王道增智會也是一「自己沒有產品」的直銷組織，每季一次舉辦「商務引薦大會」，由會長王擎天博士主持，每位會員均可向大家推薦自己的產品與服務，例如王擎天博士自身就將新購房屋的裝潢設計與其個人的理財規劃，交由商務引薦大會中的參與者負責，為對方帶來不少的收入！「商務引薦」短短一年就創造出了超過六千萬的業績，本年將持續上看一億元。原每季一次之商務引薦大會，由於成員反應熱烈，頻頻要求加開場次，應成員需求，將於2016年度擴增為每月舉辦一次。歡迎大家踴躍參與。

註：王道增智會商務引薦大會，全體會員皆可免費參與。非會員亦可參加，但酌收一千元場地及餐飲費。

如果您願意！王博士將傾囊相授！
擁有平台、朋友＆貴人！！
您的抉擇，將決定您的未來！！！

王道增智會官網

地址：新北市中和區中山路二段 366 巷 10 號 3 樓

聯絡電話：02-82458786 分機 101

聯絡信箱：ting@book4u.com.tw

王道增智會

Appendix
6

成功的捷徑——加入貴人圈：商務引薦大會

　　為了貫徹王道增智會是一個自助互助的直效行銷組織，所有的王道會員都可以免費參加此商務引薦大會。大會的任務是透過王道增智會的另五個彼此交織的組織架構，以正面的力量、專業的輔導團隊、「口碑式」引薦，幫助會員增加生意倍數擴展的機會，並讓會員們能發展出長期的商務人際網絡。每季一次的 BNI 式商務引薦會議，皆由有現代拿破崙・希爾之稱的創會會長王擎天博士主持，每位與會者約有三分鐘的時間介紹自己、自己的產品與服務給在場的會員。

商務引薦大會的理念

　　成功的網路行銷有這麼一條公式：潛在客戶總體人數 × 他們平均對你的信任感。這點充分體現在商務引薦大會的中心理念：「互信互助，共創財富」。會員間形成一個有共識、相扶持的TEAM（Together Everyone Achieve More）。目前大會成員數呈倍數擴張，而這些來自各行各業的菁英，從事業有成的經營者、各個領域的中高階主管到最

具有戰鬥力的年輕族群。雖然職業形形色色，但他們都有一個共同的身分——皆為王道增智會的會員。因此他們的身分除了是商業上的潛在合作夥伴外，同時也可能是共同追求成為國際級講師的朋友或一起上培訓課程的同學……甚至在會長王博士的帶領下，不定期舉辦聚會或充電之旅。成員彼此不僅是認識，而是深入了解，生活緊密相連結，在同類型組織中，彼此成員之間信任強度最高。

💰 大會進行模式

每次的商務引薦大會聚會時間為晚間下班後或例假日，聚會時間約為三個小時。所有的成員均須隨身攜帶名片（建議至少準備 100 張以上的名片）、所想要推薦的產品或服務的簡介、DM 以及簡潔有力的 slogan。只要是合法的產品、完全不限領域，都歡迎會員帶來銷售。會員可邀請嘉賓來共襄盛舉，一起來激盪出更精彩的火花（非會員每次參與含精美餐點，僅需繳交 1,000 元之入場與餐飲費）。

在大會進行中，每個人都有大約 3 分鐘的時間，介紹自我的產品或服務，可攜帶任何輔佐說明的道具、簡報、文宣……。但最重要的是，一定要有一句可以代表自己商品的口號。根據過去的經驗，多數人皆能在會場中「當場成交」！在現場藉由觀摩，您也能學習到更多的銷售技巧。

手中沒有產品的朋友也不用擔心，因為「你」就是最好的產品。本書中曾提到「自我行銷」這個觀念是極為重要的，因為在現今這個生產爆炸的年代，其實每個領域的產品都具有一定程度的同質性，而

顧客決定向who消費的最關鍵因素是「人」，你所展現的特質與長處，才是決定對方是否願意找上你的最大原因！每個人都有別人無可取代的優點，只要你具備別人沒有的特色，你就能打造自己成為自動賺錢機器。因此即使你手中暫時沒有產品，一定要把握這個展現自我的絕佳機會，一段簡單而有特色的自我介紹，就能在適當的時機把自己推銷出去。尤其是有志朝向業務範疇或講師界發展、邁向大中華或世界舞台的朋友，更是千萬不能錯過！

　　而在大會的中場休息時間，成員可交換彼此的名片，當你遇到某些可能使用您的產品或服務的人時，就能拿出您的名片自我推薦，透過與對方交換名片來蒐集名單，盡量當場成交。

創業、文案、銷講培訓課程

　　3分鐘的產品、服務介紹時間看似簡短，但經過實證，這個時間長短，是觀眾訊息接收能力最強、銷講效率最高的黃金時期。而針對有志精進行銷、業務能力乃至於充電創業新知的朋友，大會已開發出一套系統課程，藉定期舉辦的培訓班，開發會員的業務發展潛能與技

巧。會員僅需負擔極低的費用，即可成為頂尖的行銷人才，了解如何進行市場研究與分析，鎖定潛在客戶群、引發客戶的極大興趣、讓銷講的內容生動且吸引人、讓客戶對你產生信任感……。舉例來說：在這 3 分鐘發表時間裡，你的主題必須要明確，若你今天要介紹的是婚姻仲介服務，那麼「認識女孩子」與「認識漂亮的女孩子」效果可就天差地遠了！而課程中與課後，皆有專業教練團輔導，協助您創造財富的高峰，建構自動創富系統。

台灣、大陸實友圈

有志將自己的事業半徑延伸至中國大陸，在兩岸三地拓展事業版圖的朋友更一定要加入商務引薦大會。在會中，會員可以做到的生意，不只是在這個大會裡進行銷售，服務大會會員，真正的價值更在於成員背後的龐大人脈。單就創會會長王擎天博士來說，旗下集團資源豐富，他在中國大陸與港澳等地的政商界皆有豐沛的人脈。而加入會員，就自動成為台灣實友圈、大陸 18 個主要城市實友圈的一份子！等於直接接收圈內人的人脈，站在巨人的肩膀上。對於有意將自己的理念、產品、作品推廣至中國大陸者，絕不能與此機會錯過。

成為會員好處很多！

「引薦帶來業務，業務帶來收益」，我們相信業務的拓展建立在互信互助之上，贈人玫瑰，手留餘香。如果你給我提供商機，那麼我

就為你帶來業務引薦。另外，會員們不僅分享商機還分享他們的關係網絡、人脈和知識——而所有這些都無償的！加入會員，您能夠擁有不只以下所列的好處：

1. 與許多優質專業人士發展人際關係的機會；

2. 讓各行各業「董事長級」的精英成為您的業務銷售人員；

3. 建立起穩固的、終身的合作關係；

4. 更有效拓展人脈的工具，包括培訓研討會和相關面對面的指導；

5. 學習到寶貴且新的行銷技能和商業發展模式；

6. 獲得具有可見性、可信性和可盈利模式的業務引薦；

7. 親身體驗後才能知道的很多、很多……!!!

加入商引會＝抓住拓展銷售的契機。

投入商引會＝推進事業版圖的成長。

融入商引會＝建立龐大的合作團隊。

「機會絕不會憑空而降！」期待在下一季的商務引薦大會與您見面，並為您帶來源源不絕的生意！更多資訊請上 www.silkbook.com。

> **加入王道增智會＝加入商務引薦大會＆**
> **台灣、中國大陸實友圈兩個貴人圈**
> **立刻搜尋「王道增智會」獲得最新資訊！**

Appendix 7　一場大師級盛會，改變你的命運！

　　您是否……

- 動過創業念頭？
- 希望財富自由？
- 想掌握行銷祕訣？
- 想擁有廣大人脈？
- 期望得知成功的捷徑？
- 想讓事業快速發展茁壯？
- 想打造自己成為創錢機器？
- 想進軍（或轉職）中國大陸？
- 想進入貴人圈？
- 想學會超越 EMBA 的經營絕學？

2014 世界華人八大明師（台北場）現場實況

　　但卻一次又一次經歷失敗，徘徊於成功門外卻不得其門而入？只能望著成功的案例徒呼負負。事實上，經營環境常常是瞬息萬變的，誰的反應速度快，適應市場的動態變化，誰就能搶得先機，取得經營主動權。

　　小本經營並不一定必然處處得受大企業壓制，其實小公司「船小掉頭快」，只要時刻保持清醒的頭腦，及時對市場變化作出靈敏快捷的反應，搶先抓住稍縱即逝的機遇，一定能夠實現小本博大利。筆者

　　在前述「成功創業致富十大鐵律」說到，想要靠創業來致富，除了要有良好的心理因素外，就是要具備足夠的創業經驗與知識，這點除了從實戰中磕磕碰碰，以代價極高的「學費」來獲得教訓外，事實上，透過深度閱讀的累積與參加優質的培訓課程，更能加速學習創業心法與避免您在創業路途中走上冤枉路。

　　市面上以教導創業要訣的培訓課程雖然眾多，但品質多良莠不齊。筆者曾受邀演講的「亞洲八大名師」大會，至今已邁入第 18 屆，在過去算是首選。其每年與會學員規模逾萬人，影響了超過百萬人的命運！唯一的遺憾是「亞洲八大名師」多年來皆在 ASEAN 會員國舉辦，始終未來到台灣。

　　2014 年，華盟攜手采舍國際將八大名師演講會擴展為「世界華人八大明師＆創業家論壇」，並在台灣台北舉行，提供想創業、創富的朋友一個邁向成功的階梯！無須花費額外的機票、酒店錢，就能獲得更超值的課程。

　　以筆者的演講為例，在 2014 年「世界華人八大明師」的課程中介紹了美國哈佛大學成功創業模式的八大板塊，惟時間有限，僅能深入精析八個板塊中的「價值訴求」。但其餘的七大版塊如資本運營、營利模式、團隊管理、合縱連橫、利基……事實上對成功創業來說也是缺一不可的重要因素。舉例來說，隨著科技的進步，人們的需求就愈細緻化，一個個大市場一定存在著大企業無暇顧及的「縫隙市場」，這就是所謂的「利基」，它提供了中小企業的經營空間。因此，中小企業的創業主應跳出固有、狹窄、僵化的思維模式，獨闢蹊徑，致力於經營「人無我有」的商品和服務，搶占市場盲點。如經營與大商店

商品的配套、補充的商品，以新奇、意料之外為號召的特色商店等等，為消費者提供多層次的便利服務。

在這場大會中包含筆者在內的八位明師傾囊相授，獲得極大迴響！學員在此找到一個新觀念、新的創業想法，更找到眾多人脈與資源，而學員熱烈回饋每年都應該要有這樣創意、創業、創新、創富的學習盛會。有鑑於此，2015 年的「世界華人八大明師」大會台北場將以「打造自動賺錢機器，建構自動創富系統」為題，更盛大舉辦！

筆者在 2014 年「世界華人八大明師」大會中，很榮幸地被學員評選為表現最優、最高分的講師。因此，我將在 2015 年的大會中揭開完整版的成功事業 Business Model 八大版塊的面紗。除此之外，2015 年度台北場的講師還有網路行銷魔術師 Terry Fu、轟動網路行銷界的小 Max 老師與超越巔峰扭轉人生的超級演說家林裕峯老師、亞洲創富第一導師杜云生老師、中國最頂尖行銷培訓大師王紫杰老師、兩岸公認的培訓大師大 Max 老師、連續九年業績總冠軍的行銷女神張秀滿老師，以及史上五術學費繳得最多的總贏老師等。演說主題包含 Business Model、微行銷、建構極速行銷系統、創業的天時地利人

和⋯⋯絕對精彩、肯定超值，聽完這些演講，保證讓您天下所有的生意都可以做、所有的錢都可以賺！

2015 世界華人八大明師大會可以帶給你：

★八位明師深具理論與實務經驗，內容完整深入（史上第一次有五天完整且充裕的時間），超強舞台魅力，絕對讓你不虛此行！

★世界級大師精心授課，傳授給你最精華創富獨門訣竅。

★上萬元精美贈品，內容豐富到你可能要擔心帶不走！

★完整的五天系統課程，CP值最高，讓你掌握成功的版圖。

★人脈變貴人的絕佳契機就在此，讓貴人直接助你邁入成功殿堂！

別再獨自盲目摸索，懂得借力，
才能搭上通往成功的直達車！
成功機會不等人，立即報名！

2015 世界華人八大明師台北場

【日期】2015／6／6〜27（每週六日）
【時間】9：00〜18：00
【地點】台北矽谷（新北市新店區北新路三段223號）
票價：原價 NT.2,9800 元，推廣特價 NT.9,800 元（加入王道增智會可另享極大優惠）
更多大會與王道增智會詳情及優惠專案請上新絲路網路書店 www.silkbook.com
或撥打客服專線：02-82459896 分機 101 查詢
掃描 QRcode 獲得更多詳情→

Q:自助出版是什麼？

A：一種由作者自費，交給自費出版平台負責製作；著作印妥後，作者可自行銷售，亦可委託自費出版平台代為發行上架事宜的出版方式。

Q:自資出版的特色為何？

A：相較於傳統出版自資出版之特點為
- ▷ 權利屬於作者
- ▷ 作者有100％自主權
- ▷ 彈性大、出版門檻較低
- ▷ 獲利大多數歸作者

全球最大的
華文 自費出版平台
SELF-PAID PUBLICATION

Q:出版流程如何進行？

A：

上網填寫 出版報價申請表 → 初步報價 溝通出書細節 → 簽約 → 書籍製作 版型、封面設計、潤稿、排版、三次校對，書審委員會與總編輯增、刪、修、訂、贊後完稿

拆帳 ← 發行 ← 入庫 ← 印製 ←

Q:只有自己出書一種方式嗎？

A：你還有以下幾種出版方式可選擇：
▷ 企劃出版　　▷ 協作出版　　▷ 合資出版　　▷ 加值出版

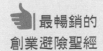
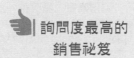
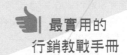

國家圖書館出版品預行編目資料

王道：創富3.0—創造你的財富A.K.B.48招／
王擎天著 -- 新北市：創見文化, 民103.09　面；
公分
ISBN 978-986-90494-2-9（精裝）

1. 創業　2. 財富

494.1　　　　　　　　　　　　　　103009403

人生課題 05

王道：創富3.0
創造你的財富A.K.B.48招
創見文化・智慧的銳眼

本書採減碳印製流程並
使用優質中性紙（Acid
& Alkali Free）最符環保
需求。

作　者／王擎天
總編輯／歐綾纖
副總編輯／陳雅貞
文字編輯／洪于勝
內文排版／陳曉觀
美術設計／陳君鳳、吳吉昌

郵撥帳號／50017206 采舍國際有限公司（郵撥購買，請另付一成郵資）
台灣出版中心／新北市中和區中山路2段366巷10號10樓
電話／（02）2248-7896　　　　　　傳真／（02）2248-7758
ISBN／978-986-90494-2-9
出版日期／2014年9月

全球華文市場總代理／采舍國際有限公司
地址／新北市中和區中山路2段366巷10號3樓
電話／（02）8245-8786　　　　　　傳真／（02）8245-8718

全系列書系特約展示
新絲路網路書店
地址／新北市中和區中山路2段366巷10號10樓
電話／（02）8245-9896
網址／www.silkbook.com
創見文化 facebook https://www.facebook.com/successbooks

本書於兩岸之行銷（營銷）活動悉由采舍國際公司圖書行銷部規畫執行。